KB064247

4차 산업혁명 기술의 핵심

IoT와 스마트 기술

박영희 지음

光文閣
www.kwangmoonkag.co.kr

머리말

2020년 세계를 강타한 코로나바이러스감염증-19(COVID-19)의 영향으로 '언택트(Untact)'라는 신조어가 생겨나고 비대면·비접촉 소비 등 새로운 방식으로의 변화를 일으키며 디지털 트랜스포메이션(Digital Transformation, 디지털 전환)의 실현을 앞당기고 있습니다. 코로나19 사태는 여전히 진행 중이며 변화된 생활의 '포스트 코로나' 시대를 대비해야 한다는 관점에서도 사회 전반에서 ICT가 융합된 스마트한 기술이 필요합니다.

제4차 산업혁명은 3차 산업혁명 과정의 기반 위에서 디지털, 바이오 등 다양한 기술 간 융합으로 '초연결성', '초지능화'의 특성을 가지고 이를 '초융합'한 지능화된 사회로 변화시키고 있습니다. 특히, 디지털 기술은 사물인터넷(IoT), 빅데이터, 인공지능, 공유 플랫폼 등으로 이들 기술은 수학, 과학, ICT 기술이 다양하게 융합되면서 인공지능으로 구현되는 지능과 ICBM(IoT, Cloud, BigData, Mobile)에 기반으로 한 '정보'가 결합된 형태입니다.

현재 진행되고 있는 기술 간의 융합의 핵심은 스마트 기술의 발전입니다. 스마트 기술은 인간의 고유능력인 지능을 확장하고 나아가서는 자체적으로 인간 지능을 모사한 기술을 내재화해 개인과 산업을 보다 더 스마트하게 만드는 기술입니다. 전통과 혁신의 경계를 넘나들며 융합하며 시장과 시장, 산업과 산업, 사회와 사회의 모든 분야가 대상입니다. 산업적으로는 스마트시티와 스마트홈, 스마트팩토리, 자율주행차는 물론이고 공유경제, 배달앱, O2O(Online to Offline) 비즈니스, 핀테크 등 스마트 기술의 발전은 복잡한 전문 지식과 상호작용이 필요한 영역의 업무환경과 고용에 영향을 미칠 것으로 전망됩니다.

결국, 4차 산업혁명을 통해 현실세계와 가상세계가 상호작용하는 초연결 지능 사회가 도래할 것으로 기대하고 있으며 4차 산업혁명의 스마트 기술은 데이터를 생성, 수집, 저장, 분석하여 보다 나은 서비스(지능화)를 제공하는 일련의 과정이라고 볼 수 있습니다. 여기에서 사물인터넷은 데이터를 생성하고 수집하기 위한 기술로 활용되고 있습니다.

이 책의 내용은 4차 산업혁명 관련 핵심 기술 중 사물인터넷(IoT, Internet of Things)에 관련한 스마트기술에 대해 연구했습니다.

1부에서는 4차 산업혁명이 일어난 역사와 관련된 핵심 기술 중 사물인터넷에 대한 개요와 2부에서는 사물인터넷의 핵심 스마트 기술인 센서 기술, 네트워크 기술, 인터페이스 기술, 플랫폼 기술, 디바이스 기술에 대해서 3부에서는 사물인터넷을 활용한 스마트 기술의 응용을 실제 사례를 통해 알아보았고, 4부에서는 사물인터넷의 국내외 표준화 동향을 그리고 마지막 5부에서는 스마트 기술의 보안으로 각 스마트 기술별 보안 침해 사고 사례와 보안 위협 대책을 위한 대안 방안으로 이루어져 있습니다.

출판에 도움을 주신 광문각 출판사의 여러분들에게 감사의 인사를 드리며, 늘 바쁜 저를 이해하고 배려해 주는 사랑하는 가족들에게 미안함과 고마움을 전합니다.

2021년 7월, 저자 박영희

목차

제4부 사물인터넷(IoT)의 표준화 동향 251

제5부 사물인터넷(IoT)과 스마트 기술의 보안 271

제1부
사물인터넷(IoT)의 개요

1. 산업혁명의 개요

산업혁명(産業革命, Industrial Revolution)이란 용어는 1844년 프리드리히 엥겔스(Friedrich Engels)가 『잉글랜드 노동계급의 상황』에서 처음 사용하였고, 이후 아널드 토인비(Arnold Toynbee)가 1884년 『18세기 영국 산업혁명 강의』에서 이를 보다 구체화하였다.

'산업혁명'은 성장의 정체를 기술 혁신을 통해 극복하고 경제·사회에 대한 혁신적 변화를 나타낸다. 기술 혁신은 한 순간에 나타난 격변적인 현상이 아니라 그 이전부터 진행되어 온 점진적이고 연속적인 기술 혁신 과정을 말한다. 1차, 2차, 3차 산업혁명을 거쳐 4차 산업혁명까지에 이르는 역사적 흐름을 살펴보면 아래의 [그림 1-1]과 같다.

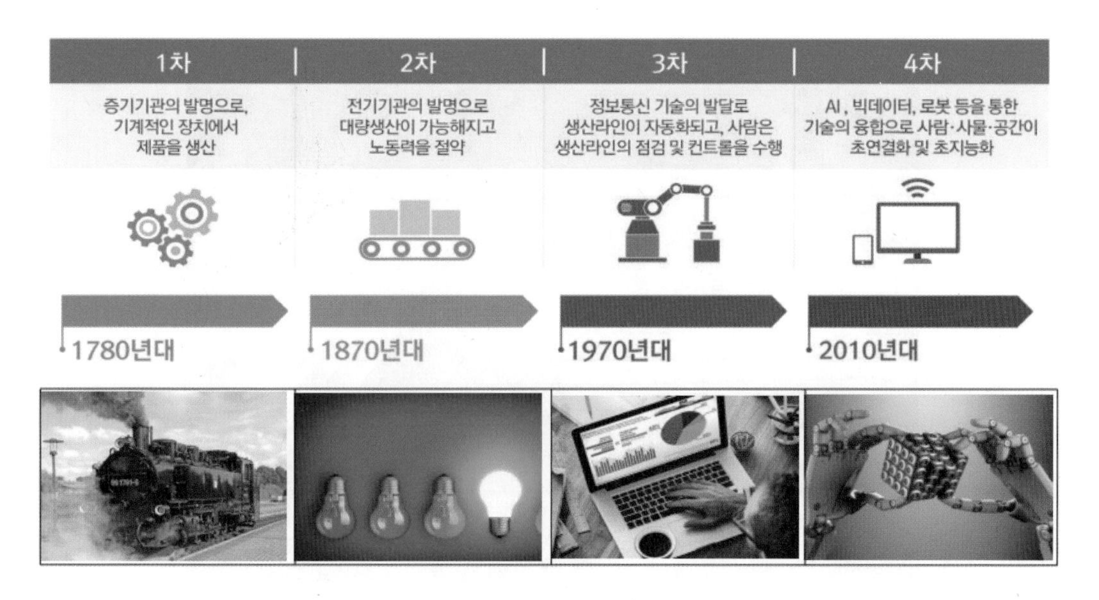

[그림 1-1] 산업혁명의 역사적 전개

출처: 미래창조과학부, 한국과학기술기획평가원,(2016.1), 『이슈분석: 4차 산업혁명과 일자리의 미래』, 재편집

1.1 산업혁명의 역사

1.1.1 1차 산업혁명

산업혁명은 영국에서 시작된 전반적인 사회·경제적 변화와 기술의 혁신이 일어난 시기로 18세기 중엽에서 19세기 초반까지 약 100년에 걸쳐 전개되었다. 증기기관의 등장으로 인한 기계화 혁명으로 1784년 최초의 기계식 방직기 사용과 수력 증기기관을 활용하여 철도 및 면사 방적기가 발명되었다.

가내 수공업 정도의 수준에서 증기기관의 등장으로 인해 화석연료를 에너지로 변화해서 기계를 돌릴 수 있게 되어 생산성의 급격한 향상을 가져왔다.

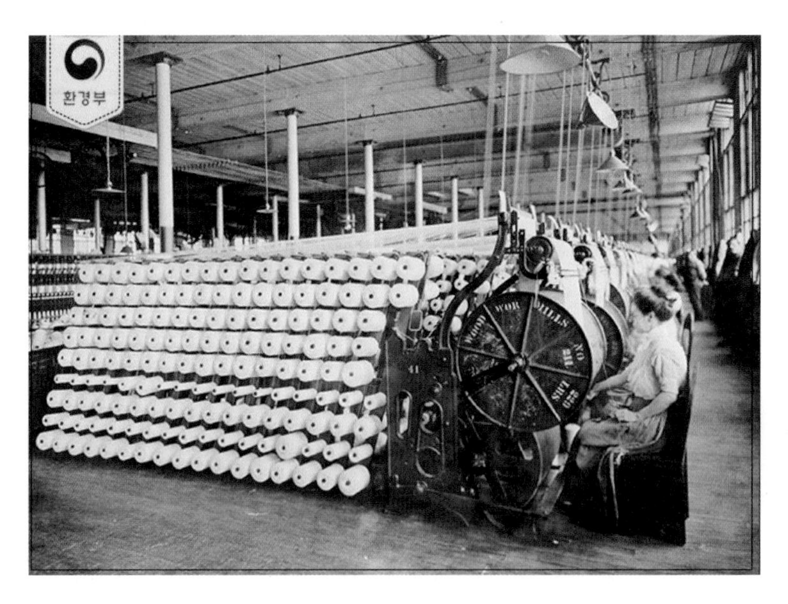

[그림 1-2] 영국의 방직 공장

출처: 환경부

하지만 증기기관에 의해 일자리의 위협을 받은 노동자들이 러다이트 운동(Luddite Movement)[1)]이라고 불리는 기계 파괴 운동을 벌이기도 했다.

[그림 1-3] 러다이트 운동
출처: 위키백과

1.1.2 2차 산업혁명

2차 산업혁명을 간단히 말하면 전기 혁명이다. 19세기 중반에서 20세기 초반에 독일, 프랑스, 미국에서 전기와 컨베이어 벨트의 등장에 따른 획기적인 생산성 혁신을 통해서 대량생산이 가능해졌다.

공장에 전기 동력이 공급되고 컨베이어벨트의 특정 위치에서 노동자들은 분업화된 공정을 통해 생산성을 향상시킬 수 있었으며 대량생산으로 없어진 일자리보다 더 많은 일자리가 창출됐다. 기술 발전은 기존에 없던 수요를 만들어 내며 생산성을 폭발적으로 확대했다.

또한 자동차 산업의 왕이라고 불리는 헨리 포드는 컨베이어 벨트에 가축을 매달아 효율적으로 도축하는 장면을 목격하고 이를 자동차 산업에 도입했다. 컨베이어 벨트를 자동차 산업

1) 19세기 초반 영국의 중부, 북부의 직물공업 지대에서 일어났던 기계 파괴 운동

에 도입한 헨리 포드 덕분에 대량생산이 가능해졌고, 생산하는 시간도 630분에서 93분으로 줄었고, 825달러였던 가격은 290달러로 낮아졌다. 이때 첫 선을 보인 '모델T'는 무려 1,500만 대 판매라는 대기록을 세웠다. 저렴해진 자동차를 누구나 탈 수 있게 되었으며 고된 노동을 하게 되었지만 휴식과 고임금을 받게 되어 물질적 풍요를 누리고 인간다운 삶을 추구하는 조건을 갖추게 되었다.

[그림 1-4] 토머스 에디슨

출처: http://www.gnnews.co.kr/news

[그림 1-5] 포드사의 '모델T'

출처: https://ko.wikipedia.org/

1.1.3 3차 산업혁명

디지털 혁명이라고도 불리는 이 시기는 20세기 후반 디지털 기술을 기반으로 컴퓨터와 인터넷을 통한 정보화 혁명을 말한다.

PLC(Programmable Logic Controller) 기기의 등장과 함께 '자동화'라는 새로운 개념을 공장에 도입할 수 있게 되었고, 제조 공정의 자동화를 달성하기 위해 전자, 제어, IT 기술의 발전과 함께 진화했다.

PC, 소비자, 생산자, 인터넷, 전통경제 등이 연결되면서 경제, 고용을 포함한 개인의 일상생활에 큰 변화를 일으키며 1970년대 이후 디지털 기술을 기반으로 자동화와 정보화를 실현하고 정신노동의 일부를 기계로 대체하면서 지식 서비스 산업의 기반을 조성하였다.

[그림 1-6] 제조 공정의 자동화, 현대자동차 울산 공장
출처: 현대자동차

1.1.4 4차 산업혁명

4차 산업혁명(Fourth Industrial Revolution)은 4IR라고도 불린다. 4차 산업혁명은 '3차 산업혁명을 기반으로 한 디지털, 생물학, 물리학 등의 경계가 모호해지는 초연결사회'를 말한다.[2)]

2016년 1월 '제4차 산업혁명'이라는 주제로 진행된 다보스 포럼(WEF: World Economic Forum)의 클라우스 슈밥(Klaus Schwab) 회장은 『The Future of Jobs』 보고서를 통해 제4차 산업혁명은 이전 혁명과 달리 그 발전 속도, 영향 범위, 사회 전체 시스템에 커다란 충격을 준다는 점에서 우리의 삶과 사회, 경제, 문화 전반에 큰 변화를 일으킬 것이라고 말한다.

그가 'Industry 4.0'을 4차 산업혁명이라고 지칭하면서 알려졌다.

초연결사회를 의미하는 사이버 물리 시스템(CPS, Cyber-Physical System)에 기반한 제4차 산업혁명은 AI(Artificial Intelligence, 인공지능)와 IoT(Internet of Things, 사물인터넷)를 가상과 현실의 융합이라는 사이버 물리 시스템으로 자율적, 지능적 제어가 이루어지게 되는 것이다.

---

2) Klaus Schwab, "The Fourth Industrial Revolution: what it means, how to resopnd", World Economic Forum, 2016. 1. 14

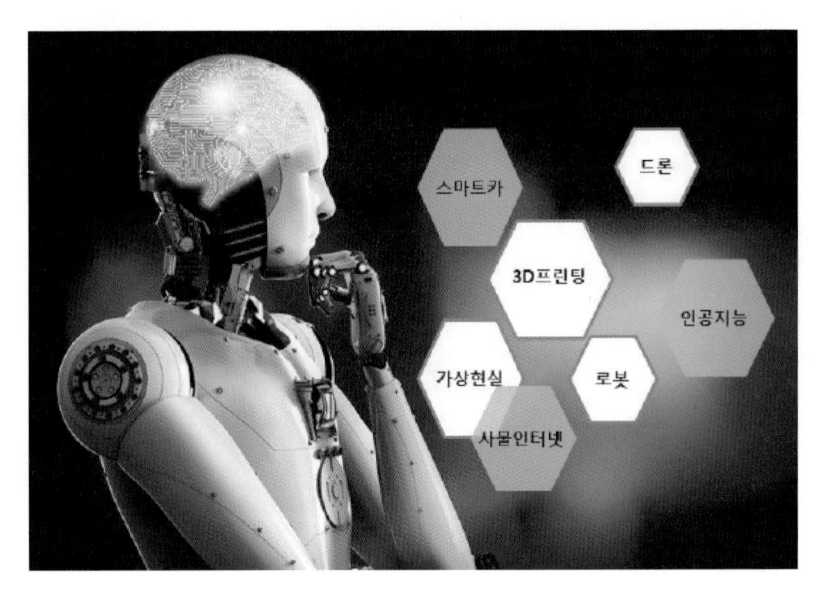

[그림 1-7] 한국인이 '4차 산업혁명' 하면 일반적으로 떠올리는 키워드들
출처: 뉴시스, 2018.01.07, 재편집

1.2 4차 산업혁명의 특징

4차 산업혁명의 특징을 한마디로 말하면 '스마트한 세상'이다. 스마트 디바이스, 스마트 공장, 스마트 팜, 스마트 홈, 스마트 빌딩 등 세상 모든 스마트한 것들이 서로 연결될 것이라고 전망한다. 특히 산업현장에서는 재료, 기계, 설비, 부품, 반제품, 완제품들이 인간의 개입 없이 서로 네트워크를 통해 정보를 자동으로 주고받는 스마트팩토리 시대가 열릴 것이다.[3]

제4차 산업혁명은 '초연결성(Hyper-Connected)', '초지능화(Hyper-Intelligence)'의 특성을 가지고 있다. 이를 통해 '모든 것이 상호 연결되고 보다 지능화된 사회로 변화'시킬 것이다.

---

3) 박영희, "사물인터넷의 빅데이터 개론", 2017.

1.2.1 초연결성(Hyper-Conneted)

2001년 웰먼(Wellman, 2001)이 콴-하세(Quann-Hasse)와 함께 P2P(person to person)와 P2M(person to machine)을 기반으로 하는 네트워크 조직과 네트워크 사회에서의 커뮤니케이션 형태를 설명하면서 처음 사용한 말이다. IoT, 클라우드 등 정보통신기술(ICT)의 급진적 발전과 확산은 인간과 인간, 인간과 사물, 사물과 사물 간의 연결성을 기하급수적으로 확대시키고 있고, 이를 통해 '초연결성'이 강화되고 있다.

초연결사회는 사물인터넷(IoT : internet of things)을 기반으로 구현되며, SNS(소셜 네트워크 서비스), 증강현실(AR) 같은 서비스로 이어진다. 최첨단 스마트 디바이스 덕분에 업무 및 커뮤니케이션은 더욱 편리해질 것이다. 재택업무, 원격교육, 원격진료 등이 일상화되면서 전반적으로 모든 것이 서로 연결된다. 사람과 사물 등 세상의 모든 것이 인터넷에 연결돼 서로 통신하고 정보를 교환하는 것을 말한다. 사람의 개입 없이 도시, 자동차, 건물, 집 등이 실시간으로 통신하며 의사결정을 하는 것이 '초연결사회'의 핵심 기술이다.

우리 사회는 이미 초연결사회로 진입하고 있으며, 기기들은 2020년까지 30억 인터넷 플랫폼 가입자와 500억 개의 스마트 디바이스에 의해 상호 간 네트워킹 될 것으로 전망했다.[4] 그리고 2025년이면 800억 개로 증가할 것이다.

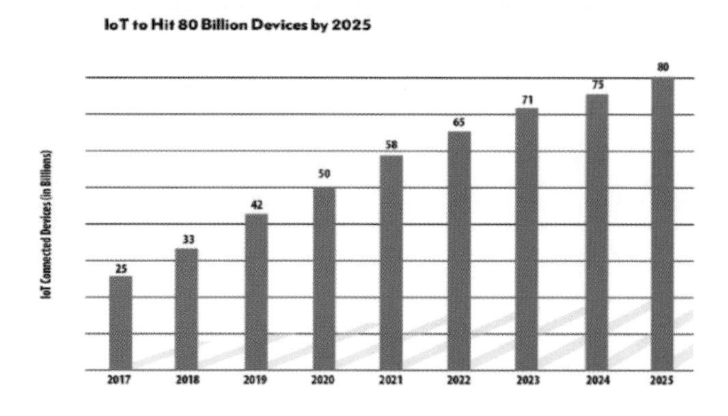

[그림 1-8] 인터넷과 연결된 사물의 수 증가
출처: ZK Research 2017 IoT Device Forecast

4) 삼성증권, 2016

사진출처: 게티이미지뱅크

1.2.2 초지능화(Hyper-Intelligence)

인공지능(AI)과 빅데이터의 연계 및 융합으로 인해 기술 및 산업구조가 '초지능화'된다는 것이다. 2016년 3월 우리는 인간 '이세돌'과 인공지능 컴퓨터 '알파고(Alphago)'와의 세기적인 바둑 대결에서 '초지능화' 사회로 진입하고 있음을 경험하였다. 인간이 우세할 것이라는 전망과 달리 '알파고'의 승리는 전 세계 사람들에게 커다란 충격과 두려움으로 다가왔다. 이 사건에서 많은 사람들이 인공지능과 미래사회 변화에 대해 관심을 갖기 시작했다.

특히 의료, 복지, 행정 등 공공 서비스에 인공지능 기술이 도입되어 AI와 함께 협업하면서 살게 될 것이다.

산업시장에서도 딥러닝(Deep Learning)[5] 등 기계학습[6]과 빅데이터에 기반한 인공지능과 관련된 시장이 급성장할 것으로 전망되고 있다. 이러한 기술 발전 속도와 시장 성장 규모는 '초지능화'가 제4차 산업혁명 시대의 또 하나의 특성이라는 점을 말해 주고 있다.

---

5) 딥러닝(deep structured learning, deep learning 또는 hierarchical learning)또는 심층학습(深層學習)은 여러 비선형 변환 기법의 조합을 통해 높은 수준의 추상화(abstractions, 다량의 데이터나 복잡한 자료들 속에서 핵심적인 내용 또는 기능을 요약하는 작업)를 시도하는 기계학습 알고리즘의 집합으로 정의되며, 큰 틀에서 사람의 사고방식을 컴퓨터에게 가르치는 기계학습의 한 분야

6) 기계학습(機械學習) 또는 머신러닝(machine learning)은 인공지능의 한 분야로, 컴퓨터가 학습할 수 있도록 하는 알고리즘과 기술을 개발하는 분야

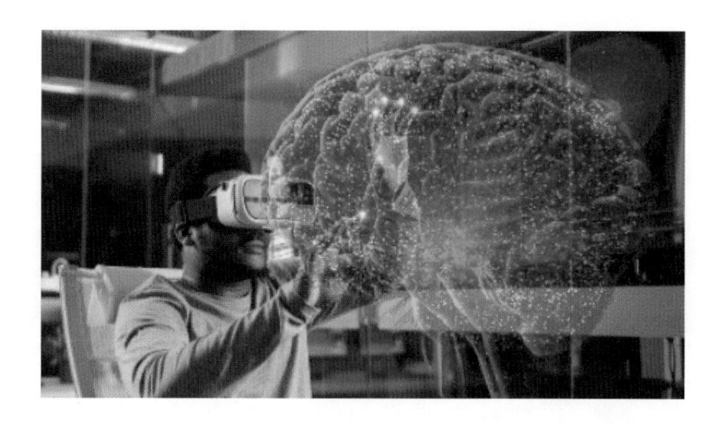

사진출처: 네이버포스트,2020.02.26

제4차 산업혁명은 3차 산업혁명 과정의 기반 위에서 디지털, 바이오 등 다양한 기술 간 융합으로 또 다른 기술을 창조할 것이다.

초지능과 초연결을 통해 새로운 기술이 전통과 혁신의 경계를 넘나들며 융합하며 시장과 시장, 산업과 산업, 사회와 사회의 모든 분야가 대상이다. 산업적으로는 스마트시티와 스마트홈, 스마트팩토리, 자율주행차는 물론이고 공유경제, 배달앱, O2O(Online to Offline) 비즈니스, 핀테크 등의 예를 들 수 있다.

[그림 1-9] 초시대 개념도
출처: ZDNet Korea,2019.05.23

초연결성	초융합	초지능
인간과 프로그램의 상호 연결 확장	새로운 기술과 산업의 융합	인간의 지능을 뛰어넘을 기술

[그림 1-10] Smart GEO Expo 2019
출처: https://www.smartgeoexpo.kr/, 재구성

1.3 4차 산업혁명의 기술

클라우스 슈밥은 그의 저서 『제4차 산업혁명』에서 주요 혁신 기술들을 물리학 기술, 디지털 기술, 생물학 기술로 분류하였다.

물리학적 기술에서는 무인 운송수단, 3D 프린팅, 로봇공학, 신소재 등, 디지털 기술에서는 사물인터넷(IoT), 빅데이터, 인공지능, 블록체인 시스템 등이, 생물학적 기술에서는 합성생물학, 유전공학, 스마트 의료 등이 부상할 것이라고 하였다.

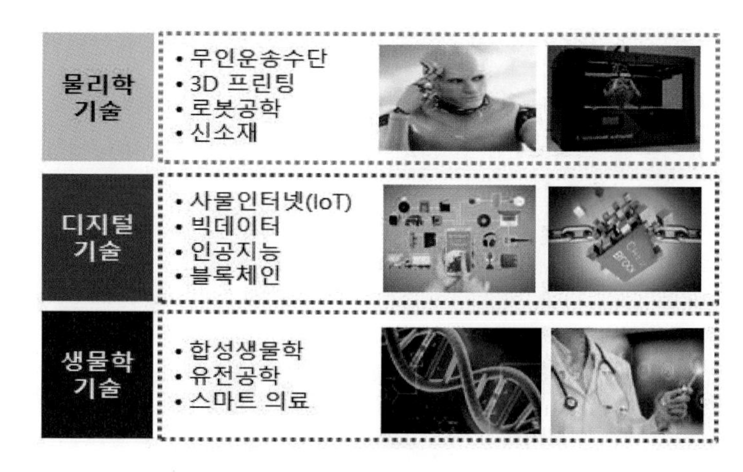

[그림 1-11] 4차 산업혁명의 혁신 기술

출처: World Economic Forum, 현대경제연구원

메가트렌드 분야	핵심기술	내 용
물리학(Physical) 기술	무인 운송수단	• 센서와 인공지능의 발달로 자율 체계화된 모든 기계의 능력이 빠른 속도로 발전함에 따라 드론, 트럭, 항공기, 보트 등의 무인운송 수단 등장 • 현재 드론은 주변 환경의 변화를 감지하고 이에 반응하는 기술을 탑재하여 충돌 회피를 위한 자율 항로 변경 등이 가능
	3D 프린팅	• 입체적으로 형성된 3D디지털 설계도나 모델에 원료를 층층이 겹쳐 쌓아 유형의 물체를 만드는 기술 • 기존의 절삭 가동 방식과 달리 디지털 설계도를 기반으로 유연한 소재로 3차원 물체를 적층해 나가는 방식 • 현재 자동차, 항공우주, 의료산업에서 주로 활용되며, 의료 임플란트에서 대형 풍력발전기까지 광범위하게 활용 가능
	로봇공학	• 로봇은 과거 통제된 업무수행에 국한되게 프로그래밍 되어 있었으나 점차 인간과 기계의 협업을 중점으로 개발되고 있음 • 센서의 발달로 로봇은 주변환경에 대한 이해도가 높아지고 그에 맞춰 대응도 하며, 다양한 업무 수행이 가능해짐 • 클라우드 서버를 통해 원격 정보 접근이 가능하고 로봇간 네트워크 연결 가능
	그래핀(신소재)	• 기존에 없던 스마트 소재를 활용한 신소재(재생가능, 세척가능, 형상기억합금, 압전세라믹 등)가 시장에 등장 • 그래핀과 같은 최첨단 나노소재는 강철보다 200배 이상 강하고, 두께는 머리카락의 100만분의 1만큼 얇고, 뛰어난 열과 전기의 전도성을 가진 혁신적인 신소재
디지털(Digital) 기술	사물 인터넷	• 상호 연결된 기술과 다양한 플랫폼을 기반으로 사물(제품, 서비스, 장소)과 인간의 관계를 의미 • 더 작고 저렴하고 스마트해진 센서들은 제조공정, 물류, 집, 의류, 액세서리, 도시, 운송망, 에너지 분야까지 내장되어 활용
	블록체인 시스템	• 서로 모르는 사용자들이 공동으로 만들어가는 시스템인데, 프로그래밍이 가능하고 암호화되어 모두에게 공유되기 때문에 특정 사용자가 시스템을 통제할 수 없음 • 현재 비트코인(bitcoin)이 블록체인 기술을 이용하여 금융거래를 하고 있으며, 향후 각종 국가발급 증명서, 보험금 청구, 의료기록, 투표 등 코드화가 가능한 모든 거래가 블록체인 시스템을 통해 가능할 전망
생물학(Biological) 기술	유전학	• 과학기술의 발달로 유전자 염기서열분석의 비용은 줄고 절차는 간단해 졌으며, 유전자 활성화 및 편집도 가능 • 인간게놈프로젝트 완성에 10년이 넘는 시간과 27억달러가 소요되었으나, 현재는 몇 시가과 1,000달러 가량의 비용이 소요
	합성생물학	• 합성생물학 기술은 DNA데이터를 기록하여 유기체를 제작할 수 있어 심장병, 암 등 난치병 치료를 위한 의학분야에 직접적인 영향을 줄 수 있음 • 데이터 축적을 통해 개인별 맞춤의료 서비스 및 표적치료법도 가능 • 농업과 바이오 연료생산과 관련해서도 대안을 제시할 수 있는 기술
	유전자 편집	• 유전자 편집 기술을 통해 인간의 성체세포를 변형할 수 있고 유전자 변형 동식물도 만들어 낼 수 있음

[표 1-1] 제4차 산업혁명을 주동하는 대표적 기반 기술

출처: 제4차 산업혁명(Klaus Schwab, 2016)

[표 1-1]에서와 같이 이들 기술은 수학, 과학, ICT 기술이 다양하게 융합되면서 인공지능으로 구현되는 지능과 ICBM(IoT, Cloud, BigData, Mobile)을 기반으로 한 '정보'가 결합된 형태이다.

예를 들어 3D 프린팅과 유전공학이 융합하여 생체조직 프린팅이 발명되고, 물리학적, 디지털, 생물학적 기술이 사이버 물리 시스템으로 연결되면서 새로운 부가가치를 창출할 것으로 전망된다.

[그림 1-12] 3D 바이오 프린팅으로 만든 인공혈관
출처: 전자신문(2019.05.30)

결국 4차 산업혁명을 통해 현실세계와 가상세계가 상호작용하는 초연결 지능 사회가 도래할 것으로 기대하고 있으며 4차 산업혁명 핵심 기술은 데이터를 생성, 수집, 저장, 분석하여 보다 나은 서비스(지능화)를 제공하는 일련의 과정이라고 볼 수 있다. 여기에서 사물인터넷은 데이터를 생성하고 수집하기 위한 기술로 활용되고 있다.

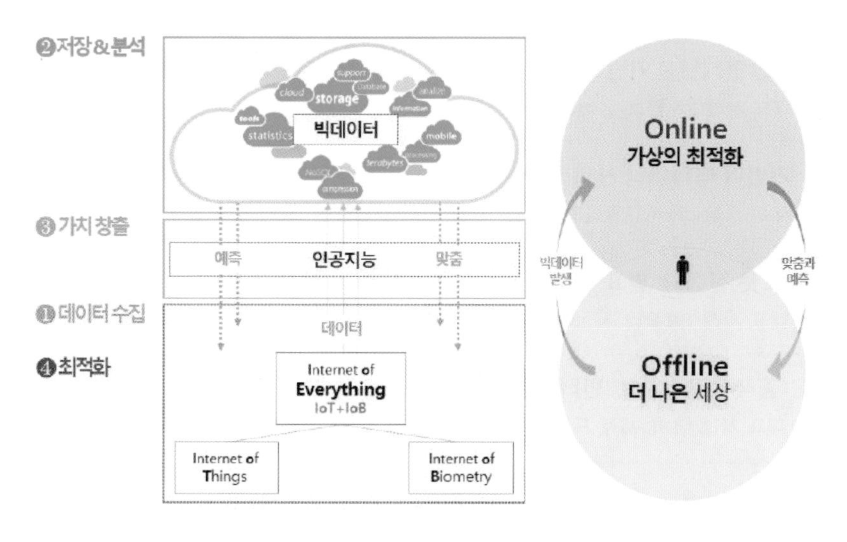

[그림 1-13] 4차 산업혁명 핵심 기술
출처: 4차 산업혁명 핵심 기술, 이민화, KCERN

1.4 4차 산업혁명 관련 국내외 정책 동향

1.4.1 국외 동향

'4차 산업혁명'이란 말이 일반적으로 인식되기 시작한 유래는 독일에서 2010년에 개최된 '하노버메세 2011'을 통해 처음으로 공개 제기된 "Industry 4.0"이라고 하며, 현재의 4차 산업혁명 흐름의 기점이 되었다. 이후 유럽과 미국, 아시아 등의 국가들을 중심으로 4차 산업혁명을 의식한 국가 전략과 관련 대응방안이 진행되고 있다.

세계는 지금 산업 간의 융합 시너지를 창출하고, 그 결과로 이루어진 생산성과 효율성이 국가의 경쟁력을 결정하고 있다. 대표적으로 독일, 미국, 일본, 중국 등이 4차 산업혁명에 대응하여 자국의 기술과 산업 강점에 기초하여 산업 구조를 고도화하려는 여러 가지 정책을 펴고 있다.

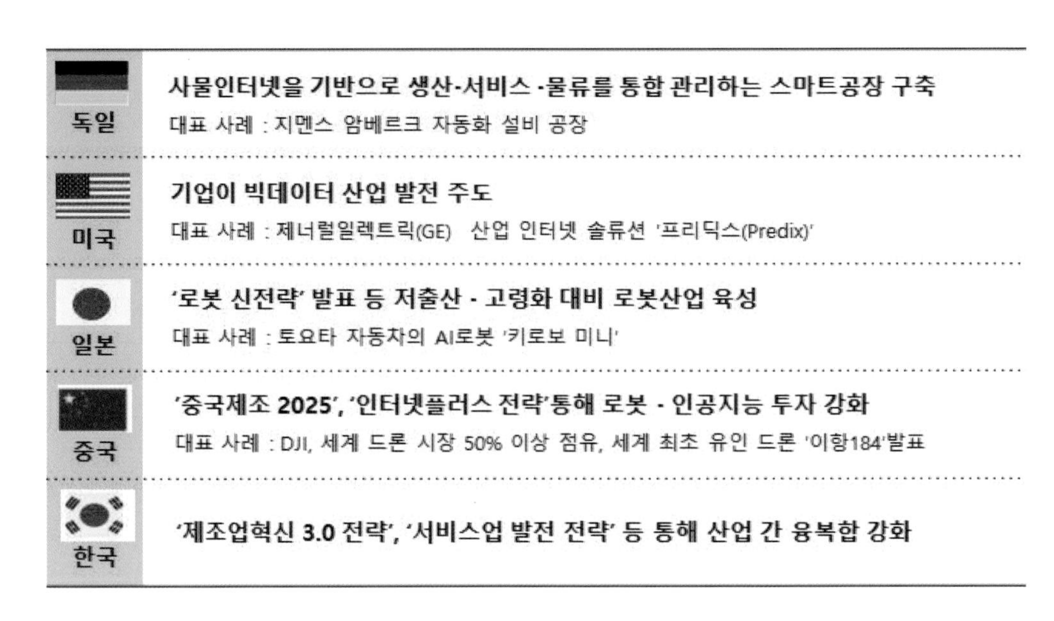

[그림 1-14] 세계 주요국 4차 산업혁명 대비 현황
출처: 김효곤 기자, 재구성

1) 독일의 Industry 4.0

독일은 메르켈 총리가 집권하면서 2006년 수립한 독일의 하이테크 전략을 수정 · 보완하여 발표한 '첨단 기술 전략(HighTech Strategy) 2020'을 통해 4차 산업에 대한 논의가 시작된 계기가 되었으며, 이 정책의 실행 계획 중 하나가 'Industry 4.0'이었다.

2017년 메르켈 총리가 연임에 성공하여 새롭게 구성된 '첨단 기술 전략 2025'로 영속성을 가지고 이어졌다.

관민 제휴 프로젝트 'Industry 4.0'에서는 제조업의 IoT화를 통해서 자원 조달부터, 기업이 소비자에게 제품을 공급하는 일련의 모든 과정을 포함하는 지능형 생산 시스템을 갖춘 스마트 팩토리(Smart Factory)로 진화시키고 있다.

글로벌 기업 지멘스, 기업 소프트웨어 최강자 SAP 그리고 프라운호퍼 연구소까지 갖추고 전 세계 제조업 분야에서 여전히 선두를 지켜가고 있다.

사물 · 서비스 간 인터넷의 기반 위에 최적의 제품이 제조될 수 있도록 통제하는 제조 플랫폼인 사이버 물리 시스템의 구축이 스마트 생산 실현의 핵심 요소로 추진하고 있다.

이 전략은 세계 각국에서 제조업 경쟁력 전략으로 벤치마킹되고 있으며 Industry 4.0 플랫폼을 구축하고 사이버 물리 시스템(CPS) 중심의 8개 기술을 추진하고 있다.

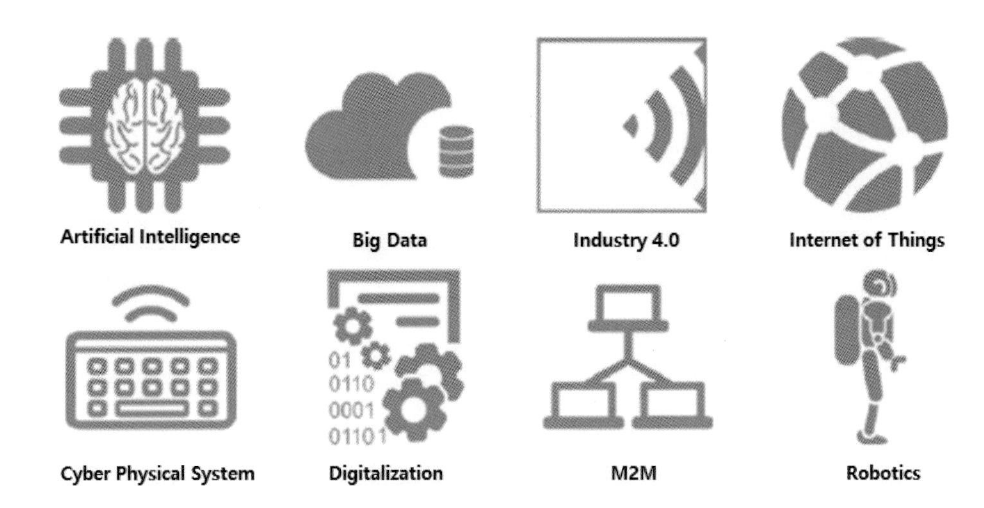

[그림 1-15] 독일의 8가지 주요 주제(Topics)
출처: 인더스트리 4.0 플랫폼 홈페이지

[그림 1-16] 전시 출품된 산업용 로봇을 관찰하는 독일 메르겔 총리
출처: 하노버 산업박람회 홈페이지(2019.04.)

현재 독일은 정부 주도의 4차 산업혁명 정책 지원 하에 새로운 기술과 산업·사회 및 경제적 변화에 기업들이 적극적으로 참여하여 4차 산업혁명 시대를 위해 가장 신속하고 체계적으로 전략을 설계, 추진하고 있는 대표적인 국가로 높이 평가받고 있다.

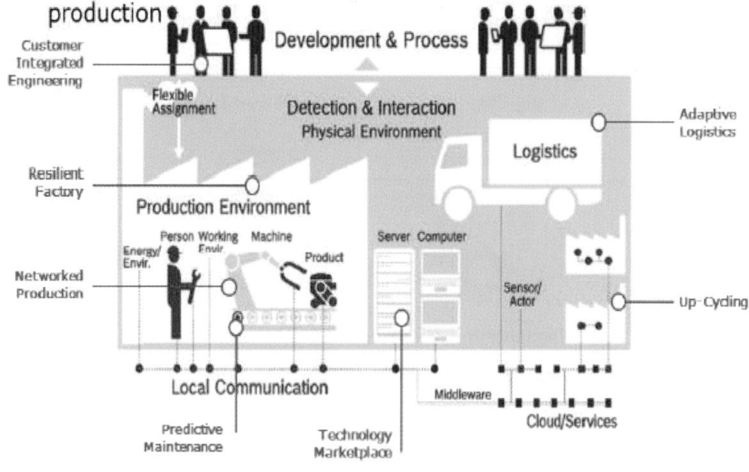

[그림 1-17] 인더스트리 4.0에 의해 구축되는 스마트공장 개념도
출처: BOSCH

2) 미국의 산업인터넷(Industrial Internet)

미국은 민간 중심의 협력을 강조한다. 2011년 첨단 제조업의 활성화와 혁신을 목표로 대통령 과학기술자문위 산하에 '첨단 제조 파트너십 조정 위원회'[7]를 설치하고 정부와 민간이 연계한 '제조 혁신 국가 네트워크'[8] 구축을 추진했다.

첨단 제조업이란 정보, SW, 네트워킹 등의 기술에 기초하여 물리, 나노, 화학, 생명공학 등을 통해 새로운 물질을 만들고 활용도를 높이는 제조업을 말한다.

미국 5개 민간기업(GE, AT&T, Cisco, IBM, Intel)이 중심이 되어 2014년 산업인터넷 컨소시엄(IIC, Industrial Internet Consortium)을 설립하여, 2016년 기준 전 세계 30개 국가 250개 기관이 참여 중이다.

7) AMP(Advanced Manufacturing Parthership), 오바마 대통령 주도하에 2011년 설치
8) NNMI(the National Network for Manufacturing Innovation), 2013년 '첨단제조 파트너십(AMP)'을 실행하기 위해 설치

HOME COMMITTEES INDUSTRIES RESOURCE HUB MEMBERSHIP

CURRENT MEMBERS

MEMBER DIRECTORY

Membership in the Industrial Internet Consortium is open to any company. Our members represent large and small industry, entrepreneurs, academics and government organizations with an interest in helping to shape and grow the Industrial Internet.

BECOME A MEMBER

SEARCH MEMBERS

FOUNDING & CONTRIBUTING MEMBERS

[그림 1-18] 산업인터넷 컨소시엄의 주축 기업 명단. 이들 8개 기업을 포함하여 270여 개 기업이 현재 가입
출처: http://www.iiconsortium.org

미국은 GE를 중심으로 2012년 〈Industrial Internet: Pushing the Boundaries of Minds and Machines〉라는 제목의 보고서에서 처음으로 '산업인터넷'을 발표한다. GE는 산업인터넷의 좀 더 정확한 정의인 '산업사물인터넷(IIoT: Industrial Internet of Things)'을 '산업 현장에서 생각하는 기계, 첨단 분석기술, 작업자를 서로 연결하는 것'[9]이라고 정의한다. GE는 프레딕스(Predix) 라는 산업인터넷 플랫폼을 통해 센서에서 확보된 데이터를 처리함으로써 사업을 운영할 때 더욱 신속하고 현명한 결정을 내릴 수 있게 된다고 말한다.

미국은 2008년 금융위기를 겪은 후 고용 잠재력과 혁신 가능성이 높은 제조업의 혁신을 통한 첨단산업화로 경제 회복을 추진하게 되었고, GE의 산업인터넷은 기업 단위의 제조업 혁신 노력의 대표적인 사례라 할 수 있다.

9) GE 리포트코리아, "당신이 산업사물인터넷에 대해 알아야할 모든 것"(2017.2.4)

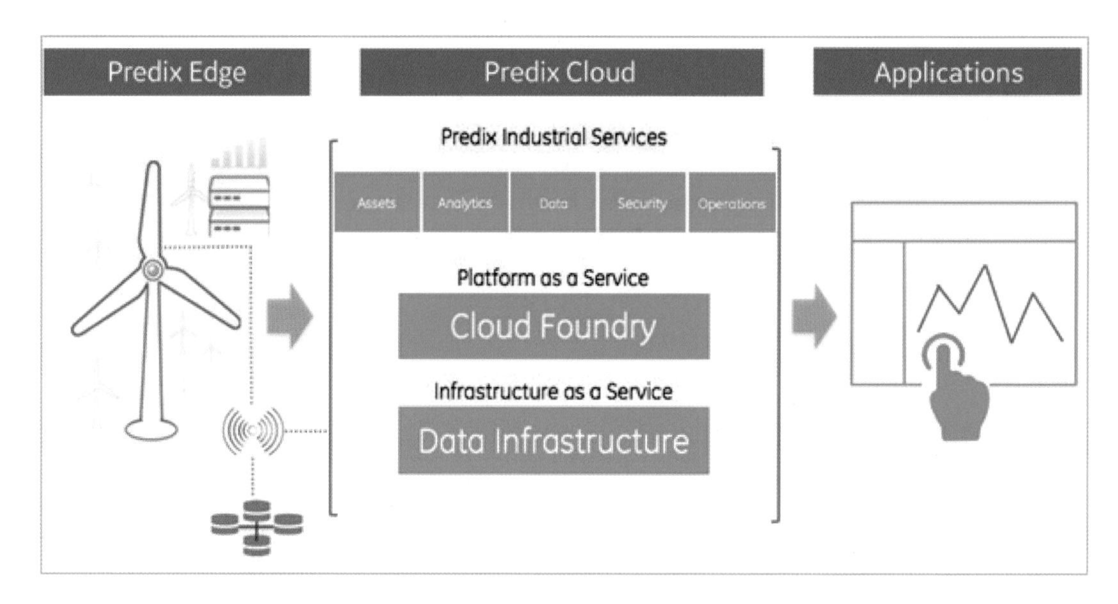

[그림 1-19] GE Predix의 구조

출처: https://www.ge.com/digital/documentation/predix-platforms/predix-overview.html

3) 일본의 Society 5.0

일본은 생산인구의 감소, 경기 침체, 전통산업의 성장 한계에 직면하면서 이를 극복하기 위해 정부와 기업이 4차 산업혁명에 적극적으로 대처하기 위한 플랫폼 ID 4.0(Platform ID 4.0)의 사물인터넷, 인공지능 및 빅데이터를 포함한 기술 혁신을 최대한 활용해 'Society 5.0'[10]에 착수한 지 현재(2021.09) 5년째이다.

소사이어티 5.0은 사이버 공간과 현실 사회가 고도로 융합한 초스마트 사회를 미래의 모습으로서 공유하고 경제적 발전과 노령인구 증가와 저출산으로 인한 인구 절벽 현상 등의 사회적 문제의 갈등 해결에 균형을 이룬 인간 중심의 사회로 정의된다.[11]

---

10) LG경제연구원, "일본의 4차 산업혁명 추진 동향과 Society 5.0"(2017.6.8)

11) fashion post, 독일도 놀란 '중국판 인더스트리 4.0'핵심은 데이터(2020.11.18.)

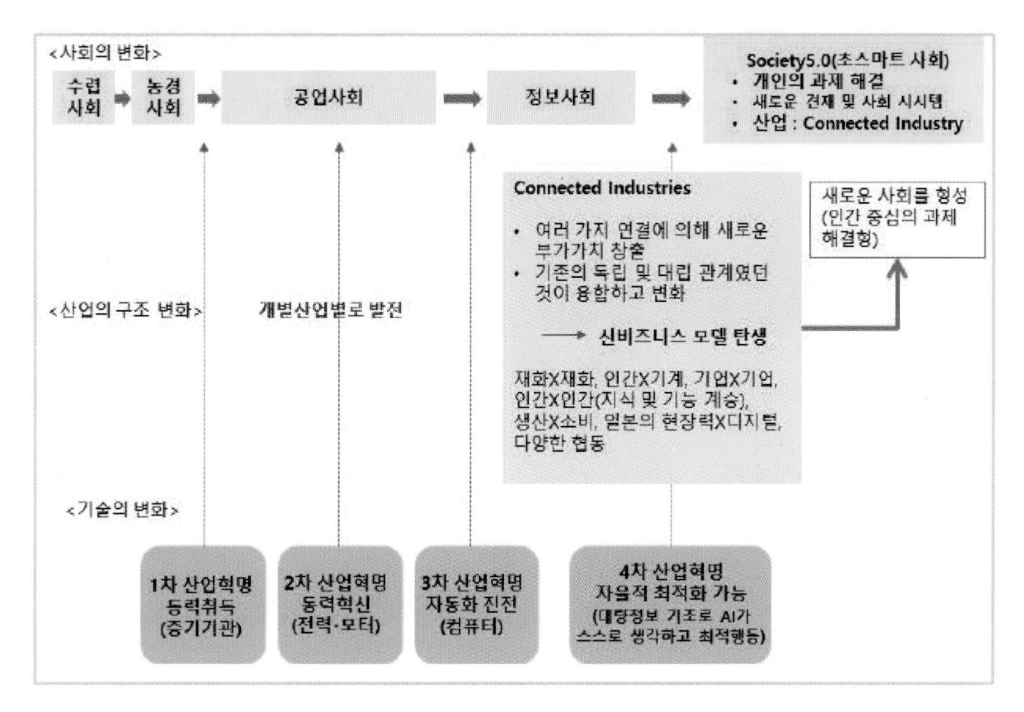

[그림 1-20] 일본이 지향하는 4차 산업혁명의 구도

출처: LG경제연구원, "일본의 4차 산업혁명 추진 동향과 Society 5.0" (2017. 6. 8)

아베노믹스의 2단계 전략인 '신일본재흥전략', '과학기술 종합전략 2016', '미래투자전략(2017년)'을 기반으로 4차 산업혁명을 위한 기반 조성에 역점을 두고 이를 구현하기 위한 '미래투자회의'를 일본 미래 성장 동력의 핵심 조직으로 구축, 각개격파에 머물러 있던 일본 기업들의 4차 산업혁명 대응을 일본 정부가 'Society 5.0'이라는 이름으로 정부와 산학연이 협력하는 체계를 만드는 것으로 변하고 있다.

2021년 7월 일본 내각부와 일본해양연구개발기구가 공동으로 소사이어티 5.0 엑스포를 개최했다. 일본 내각부는 제6기 과학기술혁신기본계획(2021~2025)을 수립해 개개인의 지속 가능성과 회복 탄력성, 행복을 확보하기 위한 과학 · 기술 · 혁신 정책의 방향을 제시했다.

[그림 1-21] 소사이어티 5.0 엑스포에 전시된 제품들
출처: 로봇신문사(2021.07.15)

4) 중국의 'Made in China 2025'

'Made in China 2025' 전략을 통한 제조업 고도화와 지난 2015년 3월 '스마트 플러스 전략(智能+)'은 인터넷과 중국 정부가 선정한 11개 중점 분야의 융·복합 전략을 중심으로 추진한다. 인터넷과 융·복합되는 11개 분야는 창업 혁신, 제조, 농업, 에너지, 금융, 민생, 물류, 전자상거래, 교통, 생태 환경 그리고 인공지능 분야이다.

중국 정부는 '중국제조 2025 행동 강령'을 국가 전략으로 삼고 세계의 하청 공장을 벗어나 로봇, AI 등에 투자를 강화해 2035년까지 미국, 독일 등 선진국을 따라잡겠다고 선언했다. '새로운 인프라'라는 이름을 붙여 5G, 전기 자동차 충전소, 데이터 센터 등 신경제 성장에 필요한 인프라 개발에 중점을 두고 '산업 인터넷' 구축을 통해 낮은 비용으로 다품종 소량 생산을 목표로 한다.

2019년 양회[12]를 통해 제조업에 중점을 두어 AI, 빅데이터 등 4차 산업혁명 기반 기술을 활용한 스마트 플러스 추진과 연구개발 강화를 통한 기술 혁신과 차세대 정보통신, 첨단장비, 바

12) 전국인민정치협상회의·전국인민대표대회로 매년 3월 열리는 두 회의

이오, 신소재, 신에너지 자동차 등 신산업 육성 가속화를 강조했다[13]. 주요 IT 기업(텐센트, 알리바바, 바이두 등)을 기반으로 데이터 통합을 전제로 차세대 공장에 대한 투자를 하면서 세계의 디지털 공장으로 진화하고 있다.

[그림 1-22] 중국 최대 정치행사인 '양회'
출처: 국민일보, 글로벌타임스 캡처(2020.04.29)

[그림 1-23] 중국 알리바바 쉰시 공장
출처: https://fpost.co.kr/board/bbs/board.php?bo_table=special&wr_id=538

13) KIET,"2019년 중국 양회, 산업정책의 핵심 키워드는 4차 산업혁명"(2019.04.28.)

1.4.2 국내 동향 - 제조혁신 3.0

우리나라도 2015년 3월부터 '제조업 혁신 3.0 전략' 및 '스마트 제조 혁신 비전 2025'(2017) 등을 마련하여 제조업과 ICT의 융합으로 생산 현장의 생산성과 제품의 경쟁력을 높이고, 창의적인 스마트 융합 신제품을 조기에 사업화하여 신산업 창출을 앞당기는 등 제조업 생태계를 근본적으로 혁신하는 것을 목표로 하고 있다. 2019년에는 중소 제조업의 스마트팩토리 보급 확산을 위해 민관 합동 스마트공장 추진단에서 출범한 스마트 제조 혁신 추진단이 가동되었다.

2025년까지 3만 개(누적)로 확대하고 기초 수준에 머물러 있는 스마트공장의 고도화 추진을 스마트공장 보급 사업과 연계해 신규 수요를 창출할 방침이다. 또한 글로벌 기업과 공동 R&D, 표준 대응, 제3국 공동 진출 지원 등을 통해 국내 공급 기업의 경쟁력을 끌어올린다는 목표도 세웠다.[14)]

국내외 동향에서 나타나듯이 4차 산업혁명의 출발은 결국 제조업 혁신 그리고 스마트공장이다.

4차 산업혁명의 효과는 제조업, 에너지뿐만 아니라 금융, 운송 등의 서비스와 도시 분야 등 다양한 산업에 걸쳐서 관심이 집중되고 있지만, 출발은 결국 제조업이라는 점은 독일과 미국의 사례에서 충분히 확인된다.

산업연구원에서도 4차 산업혁명의 적용 분야 중 제조업에 관심이 집중되고 있으며 이중 스마트팩토리가 제조 현장에 ICT 기술을 적용하여 스마트 제조를 이뤄내면서 제조업 혁신을 구체화할 것으로 분석했다.

---

14) 출처: news.kotra.or.kr/

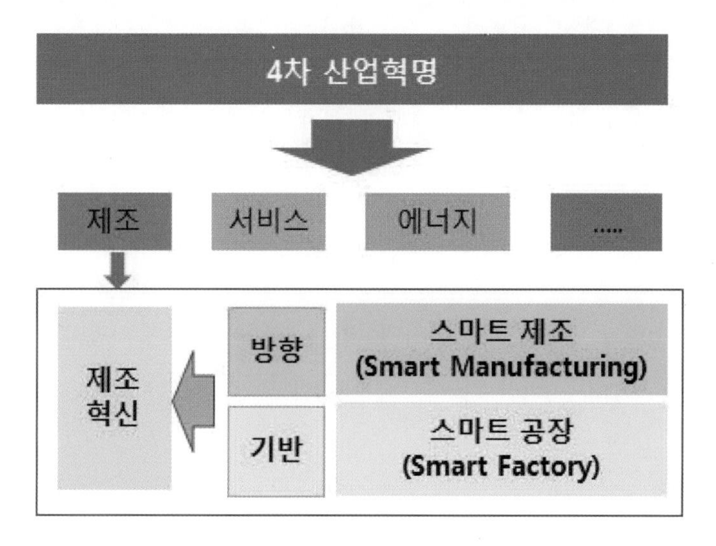

[그림 1-24] 4차 산업혁명과 제조 혁신
출처: 산업연구원, '4차 산업혁명, 주요 개념과 사례' (2017.05)

제조업은 한국 경제에서 매우 큰 비중을 차지하고 있으며 특히 하이테크 분야에 집중하여 높은 부가가치를 창출하고 있으나 최근 미국, 독일, 일본 등 전통적인 제조 강국들의 제조업 강화 노력과 중국의 부상으로 국내 제조업의 국제 경쟁력은 상대적으로 낮게 평가되고 있다.

2. 사물인터넷(IoT)의 개요

4차 산업혁명의 출현과 발전은 사물인터넷이라는 분야에서 촉발되었다고 볼 수 있다. 사물인터넷(IoT : Internet of Things)이란 각 사물에 센서와 통신 기능을 내장하여 인터넷과 연결하는 기술이다.

'인간, 사물, 서비스 등 모든 것이 인터넷으로 연결되어 새로운 정보가 생성, 수집, 공유되며 사용자에게 새로운 가치와 서비스를 제공하는 것'을 말한다.

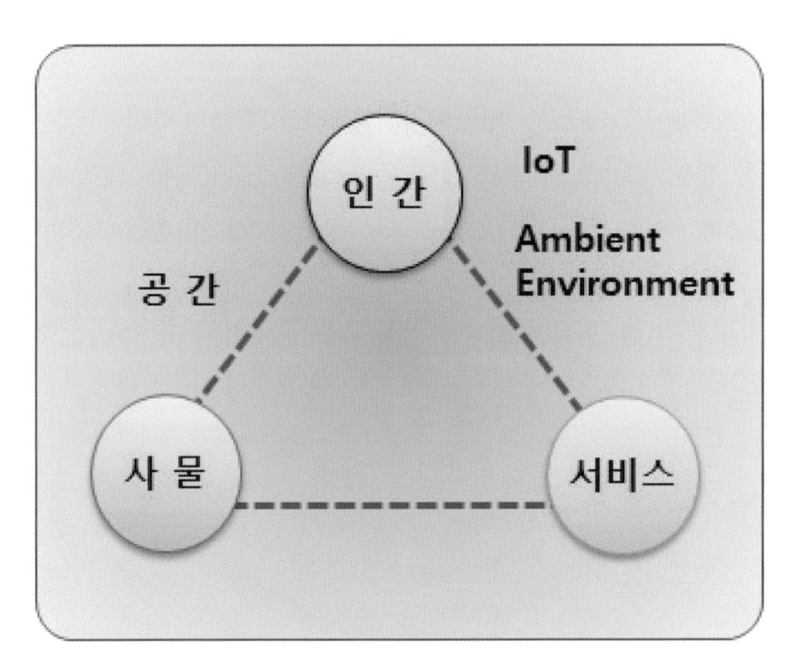

[그림 1-25] 사물인터넷의 3대 구성 요소

2.1 사물인터넷(IoT)이란?

2.1.1 사물인터넷의 개념

위키피디아에서는 '사물인터넷(IoT, Internet of Things)은 각종 사물에 센서와 통신 기능을 내장하여 인터넷에 연결하는 기술'을 의미한다. 즉 지능화된 사물들이 인터넷에 연결되어 네트워크를 통해 사람과 사물(물리 또는 가상), 사물과 사물, 사물과 시스템 간의 정보를 상호 소통하는 상황인식 기반의 지능형 기술 및 서비스 등을 사물인터넷이라고 한다. 여기서 사물이란 가전제품, 모바일 장비, 웨어러블 디바이스 등 다양한 임베디드 시스템이 된다.

사물인터넷(IoT, Internet of Things)의 개념은 1999년 MIT의 케빈 애쉬튼(Kevin Ashton)이 처음으로 사용하였다. "RFID(Radio Frequency Identification : 전자태그)와 기타 센서를 일상의 사물(Things)에 탑재하면 사물인터넷이 구축될 것"이라고 했다. 사람이 개입하지 않아도 사물들끼리 알아서 정보를 교환할 수 있게 된다는 뜻이다. 처음에는 RFID 태그를 활용한 근거리 통신 시스템을 의미했지만 지금은 유무선 네트워크로 연결된 모든 사물들의 통신 시스템으로 범위가 확대되었다.

[그림 1-26] 케빈 애쉬튼

출처: The Hayes Brothers

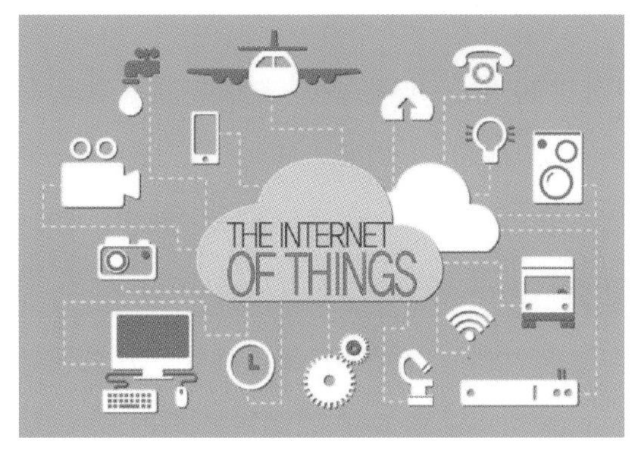

[그림 1-27] 세상의 모든 사물과 연결하는 사물인터넷

출처: 국립중앙과학관,https://www.science.go.kr

정보통신기획평가원에서는 사물인터넷을 “인터넷을 기반으로 다양한 사물, 공간 및 사람을 유기적으로 연결하고, 상황을 분석·예측·판단하여 지능화된 서비스를 자율적으로 제공하는 제반 인프라 및 융복합 기술”로 재정의[15)]하고 있다.

코로나 팬데믹이 사회·경제·문화 등 전반에 걸쳐 지속적으로 영향을 미치면서 전 세계적으로 경기 침체라는 공통 위기 외에도 뉴노멀(새로운 표준) 시대에 따른 사물인터넷의 확대는 일상공간 속 기술로 자리매김하고 있다.

[그림 1-28] 사물인터넷으로 연결된 스마트홈 시스템
출처: 삼성SDS 홈페이지 캡쳐

2.1.2 사물인터넷의 포괄적 개념

사물인터넷(IoT)은 유비쿼터스 센서 네트워크(USN: Ubiquitous Sensor Network), M2M(Machine 2 Machine), RFID/USN(Radio Frequency Identification) 등의 개념에서 시작하였다. 특히 M2M은 사물 대 사물, 즉 사람의 직접적 개입이 필요하지 않은 둘 혹은 그 이상의 객체 간에 일어나는 통신을 말한다.

1990년대 후반에서 2000년 초반에는 IoT보다는 ‘유비쿼터스 컴퓨팅’이라는 개념의 USN(Ubiquitous Sensor Network)으로 인식되는 경우가 많았다. 유비쿼터스의 의미는 ‘언제 어

15) 정보통신기획평가원(IITP)의 ICT R&D 기술로드맵 2023, 2018

디에나 존재한다'라는 의미로 각 위치에 배치된 태그와 센서 노드로 사물 및 환경의 정보를 무선으로 인식, 수집하여 초소형 센서들이 각종 무선 네트워킹 기술로 네트워킹을 구성해 상호 작용하고 정보를 전달하는 기술 분야이며 IoE, IoT, M2M은 USN이 기반이 된다.

M2M은 일반적으로 사람의 접근이 힘든 지역의 원격 제어나 위험품목의 상시 검시 등의 영역에서 적용되며 RFID는 홈 네트워킹이나 물류, 유통 분야에 적용되다가 NFC로 진화해 모바일 결제 부문으로 영역을 확장했다. 사물인터넷은 통신 객체 간 수집 정보를 네트워크로 연결하여 응용 서비스로 확장되는 개념이다.

사물인터넷은 인간을 둘러싼 환경에 초점을 맞췄다는 점에 비해 M2M은 사물을 중심으로 한 개념에서 차이를 보인다.

만물인터넷(Internet of Everything: IoE)이라는 용어는 사물을 넘어 세상의 모든 만물이 인터넷에 연결되고, 인터넷에 연결된 만물은 스스로 상황인식 능력을 가짐으로써 보다 향상된 대응 능력과 함께 인지 능력을 발휘할 수 있다는 의미로 시스코(CISCO)에서 사용한 용어이다. M2M 통신에 대한 IoT의 확장된 개념이다. 네트워크들의 네트워크, 즉 모든 사물이 연결되어 언제든지(anytime), 어디든지(anyplace), 무엇이든지(anything)라는 연결 차원을 추가하여 각기 다른 네트워크상의 프로세스를 중심으로 연결된 무수히 많은 사람과 사물, 데이터가 다시 프로세스 간의 연계로 수억, 수조 개까지 연결될 수 있는 초연결 사회(Hyper Connected Society)의 개념이다.

[그림 1-29] 시스코 로고

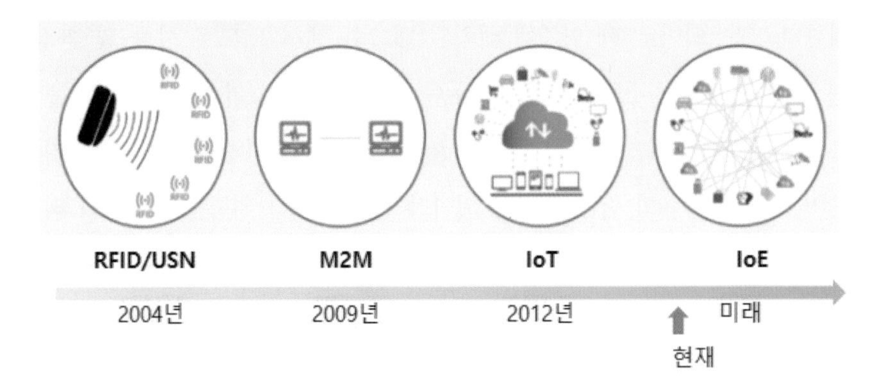

[그림 1-30] 사물인터넷 기술의 진화
출처: 특허뉴스, 한국특허전략개발원, 2019/04/27

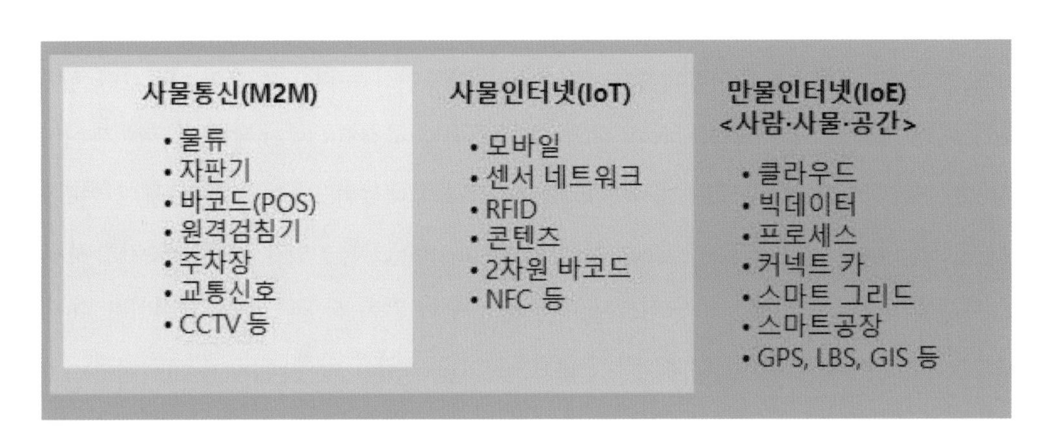

[그림 1-31] M2M, IoT, IoE의 포괄적 개념

2.2 사물인터넷의 발전 단계

사물인터넷 기술은 1단계 연결형 IoT(Connectivity), 2단계 지능형 IoT(Intelligence), 3단계 자율형 IoT(Autonomy)의 3단계 방향으로 진화한다.

1단계 (연결형)	• 사물이 인터넷에 연결되어 주변환경을 센싱하고 그 결과를 전송할 수 있으며, 모니터링한 정보를 통해 원격에서 사물이 제어되는 단계 • 센싱 ·수집·관리(분석)를 목적으로 구축된 실세계에서 가상세계로의 연결 및 관리 기술
2단계 (지능형)	• 사물이 센싱 및 전송한 센싱된 데이터를 분석 및 예측하는 지능적 행위를 취할 수 있는 단계 ▪ 1단계 기술에 지능이 추가되어 센상·수집·분석·진단·예측의 실세계에서 가상세계로의 지능적 감지 및 유연 대응에 대한 기술
3단계 (자율형)	• 사물 간 분산협업지능을 기반으로 상호 소통하며 공간, 상황, 사물 데이터의 복합 처리를 통해 스스로 의사결정을 하고 물리세계를 자율적으로 제어할 수 있는 단계 ▪ 2단계 기술 고도화와 더불어, 예측·계획·전달·실행의 가상세계에서 실세계로의 대응 자율화 기술(실세계와 가상세계의 지속적인 상호작용 사이클 완성)

[표 1-2] 사물인터넷 기술 발전 단계 및 특징

출처: ICT R&D 기술로드맵 2023

수많은 지능사물(Cognitive Things)이 대규모로 연결(Massive Connectivity)되어 주어진 상황에 맞게 스스로 조직화(Self-Organization)하고, 유기체 각자가 자율성을 갖고 지능화(Autonomy & Intelligence)하여 거대한 디지털 유기체(Digital Organism)을 구축하여 실세계와 가상세계가 지속적으로 상호작용하며 스스로 진화하는 시스템이다.

2.3 사물인터넷의 핵심 기술

사물인터넷은 '현실 세계의 다양한 사물들과 가상 세계를 네트워크를 통해 유기적으로 연결하고 상황을 분석 · 예측 · 판단하여 지능화된 서비스를 자율적으로 제공하는 제반 인프라 및 융복합 기술'로 3대 주요 기술로는 센싱 기술, 네트워크 기술, 인터페이스 기술이 있다.

2.3.1 센싱 기술

전통적인 센서(온도, 습도, 열, 가스, 조도, 초음파 센서 등)에서부터 표준화된 인터페이스와 정보 처리 능력을 내장한 스마트 센서로 발전하고 있으며, 센서로부터 데이터를 수집, 처리, 관리하며 인터페이스 구현을 지원하여 사용자들에게 정보를 서비스로 구현할 수 있도록 하는 기술이다.

2.3.2 네트워크 기술

종단 간에 사물인터넷 서비스를 지원하기 위한 기술로 기존의 유무선 통신 및 네트워크 장치(WPAN, WiFi, 3G/4G/LTE, Bluetooth, Ethernet, BcN, 위성통신 등)와 인간과 사물, 서비스를 연결시킬 수 있는 모든 유·무선 네트워크 기술을 의미한다.

2.3.3 인터페이스 기술

사용자에게 사물인터넷 서비스를 제공하기 위하여 필요하며 서비스 인터페이스 구축을 위해서는 정보의 가공·추출·처리, 저장, 판단, 상황 인식, 보안과 프라이버시 보호, 온톨리지 기반의 시맨틱, 위치 확인, 오픈 플랫폼 기술, 데이터 마이닝 기술, 소셜 네트워크 등의 서비스 제공을 위한 기술을 의미한다.

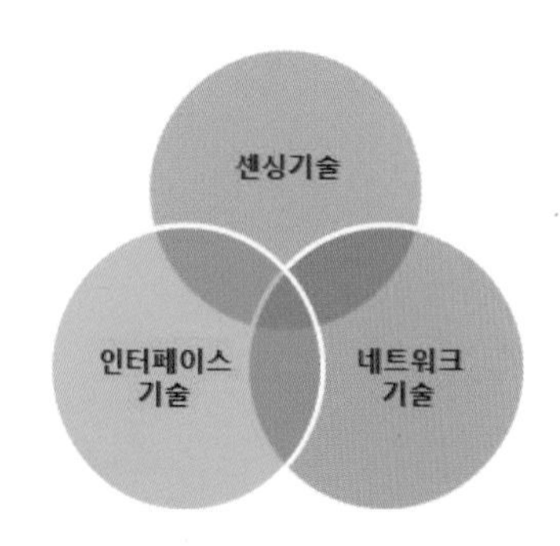

[그림 1-32] 사물인터넷의 핵심 기술

[표 1-3]의 사물인터넷의 요소 기술 분류와 [그림 1-33]은 이해를 돕기 위한 사물인터넷 인프라 구성도이다.

중분류	소분류	요소기술
IoT	IoT 응용기술	• 동적 IoT 서비스 탐색 및 메쉬업 기술, 도메인별 메타 데이터 모델링 및 활용 기술, 데이터 거래 서비스 기술 등
	IoT 기반 디지털트윈	• 디지털트윈 모델링 기술, 디지털트윈 시뮬레이션 기술, 디지털 지능트윈 플랫폼 및 관리기술, 자가성장형 자율 트윈기술 등
	IoT 플랫폼	• IoT 데이터 허브 기술, 자율형 IoT 플랫폼 기술, IoT 엣지 컴퓨팅 기술, IoT 상호연동기술, 사람-사물 인터랙션 기술 등
	IoT 네트워크	• 저전력 IoT 네트워크 기술, 저지연 IoT네트워크 기술, Massive IoT네트워크 기술, IoT 셀룰러 네트워크기술, 자율형 IoT 네트워크 기술 등
	IoT 센서/디바이스	• 스마트센서/액츄에이터 기술, 자율형 IoT 디바이스 기술, IoT디바이스 SW기술, 사물지능 및 분산협업 기술

[표 1-3] 사물인터넷의 요소기술 분류

출처: IITP, ICT R&D 기술로드맵 2023

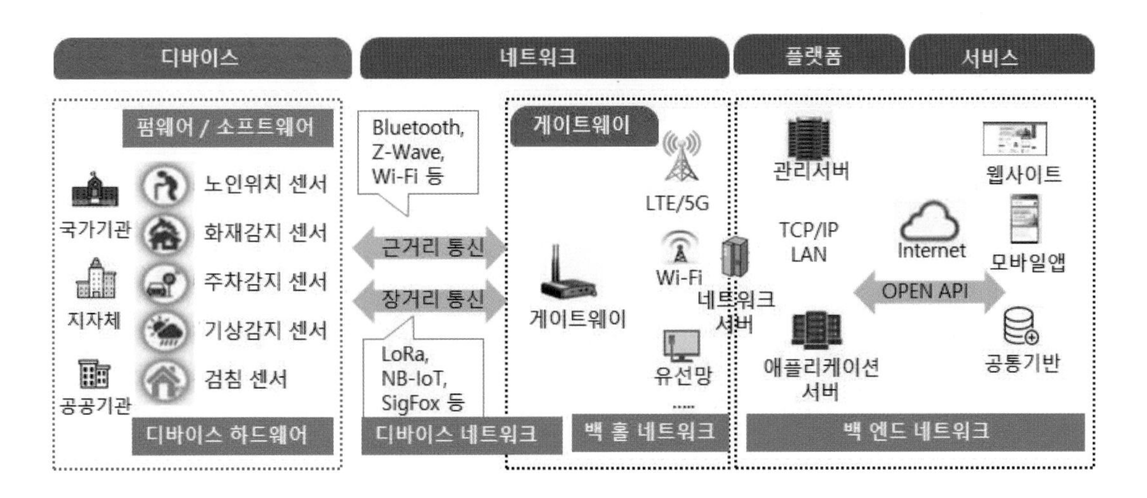

[그림 1-33] 사물인터넷 인트라 구성도

출처: 행정안전부, 한국정보화진흥원(2019.7)

2.4 사물인터넷의 국내외 시장 전망 및 동향

2.4.1 사물인터넷의 국외 시장 전망 및 동향

사물인터넷을 차세대 핵심 산업으로 인식하여 세계 각국의 활성화 대책 수립·시행과 주요 기업의 참여로 인한 관련 시장의 급격한 성장이 예상된다.

2018년 8월 IoT Analytics의 〈State of the IoT 2018〉 자료에 따르면, 해외 IoT 시장의 매출 규모는 2017년 1,100억 달러 규모에서 2018년 1,510억 달러 규모로 연평균 39% 성장하였으며, 동 연평균 성장률(CAGR) 적용 시 2025년에는 1조 5,670억 달러 규모가 될 것으로 예측된다. 상업용 IoT 부문에서는 조립 제조와 공정 제조, 운송 분야의 지출 규모가 가장 클 것으로 분석했으며 소비자 IoT 부문에서는 스마트홈과 커넥티드카 부문이 지출 성장을 이끌 것으로 분석했다.

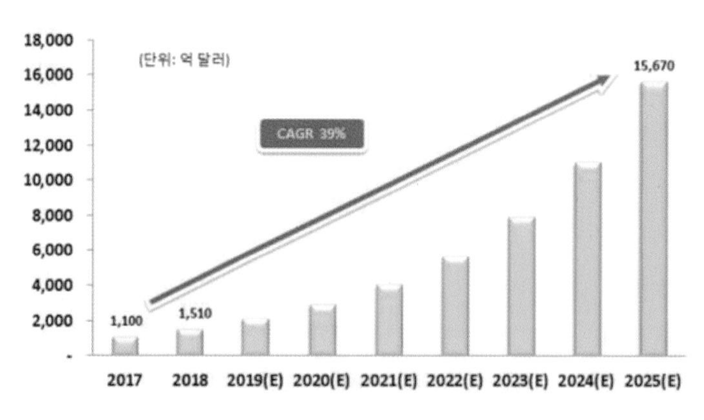

[그림 1-34] 해외 IoT 시장 매출 규모

출처: IoT Analytics, "State of the IoT 2018", NICE평가정보 재가공

IoT Analytics는 세계 IoT 시장의 상위 5대 활용 영역을 스마트시티, 스마트팩토리, 커넥티드 빌딩, 커넥티드 자동차, 스마트 에너지로 구분하였으며, 단말 대 클라우드 통합, 시간 민감형

네트워크(TimeSensitive Network, TSN) 연결, IoT와 블록체인의 결합과 같은 기술 개발 시도가 지속되고 있다고 밝혔다.[16)]

Cisco는 2020년에 이르면 25억 명의 사람과 370억 개 이상의 사물이 인터넷으로 연결되고, 2030년에는 500억 개의 사물들이 연결되는 IoE(Inter of Everything, 만물인터넷)로 진화할 것으로 예측하고 있다.

전 세계 IoT 센서 시장에서 주요 기업은 Broadcom(미국), Texas Instruments(미국), TE Connectivity(스위스), NXP Semiconductors(네델란드), STMicroelectronics(스위스) 등이 있다.[17)]

순위	기업명
1	• Broadcom(미국)
2	• Texas Instruments(미국)
3	• TE Connectivity(스위스)
4	• NXP Semiconductors(네델란드)
5	• STMicroelectronics(스위스)

[표 1-4] 글로벌 IoT 센서 시장의 주요 기업 랭킹(2019)

출처: Marketsandmarkets, IoT Sensors Market, 2021

기업명	핵심기술	센서 제품
Broadcom(미국)	• 광범위한 반도체 장치의 설계, 개발 및 공급 업체	• 광학 센서, 모션 센서, 광전자 센서, 정전 용량 센서, 주변 광 센서, 근접 센서, 통합 주변 조명 및 근접 센서
Texas Instruments(미국)	• 아날로그 및 임베디드 프로세싱 칩 설계, 제조	• 온도 센서, 전전 용량 센서, 전류 센서, 유도 형 센서, 압력 센서, 초음파 센서, 습도 센서, 광학 센서, 가스/ 화학 센서, 근접 센서, 디지털 광 센서
TE Connectivity(스위스)	• 자동차, 에너지, 산업, 광대역 통신, 소비자 기기, 의료, 항공 우주 및 국방과 같은 광범위한 분야에 대한 연결 및 센서 솔루션 제공	• 유량 센서, 액체 센서, 관성 센서, 습도 센서, 광 센서, 피에조 필름 센서, 위치 센서, 압력 센서, 온도 센서, 전동 감지 및 가속도계, 초음파 센서
NXP Semiconductors(네델란드)	• 표준 고성능 혼합 신호 솔루션	• 6축 센서, 가속도계, 각도 위치 센서, 자이로 스코프, 자력계, 압력 센서, 회전 센서, 온도 센서, 터치 센서, 모션 센서, 자기 센서
STMicroelectronics(스위스)	• 반도체 IC 및 개별 장치의 설계, 개발, 제조 및 판매	• 가속도계, 자동차 센서, 자기 센서, 자이로 스코프, 습도 센서, 의료용 센서, 압력 센서, 근접 센서, 온도 센서, 터치 센서

[표 1-5] 주요 기업별 제품 제공 현황

출처: Marketsandmarkets, IoT Sensors Market, 2021, 재구성

16) IoT Analytics의 'State of the IoT 2018', 2018.08

17) INNOPOLIS, 글로벌 시장동향보고서, "IoT 센서 시장", 2021.06

IDC가 발표한 전 세계 IoT 지출 가이드(Worldwide Internet of Things Spending Guide)의 업데이트 정보에 따르면, 2020년 글로벌 IoT 시장의 지출 규모는 코로나19의 대유행에 크게 영향을 받아 코로나19 이전 시점인 2019년 11월에 예측한 IoT 지출 성장률은 14.9%였으나, 2020년에 새로 추산한 지출 규모 성장률은 8.2%로 감소했다. 그러나 IDC는 글로벌 IoT 지출이 2021년에 두 자리 수의 성장률로 돌아가 2020~2014년의 예측 기간 동안 연평균 성장률 11.3%를 기록할 것으로 예상했다.[18)]

2.4.2 사물인터넷의 국내 시장전망 및 동향

국내 IoT(하드웨어 및 소프트웨어 전체) 시장의 매출 규모는 2014년 3조 7,597억 원 규모에서 2018년 8조 6,082억 원 규모로 연평균 23.0% 성장하였으며, 동 CAGR 적용 시 2022년에는 21조 9,130억 원 규모가 될 것으로 예측된다.[19)]

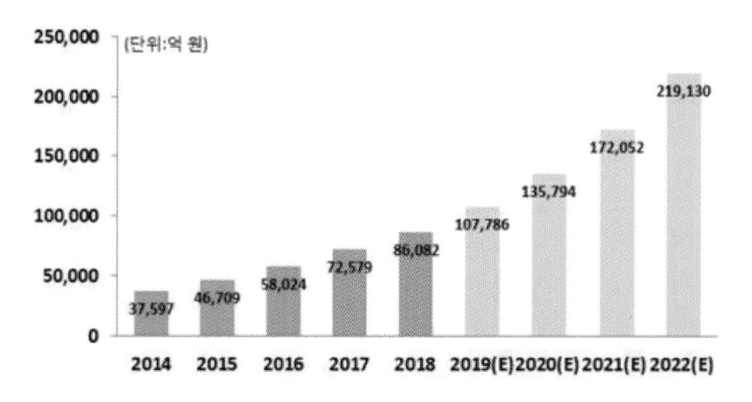

[그림 1-35] 국내 Iot 시장 매출 규모

출처: 통계청 국가통계포털 "사물인터넷산업실태조사", NICE평가정보 재가공

사업 분야별 매출액은 제품기기 분야가 3조 6,724억 원으로 가장 큰 비중을 차지했고, 다음으로 서비스, 네트워크, 플랫폼 순으로 조사됨.

18) NIPA, GIP 글로벌 ICT 포털, 품목별 보고서-사물인터넷, 2020.12

19) 통계청 국가통계포털 사물인터넷산업 실태조사, 2018

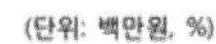

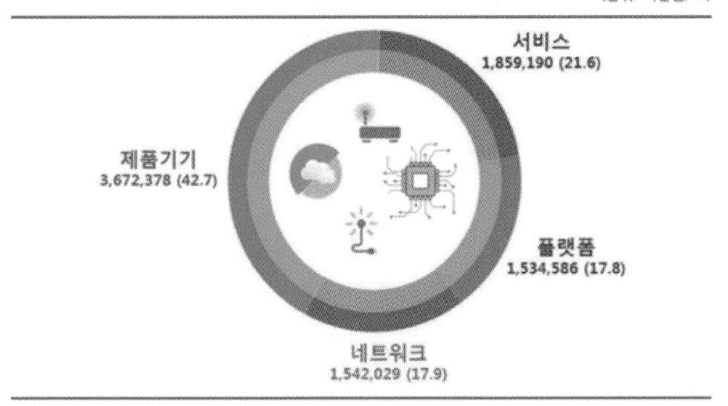

[그림 1-36] 사업 분야별 매출액
출처: 통계청 국가통계포털 "사물인터넷산업실태조사", NICE평가정보

국내 IoT 시장 중 IoT 플랫폼 시장 규모는 2014년 5,428억 원에서 2018년 1조 5,345억 원을 달성하였으며, 해당 기간의 연평균 성장률 29.7%를 반영할 시 2022년 4조 3,387억 원의 규모가 될 것으로 전망된다.

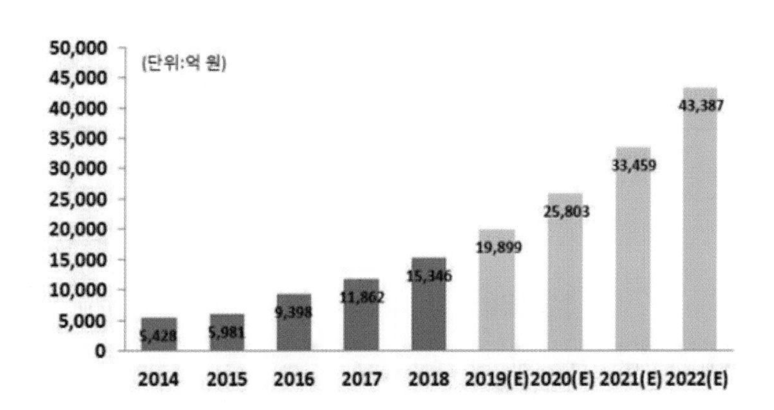

[그림 1-37] 국내 IoT 플랫폼 시장 매출 규모
출처: 통계청 국가통계포털 "사물인터넷산업실태조사", NICE평가정보 재가공

또한, 국내 IoT 시장 중 IoT 서비스 시장 규모는 [그림 1-38]과 같으며, 2014년 5,225억 원에서 2020년 3조 5,069억 원을 달성하였으며, 연평균 성장률은 37.3%로 확인된다. 동 CAGR을 반영할 시 IoT 서비스 시장의 2022년 매출 규모는 6조 6,150억 원의 규모가 될 것으로 예측된다.

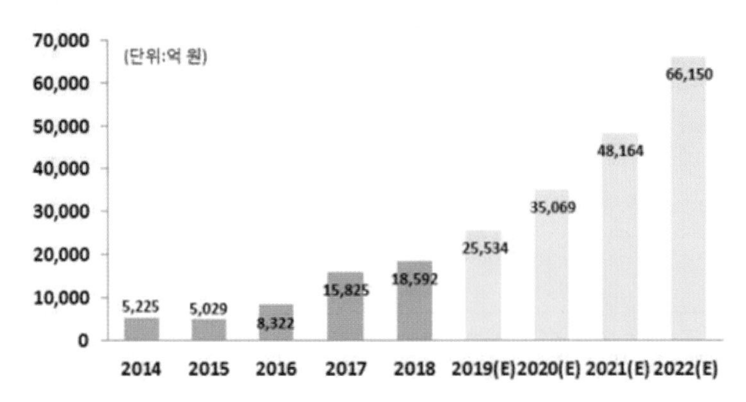

[그림 1-38] 국내 IoT 서비스 시장 매출 규모
출처: 통계청 국가통계포털 "사물인터넷산업실태조사", NICE평가정보 재가공

산업 전반의 디지털 전환도 빠르게 진행되고 있어 의료, 제조, 에너지, 금융 등에서 빠르게 증가폭을 나타내고 있다.

제조 부문에서 비대면 사회의 도입 필요성이 높아지고 있는 스마트팩토리의 경우 작년 12월까지 12,660개가 구축되었으며, 2022년까지 3만 개 보급을 통해 중소 제조기업의 기반 고도화를 촉진할 예정이며 에너지 부문에서도 사물인터넷을 활용한 지능형 원격 검침 시스템도 982만 호로 전년 대비 36% 증가했다고 한다.[20]

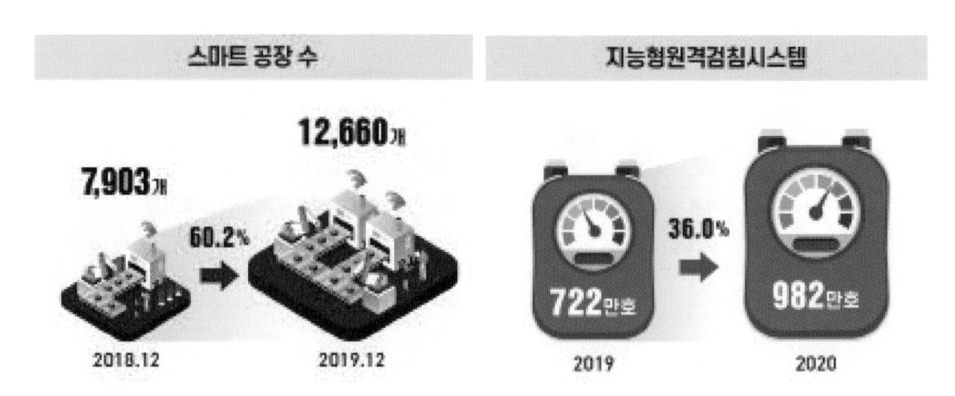

출처: 과학기술정보통신부

20) 과학기술정보통신부, "2020 4차 산업혁명 지표", 2020.09.25

세계 주요국 또는 기업들은 사물인터넷 시장을 선도하기 위해 핵심·원천기술 개발 및 서비스 활성화를 위해 적극 노력하고 있으며 사물인터넷 시스템에 대한 표준화와 각 분야별 표준을 정립해 나가고 있다.

국내의 IoT 네트워크 기반은 우수한 수준이나, IoT 서비스를 위한 활성화 여건은 다소 부족한 것으로 판단되고 있다. 또한, 플랫폼이 IoT 소프트웨어 시장뿐만 아니라 IoT 시장을 장악해 나갈 것으로 예측된다.

구분	주요 현황
디지털 트윈	• 전 세계 디지털 트윈 시장은 '17년 31.7억달러 규머헤서 연펴균 97.8% 증가하여 '22년에는 906.9억달러 규모로 성장할 것으로 전망하고 있고 전 세계 지역별 시장을 살펴보면, 전체 시장의 40%를 북미 시장이 차지하고 뒤를 이어 유럽(36%), 아태지역(22%) 순으로 시장이 형성될 것으로 예측(Mind Commerce(2017))
플랫폼	• IoT 플랫폼 시장은 '18년부터 '25년까지 연평균 17% 성장하여 '25년에 220억 달러 규모로 성장할 것으로 예상(Researchica,'18, 7월)
네트워크	• 글로벌 IoT 통신시장은 '16년부터 '20년까지 연평균 42.36%의 성장률을 보일 것으로 전망(Technavio, '16, 12월) • 글로벌 협대역 IoT 시장은 '17년부터 '24년까지 연평균 91.3%씩 성장하여, '17년 3억2,050만 달러에서 '22년 82억2,130만 달러 규모로 성장할 것으로 전망 (MarketsandMarkets,'16, 11월)
디바이스	• 세계 IoT 칩셋 시장은 '18년부터 '25년까지 연평균 15%씩 성장하여 '25년 310억 달러 규모로 성장할 것으로 예측 (Researchica, '18, 7월) • 세계 IoT 센서 시장은 '18년부터 '25년까지 연평균 24%씩 성장하여 '25년 650억 달러 규모로 성장할 것으로 예측 (Researchica, '18, 7월) • 글로벌 산업용 IoT(IIoT) 디바이스 매출은 '17년의 479억 달러에서 '27년에는 1,293억 달러로 성장할 것으로 예측 (Navigant Research, '17, 10월)

출처: ICT R&D 기술 로드맵 2023

구분	종류	기술 동향
IoT 디바이스 플랫폼	센싱 디바이스 운영체제	• 독립적인 시장보다는 제품과 연계 형성 • IoT 디바이스용 MCU는 센서들이 직접 인터페이스화 되도록 다양한 인터페이스 제공 • RF 기능을 내장하는 형태로 개발 중
	IoT 플랫폼	• 국제 컨소시엄 중심, 다국적의 다양한 업체들이 모여 업계 표준을 지향하여 공통기술 개발 중
IoT 통신	통신망 접속기술	• 인위적 간섭 없이 기기간 자율적 정보공유 • 분산환경에서 존재하는 다양한 디바이스들의 유무선 네트워킹 기술 중 주로 전력소모가 적은 근거리 통신 프로토콜 개발
	통신인프라 환경제어	• 저전력 무선 네트워킹 기술 • 센서 최적화된 데이터 관리 기술 • 저전력 임베디드 OS개발
IoT 서비스 인터페이스	IoT 서비스 솔루션	• 인간, 사물과 응용서비스를 연동하는 기술 ▪ 검출정보 기반 기술 : 정보의 검출, 가공, 정형화, 추출, 처리 및 저장기능 ▪ 위치정보 기반 기술 : 위치판단, 상황인식 ▪ 보안 기능 : 정보보안, 프라이버시 보호, 인증 ▪ 온톨로지(Ontology : 인간이 감정과 사고에 대해 컴퓨터에서 처리 가능 형태로 표현한 모델) 기술 등

[표 1-6] IoT 소프트웨어 분야별 기술 동향

출처: 중소기업 전략기술 로드맵 2019-2021: 사물인터넷 참고, NICE 평가정보 재가공

제2부
사물인터넷(IoT)의 핵심 스마트 기술

1. 사물인터넷의 센서(Sensor) 기술
2. 사물인터넷의 네트워크(Network) 기술
3. 사물인터넷의 스마트 인터페이스(Interface) 기술
4. 사물인터넷의 플랫폼(Platform) 기술
5. 사물인터넷의 스마트 디바이스(Device) 기술

1. 사물인터넷의 센서(Sensor) 기술

사물인터넷의 큰 부분을 맡고 있는 센싱(Sensing) 기술은 2007년 스마트폰이 출시된 이후에 연평균 150%씩 수요가 증가하였으며 자율주행 자동차, 스마트 헬스케어, 바이오, 웨어러블 디바이스, 스마트팩토리 등 모든 산업에 접목되는 기술로서 4차 산업혁명 시대에 접어들어 저전력, 초소형 센서들을 이용해 기존에 우리가 접하지 못했던 거시적인 관점에서 환경 변수들을 수집하고 관리할 수 있는 환경을 제공하는 데 일조했다. 또한, 환경 보전, 재해 방지, 공해 감시, 이상 진단, 안전 관리, 건강 관리, 방범/방재 등 인간의 복지와 번영에 크게 기여하고 있다.

1.1 센서의 개요

센서는 '측정 대상물로부터 압력·가속도·온도·주파수·생체신호 등의 정보를 감지하여 전기적 신호로 변화하여 주는 장치'를 의미한다.[1)]

센싱 기술은 온도, 습도, 열, 가스, 조도 및 초음파 등 다양한 센서를 이용하여 원격 감지, SAR(Synthetic Aperture Radar), 위치 및 추적 모션을 통해 사물의 주위 환경으로부터 정보를 획득하는 기능이다.

1) ETRI

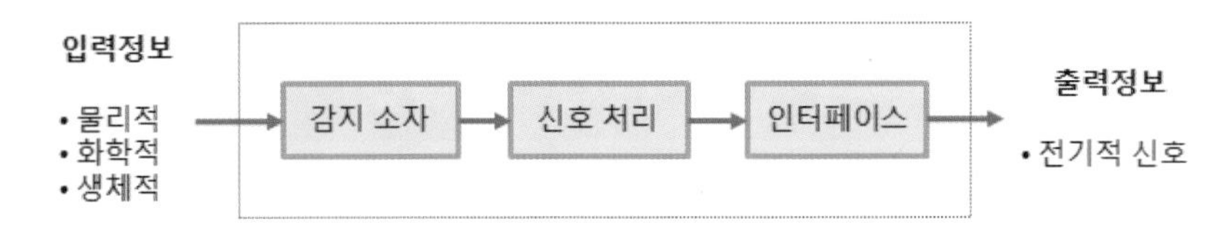

[그림 2-1] 센서의 기본 구조

기존 센서의 개념은 단지 '검출기'가 어떤 특정한 물질을 '감지'하는 수준에 머물렀다면, 현재의 센서는 반도체 SoC(System on Chip) 및 MEMS(Micro Electro Mechanical Systems) 기술을 접목해 데이터 처리, 저장, 자동 보정, 자가진단, 의사결정, 통신 등의 기능을 수행하는 스마트 센서로 발전하고 있다.

나노, MEMS 기술의 도입으로 더욱 소형화되고, 단일 센서 모듈에서 one-chip 형태의 다기능 복합 센서 모듈화가 가능해진다면 IoT 디바이스에서 요구하는 휴대 편의성과 저전력 소비를 동시에 만족시킬 수 있다.

1.2 센서의 종류

센서는 온도, 습도, 열, 가스, 초음파 센서 등에서부터 전자파 흡수율, 레이더, 위치, 영상 센서와 같이 사물의 변화를 감지하는 센서 등이 있다.

감지 대상별 내용에 따라 물리 센서, 화학 센서, 바이오 센서 등으로 분류된다.

1) 물리 센서

빛, 전기, 자기, 열, 광학, 역학에 관련된 물리량을 변환하여 전기신호로 변환한다. 대표적으로 광 센서, 자기 센서, 온도(열) 센서 등이 있다.

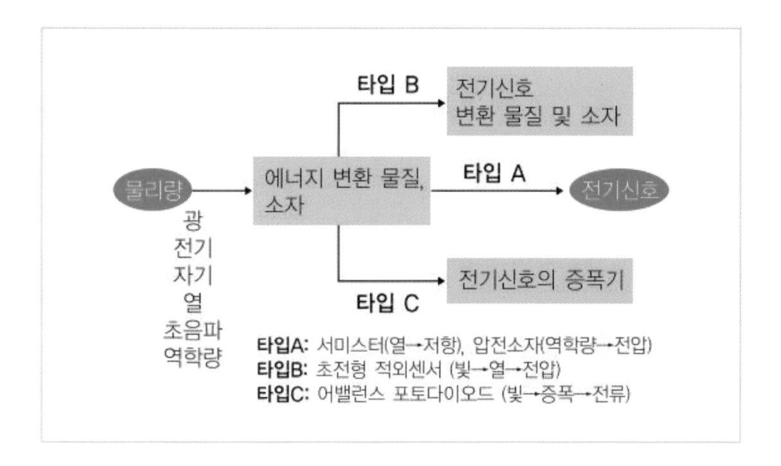

[그림 2-2] 물리 센서 구조

출처: https://www.koreascience.kr/article/JAKO200644947972568.pdf, "Guide to Sensor"

2) 화학 센서

가스, 이온, 수질 등에 관련된 기체 및 액체 상태의 화학 물질을 감지하여 감응 물질 또는 감응막 표면의 특이한 친화성, 흡착 특성, 촉매 특성 등을 이용하여 분자 식별을 한 후 전기 신호로 변환한다.

대표적인 센서로는 가스 센서, 습도 센서, 수질 센서 등이 있다.

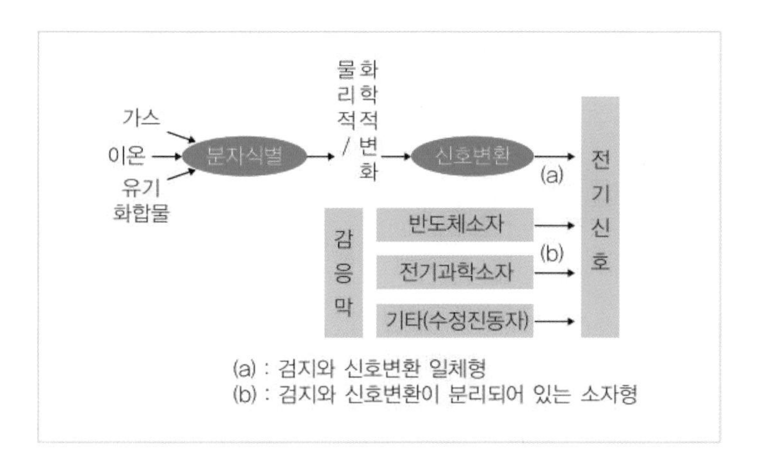

[그림 2-3] 화학 센서 구조

출처: https://www.koreascience.kr/article/JAKO200644947972568.pdf, "Guide to Sensor"

3) 바이오 센서

측정 대상물로부터 정보를 얻을 때 생물학적 요소를 이용하거나 또는 모방하여 생화학 반응에 의한 신호를 색, 형광, 전기적 신호 등과 같이 인식 가능한 신호로 변환시켜 주는 화학 센서의 일종이다.

효소, 단백질, 세포 등의 분자식별 능력을 가진 표적물질(target)을 선택적으로 인식할 수 있는 생체 감지 물질 또는 생체 모방 감지물질로 이루어진 센서 매트릭스와 감응 시에 발생하는 신호를 전달하는 신호 변환기로 구성되어 있다..

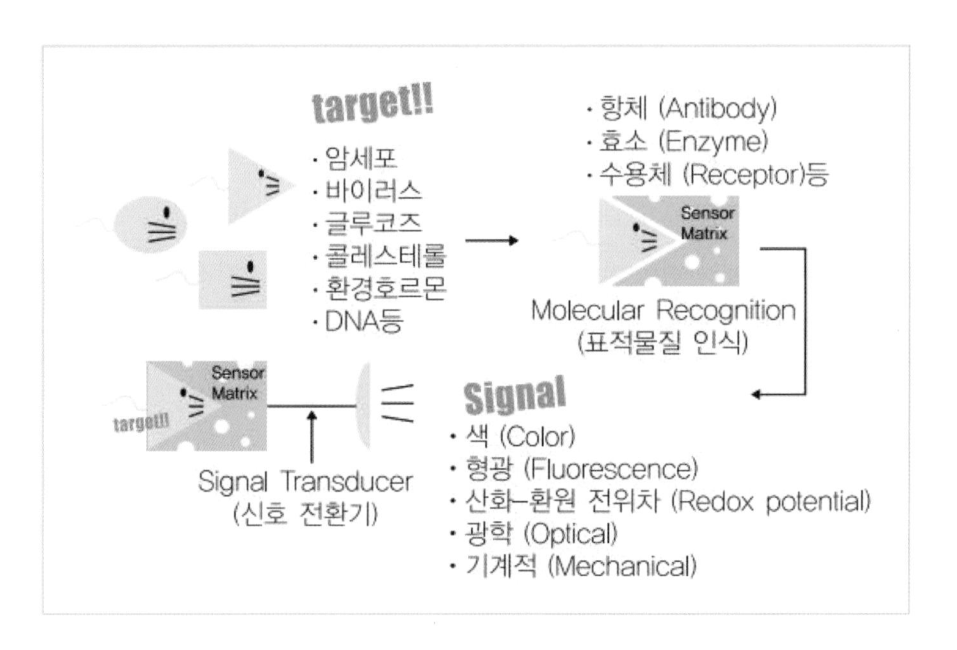

[그림 2-4] 바이오 센서

출처: https://www.koreascience.kr/article/JAKO200644947972568.pdf, "Guide to Sensor"

이외에도 감지 대상, 동작 방식, 재료, 구현 기술 및 집적도에 따라 다양하게 분류되며, 목적에 맞는 기준으로 혼용하여 사용되고 있다.

구분	내용
감지 대상별	• 물리 센서(힘/온도/전자기/광학 등) • 화학 센서(가스/이온/수질 등), 바이오 센서
감지 방식별	• 저항형 센서, 용량형 센서, 광학식 센서, 자기식 센서
집적도별	• 단순 센서, 전자식 센서, 디지털 센서, 지능형 센서
구현 기술별	• 반도체 센서, MEMS 센서, 나노 센서, 융복합 센서
적용 분야별	• 자동차용, 모바일용, 가전용, 환경용, 의료용 등

[표 2-1] 목적별로 본 센서의 종류

출처: CHO Alliance(2015), "IoT 시대에 주목받는 스마트 센서 유망분야 시장전망과 개발동향", 재인용

센서는 광학 센서와 비광학 센서로 분류된다. 광학 센서는 빛 또는 빛에 포함되는 정보를 전기신호로 변환하는 소자로 이미지 센서, 적외선 센서, 자외선 센서 등을 포함한다. 비광학 센서는 초음파, 가속도, 온도 등 비광학적 신호를 측정하며 측정 대상에 따라 초음파 센서, 온도 센서 등으로 분류된다.[2)]

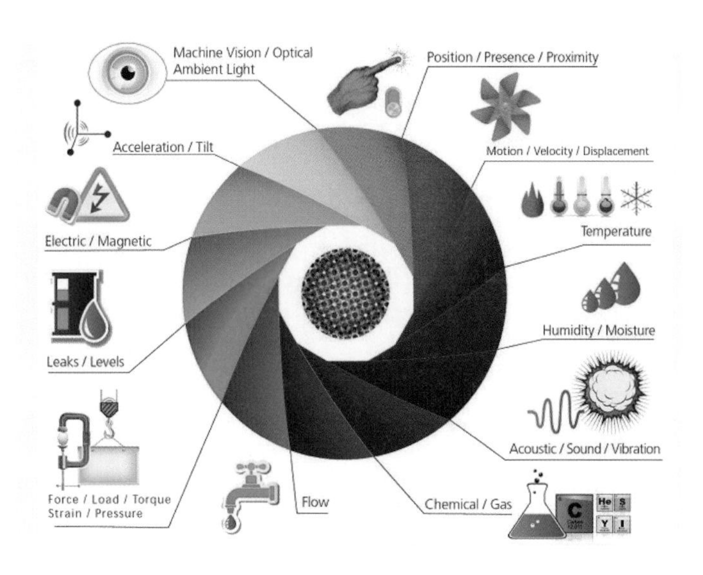

[그림 2-5] IoT 센서의 종류

출처: Postscape

2) 센서산업 현황 및 경쟁력, 한국수출입은행, 2019.1.

1.3 센서의 진화 과정

센서로 볼 수 있는 나침반은 기원전부터 사용되었으나 오늘날 같은 센서 형태가 산업체에서 사용되기 시작한 것은 1960년부터라고 볼 수 있다.

[표 2-4]는 센서의 발전 과정을 나타낸다.

구분	시기	특징	특성
1세대	1970~1980	Discrete Sensor	센서부와 신호처리 분리
2세대	1980~1990	통합 센서	센서와 신호처리 회로 결합, 소형화
3세대	2000년대	디지털 센서	디지털 인터페이스 및 네트워킹 가능
4세대	2012이후	스마트 센서	센서가 제어, 판단, 저장, 통신 기능을 갖춤

[표 2-2] 센서의 발전 과정

출처: 산업통상자원부, 정보통신산업진흥원

1) 1세대 센서

디스크레이트 센서(Descrete Sensor)는 검출값에 대한 계측 및 판별이 가능한 신호로 변환하여 주는 센싱 소자, 센싱된 값에 대한 증폭, 보정, 보상 기능의 신호 처리 회로가 각각 분리된 형태가 주를 이룬다.

2) 2세대 센서

인터그레이티드 센서(Intergrated Sensor)는 센서의 잡음 성능을 높이고 소형화하기 위해 센서와 신호 처리 회로가 결합된 형태로 제작되었으며, 초소형 정밀기계(micro electro mechanical systems, MEMS) 기술이 도입되었다.

3) 3세대 센서

디지털 센서(Digital Sensor)는 아날로그 회로에 디지털 회로가 집적되면서 센서의 이득, 오프

셋, 비선형 등을 디지털 방식으로 보정하고 보정 데이터를 비휘발성 메모리에 저장, 네트워킹 하는 것이 가능해졌다.

4) 4세대 센서

스마트 센서(Smart Sensor)는 MCU가 센서에 내장되고 SoC 기술이 접목되었다. MCU의 제어, 판단, 저장, 통신 등의 기능을 활용하여 센서의 성능 향상과 다중 센서, 네트워크 센서, 유비쿼터스 센서로 진화하였다.[3]

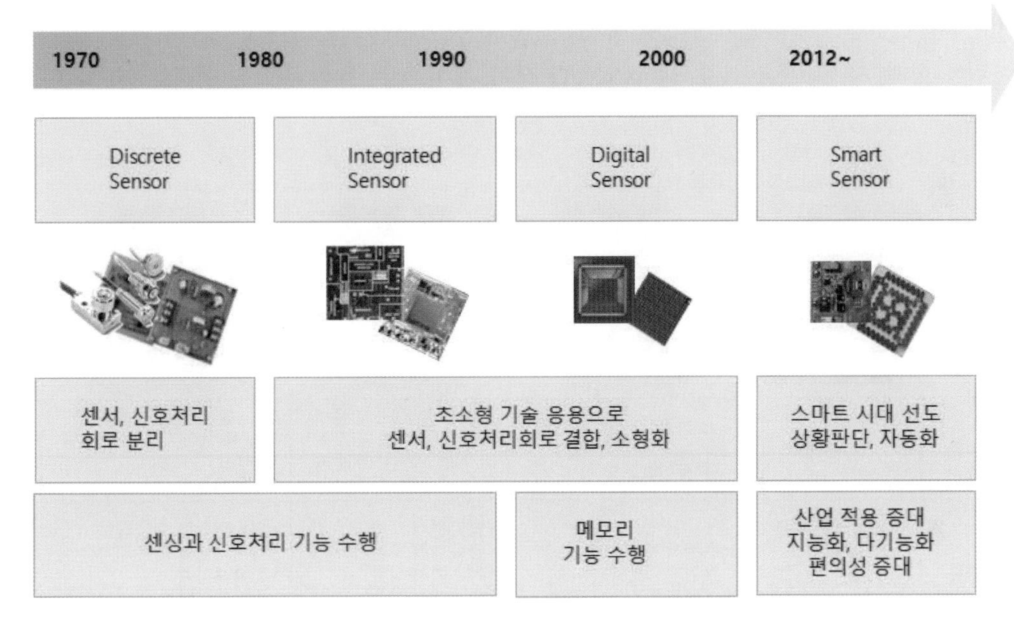

[그림 2-6] 센서의 스마트화에 따른 시대별 발전 동향

출처: IoT 스마트 센서 연구재단 보고서

5) 5세대 센서

사물인터넷 센서(IoT Sensor)는 복수의 센서 정보를 결합 및 처리하여 다중 센싱은 물론 전혀 새로운 개념의 가상 센싱을 통해 지능적이고 고차원적인 정보를 추출할 수 있다.

3) 해시넷,http://wiki.hash.kr/index.php/스마트센서 (검색일: 2020년 7월 19일)

1.4 센서 산업의 범위

센서 산업은 센서 제조를 위한 소재(Material), 소재를 이용해 고유 기능이 구현된 소자(Device), 여러 개의 소자를 사용해 조립한 모듈(Module) 및 시스템(System)형 산업을 포함한다.

센서는 금속(구리, 은, 백금 등), 폴리머, 전자세라믹 소재를 활용한 아날로그 방식 중심에서 반도체형 센서로 이동하고 있다. 소자는 단일 칩 형태로 정보 감지를 담당하며 모듈은 복수 소자를 조립한 형태, 시스템형은 복수 센서, 입출력 장치, 제어 장치 등이 결합된 형태로 분류된다.

소재 (Material) → 반도체/MEMS 공정 → 소자형 (Device) → 패키징/조립 공정 → 모듈형 (Module) → 조립 공정 → 시스템형 (System)

	소재 (Material)	소자형 (Device)	모듈형 (Module)	시스템형 (System)
그림	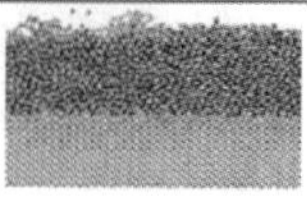			
설명	기본재료	소재를 사용하여 고유 기능이 구현된 것. 부품이라고도 함	복수의 부품(소자)을 조립한 특정 기능을 가진 조그만 장치(부품과 제품의 중간적 존재)	복수 센서, 입출력 장치, 제어장치 등이 유기적으로 결합 작동되는 장치 (최종 제품이 많음)
종류	실리콘기판 유리기판 세라믹기판 Au, Ag, ZnO CNT 등	• 센서 칩 • 센서 IC • 가속도센서 • 압력센서 • 온도센서 등	• 압력센서 모듈 • 습도센서 모듈 • 가스센서 모듈 • 충격센서 모듈 • 인체감지센서 모듈	• 타이어압력 모니터링 • 레이더센서 • 캡슐내시경 • 수질모니터링 • 적외선카메라 등

[그림 2-7] 센서 산업의 범위

출처: "센서산업 고도화를 위한 첨단센서 육성사업 기획보고서", 지식경제부

센서는 정보를 수집, 센싱하는 도구로써 중간재 성격을 가지므로 전형적인 부품 사업으로 볼 수 있다.

1.5 센서의 선택

사물인터넷 있어 센서의 선택은 서비스의 품질을 결정하는 중요한 의사결정 중의 하나이다. 사물인터넷을 설계할 때 센서의 정밀도, 작동 환경, 데이터 형태, 내구성, 가격 등 모든 요소를 고려하여 세심한 분석과 준비가 필요하다.

[그림 2-8] 다양한 종류의 센서들
출처: 로옴

1.5.1 자동차 분야의 센서류

자동차 산업에서 자동차의 성능 및 안전성을 높이기 위하여 차체 내외에 필요한 데이터를 제공하는 수많은 센서로 구성되어 있다.

자동차용 센서는 MEMS 기술의 발전으로 인하여 특히 압력, 가속도, 각속도 센서 등은 자동차의 안정성과 편의성 측면에서 많은 발전을 하고 있다.

첨단 운전자 보조 시스템(ADAS, Advanced Driver Assistance System)은 전자 제어 기술을 기반으로 운전자의 안전성과 편리성을 향상시키기 위해 다양한 센서 기능을 포함한 운전 보조 시스템이다. 특히 자율주행차의 자율주행 기술 구현을 위해서는 카메라, 레이더, 라이다 및 초음파 센서 중 2개 이상의 센서의 조합이 필수적이라고 발표했다.[4)]

4) Autonomous Vehicle Sensors Conference, 2019.06.12.

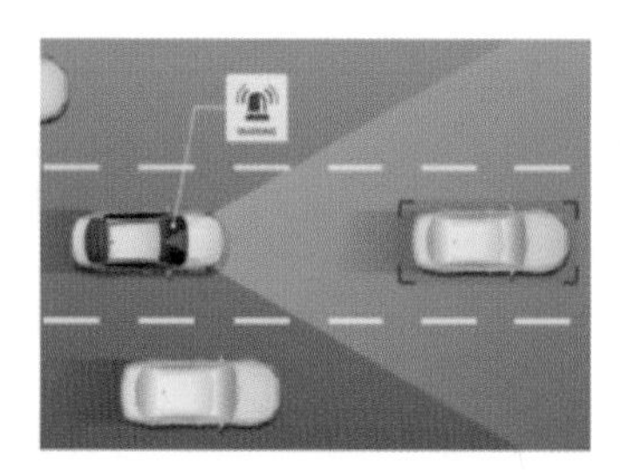

전방 충돌방지 보조
(FCA, Forward Collision-avoidance Assist)

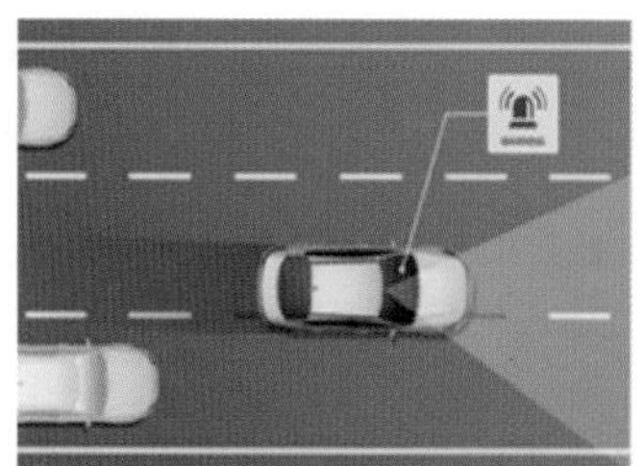

차로 이탈방지 보조
(LKA, Lane Keeping Assist)

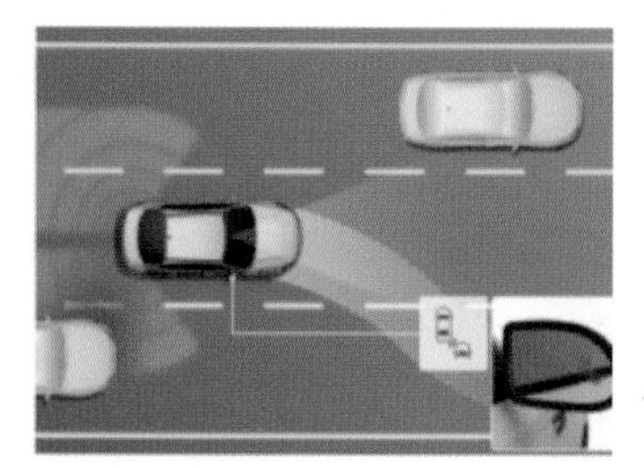

후측방 충돌방지 보조
(BCA, Blind-spot Collision-avoidance Assist)

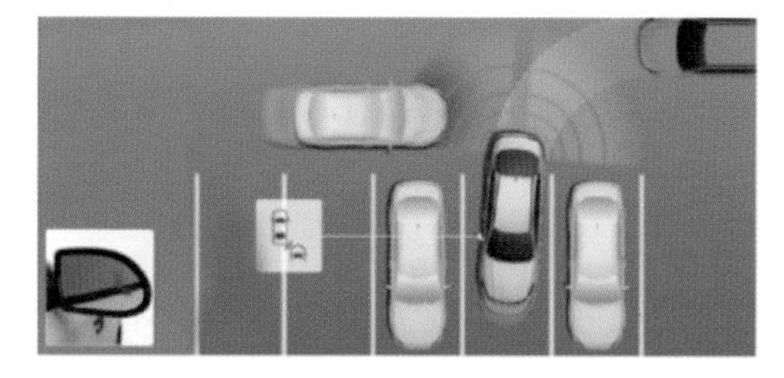

후방 교차 충돌방지 보조
(RCCA, Rear Cross-traffic Collision-avoidance Assist)

주차 충돌방지 보조-후방
(PCA-R, Parking Collision-avoidance Assist-Reverse)

[그림 2-9] 첨단 운전자 보조 시스템(ADAS) 예시
출처: 현대자동차, IITP 주간기술동향, "자율주행 기술 및 평가 동향"

자동차는 약 30여 종 이상, 300여 개 가까운 센서가 부착되어 있으며 레이더(RADAR), 라이다(LiDar), 화학 센서(Chemical), 압력 센서(Pressure), 영상 센서(Imaging), 타이어 공기압 센서(Tire Pressure Monitoring Sensor), 관성 센서(Intertial), 초음파 센서(Ultrasonic), 마그네틱 센서(Magnetic) 등이 포함되어 있다.

센서가 가장 많이 사용되는 산업이라고 할 수 있으며 무인 자율주행 등 스마트카에 대한 연구개발이 본격화되어 2016년 262.7억 달러에서 2021년 434.2억 달러로 연평균 10.6% 성장할 전망이다. 사람의 시각을 담당하는 카메라, 레이더, 라이다 센서의 성장성이 높으며 더욱 진화된 형태의 스마트 센서 수요가 증가할 것으로 예상된다.[5)]

---

5) 센서산업 현황 및 경쟁력-이미지센서와 자동차센서를 중심으로, 한국수출입은행 해외경제연구소, 2019.01.

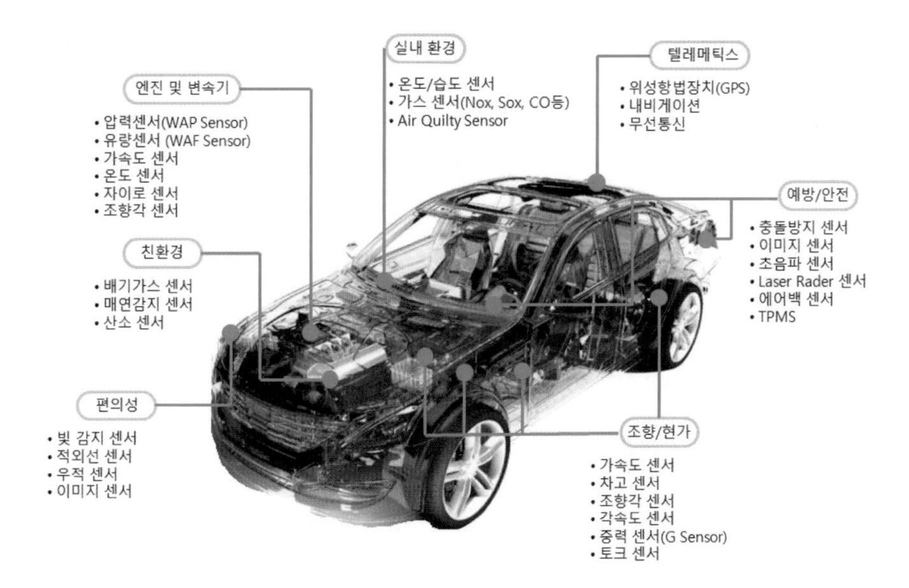

[그림 2-10] 자동차 분야의 센서 구성
출처: 지식경제부, 센서 산업 발전전략 보도자료, 재구성

① 압력 센서(Pressure Sensor)

압력을 측정하는 압력계의 일종으로, 주로 측정 결과를 전기신호로 변환하여 출력한다. 연료 압력, 연소실 압력, 브레이크 압력, 타이어 압력 등 여러 요소에서 이루어지고 있으며 다양한 압력에 견디며 높은 분해 능력을 갖고 빠른 반응 속도를 갖는 압력 센서의 개발로 집중되고 있다.

[그림 2-11] 압력 센서 제품

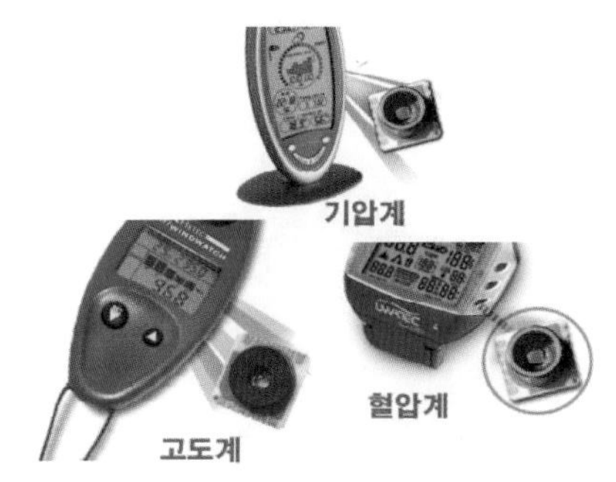

[그림 2-12] 압저항형 압력 센서 응용 제품

② 자기 센서(Magnetic Sensor)

자기장의 영향으로 전기 저항이 커지는 자기 저항 효과(Magnetoresistive Effect)나 자기장에 의해 반도체에 흐르는 전류에 변화가 발생하는 홀 효과(Hall Effect)를 이용해 자기장을 파악하는데 사용한다.

자동차의 방향 지시등부터 시동까지 움직임이 필요한 모든 부분에 꼭 필요한 기술이다. 2개의 센서가 각 상이한 기술을 사용해 고장 모드를 감지해 내는 조향, 제동, 가속 페달, 전자 계기판 시스템 등에 주로 활용된다.

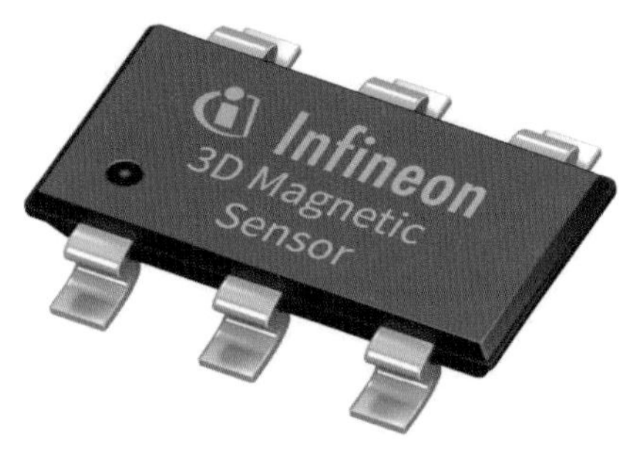

[그림 2-13] 인피니언 3D자기 센서

출처: m.etnews.com

[그림 2-14] Hall Effect 마그네틱 센서

③ 초음파 센서(Ultrasonic Sensor)

사람의 귀에 들리지 않을 정도로 높은 주파수(약 20 KHz 이상)의 소리인 초음파가 가지고 있는 특성을 이용한 센서. 차량의 사각지대의 물체 감지, 주차 공간 인식 등에 이용한다.

[그림 2-15] 볼보 초음파 센서

[그림 2-16] 자동차용 CMOS 이미지 센서(CIS) 기능

출처: SK하이닉스 블로그

④ 영상 센서(Imaging Sensor)

자외선이나 가시선, 적외선, X선 등의 입력에 의하여 전달되는 영상 정보를 전기신호로 변환하는 촬상 장치. 일반적으로 카메라 센서라고 한다.

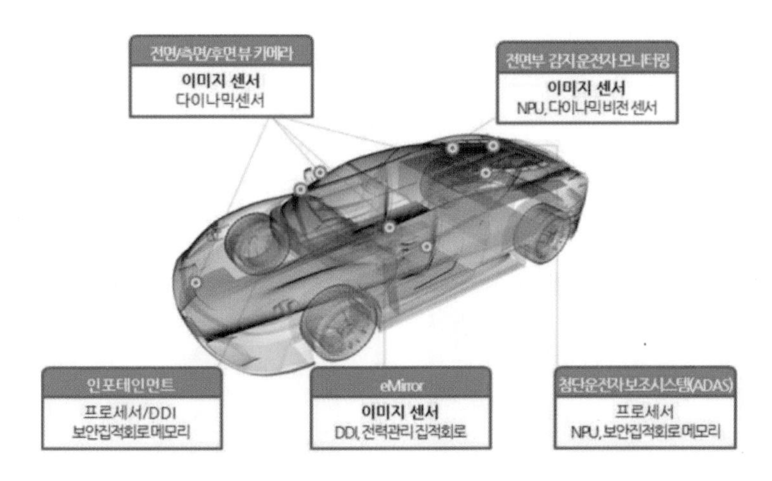

[그림 2-17] 자동차에 적용되고 있는 이미지 센서
출처: 시스템반도체, GBSA Review, 경기정책연구실(2020)

⑤ 레이더 센서(RADAR, RAdio Detection And Ranging)

전자기파를 쏘아 물체에 부딪혀 반사되는 거리, 움직이는 방향, 높이 등을 확인하는 센서로 원거리의 물체 확인에 용이, 주변 밝기나 날씨에 관계없이 물체의 움직임 파악이 가능하다. 카메라 센서를 보완하는 역할을 하며 능동형 크루즈컨트롤, 전후방 충돌 경보, 충돌 방지 시스템 같은 ADAS 시스템에 많이 활용되고 있다.

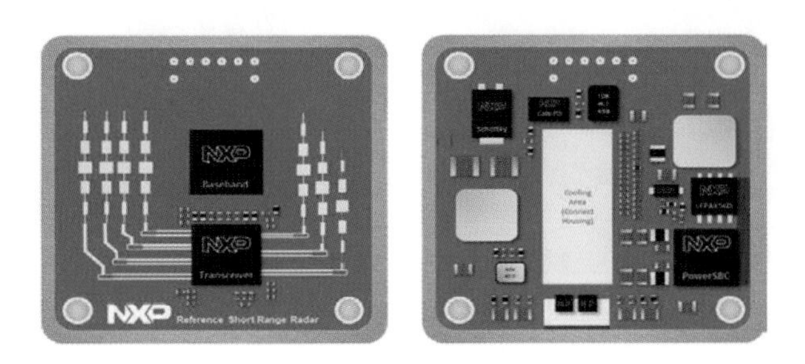

[그림 2-18] NXP의 77 GHz RFCMOS 레이더 시스템 칩
출처: NXP반도체

⑥ 라이다 센서(LIDAR, Light Detection And Ranging)

레이저를 목표물에 비춤으로써 사물까지의 거리, 방향, 속도, 온도, 물질 분포 및 농도 특성 등을 감지할 수 있는 기술로 자율주행 기술에 필수적으로 사용되고 있으며 레이더가 볼 수 없는 사각 지대를 감지하고 반경 360도에 대한 정보를 3D로 인식, Mapping하여 안전한 자율주행을 지원한다.

하지만 정지 객체와 이동 객체의 구별이 힘들고, 비나 안개 등에서 성능이 열화될 수 있는 단점이 있다.

[그림 2-19] LiDAR로 수집한 주변 물체 인식

[그림 2-20] 드론에 장착한 LiDAR와 인식한 주변 물체들

[그림 2-21] 장착된 라이다

[그림 2-22] 상용화된 라이다 제품

출처: velodynelidar.com/

⑦ 제스처 인식용 3D 형상 인식 센서

광 신호를 이용한 3D 형상 인식 센서는 LED와 거리 인식 픽셀이 적용된 이미지 센서 카메라가 적용, 실내에서 운전자 제스처 인식을 통한 기기 제어는 물론, 전방위 충돌 방지 장치, 차선 이탈 방지 및 유지, 탑승자 모니터링 기반 스마트 에어백, 주차 지원 등에 사용된다.

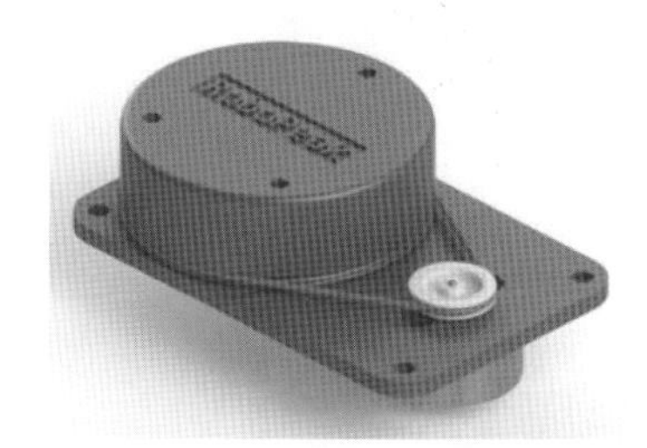

[그림 2-23] 제스처 인식용 3D 형상 인식 센서

출처: https://codingcoding.tistory.com/140

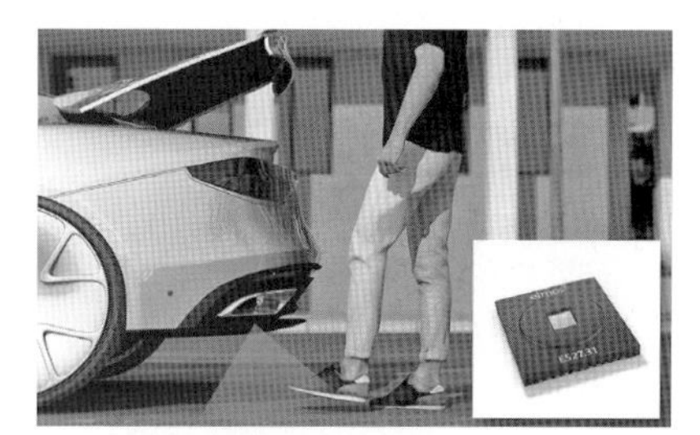

[그림 2-24] 엘모스, 제스처 인식 3D ToF 센서

출처: http://www.epnc.co.kr/news/articleView.html?idxno=103568

⑧ 화학 센서(Chemical Sensor)

자동차의 배출가스가 환경오염 문제로 전 세계적인 문제로 대두되고 있다.

화학 센서는 각종 이온의 농도, 산소나 이산화탄소와 같은 가스의 농도등과 다양한 화학물질 혹은 생물에서 유래한 물질을 감지하는 센서로 자동차용으로서는 배출가스 중 산소 농도를 검출하기 위한 O2 센서, 고압을 검출하는 커먼레일압 센서가 사용되며 스모그 배출, 소음, 진동 등을 개선하고 있다.

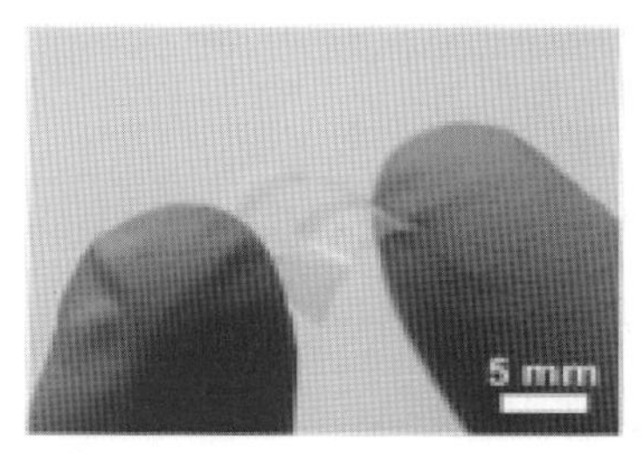

[그림 2-25] 그래핀 가스 센서

출처: 고분자 과학과 기술,"자동차 실내 공기질 가스 센서 소재 기술 연구 동향", (2018.12)

[그림 2-26] 센서리온의 가스와 압력 센서를 통합한 초소형 센서

출처: www.e4ds.com/sub_view.asp?ch=1&t=1&idx=3537

⑨ 타이어 공기압 센서(Tire Pressure Monitoring Sensor)

타이어의 결함을 막기 위해 차량에 장착하는 안전 장치를 TPMS(Tire Pressure Monitoring System)라고 하며 타이어에 부착된 자동 감지 센서를 통해서 공기압과 온도 등의 정보를 확인할 수 있다.

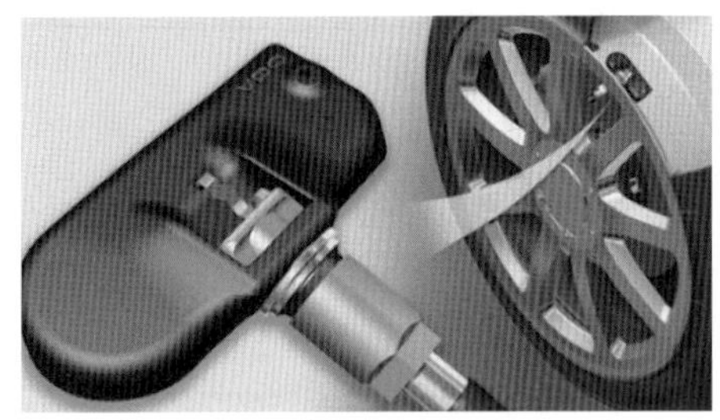

[그림 2-27] 타이어 공기압 센서

[그림 2-28] 고성능 IMU[6] 3축 가속도계 무라타의 SCA3300

출처: http://www.epnc.co.kr/news/articleView.html?idxno=105157

⑩ 관성 센서(Intertial Sensor) : 관성력을 측정하는 센서

- 가속도 센서 : 물체에 작용하는 동적 힘(가속력, 진동력 및 충격력 등)을 순간적으로 감지하며 각종 운송 기기와 공장 자동화 관련 장비 등에 폭넓게 활용할 수 있다. 특히 정면 충돌 시 운전자와 승객을 보호하기 위한 안전 장치인 에어백에 적용되면서 가속도 센서에 대한 연구가 활발히 이루어지고 있다.
- 자이로 센서(Gyro Sensor) : 물체의 각속도를 감지하는 센서로 각종 운송 기기나 자동차 내비게이션, 로켓, 로봇, 자율 자동차, 무인 정찰기 등에서 쓰인다.

⑪ MEMS 6축 모션 센서 (Motion Sensor)

모션(병진, 회전)을 감지하는 관성 센서는 에어백 충격 센서뿐만 아니라 자동차의 자세 제어를 위해 ABS, ESP 등의 시스템에 필수적으로 적용되는 센서이다. 단축 MEMS 자이로 센서를 탑재한 자동차 요레이트(Yaw Rate) 센서는 MEMS 기술 발전과 스마트폰 적용에 따른 시장 확대로 3축 가속도를 측정할 수 있는 초소형, 초박형, 저가의 6축 모션 센서(3축 가속도 + 3축 자

6) IMU(Inertial Measurement Unit, 관성측정장치)

이로 센서)로 발전했다.[7]

[그림 2-29] STMircoelectonics, MEMS 6축 모션 센서

출처: http://www.newstap.co.kr/news/articleView.html?idxno=73794

⑫ 충돌 방지 센서

첨단 운전자 보조 시스템(ADAS)의 주요 안전 기술 중 하나인 전방 충돌 방지 보조 장치(FCA: Forward Collision-Avoidance Assist)은 전방의 자동차나 보행자, 자전거 탑승자와의 충돌 위험을 감지하면 경고를 울리고 운전자가 브레이크 조작을 하지 않을 경우 자동으로 브레이크를 제어해 피할 수 있도록 도와주는 주행 안전 기술이다. 이 기술을 장착한 경우 25.2% 정도 사고율이 줄어든다고 국내 조사 결과가 발표되었다.[8]

[그림 2-30] 레이저와 카메라 복합 거리 충돌 방지 센서

[그림 2-31] 전방 충돌 방지 보조(FCA) 작동 모습

출처: 모닝경제(2020.11.21.)

7) ETRI 경제분석연구실, 센서산업과 주요 유망 센서 시장 및 기술 동향, 2015.05

8) 삼성교통안전문화연구소(2017.4월)

1.5.2 모바일 분야의 센서류

모바일 산업의 바탕이 되는 스마트폰이 2009년 11월 국내에 처음 출시됐다. 애플 '아이폰 3G'가 국내에 도입되며 2010년부터 국내 모바일 콘텐츠 시장이 본격적으로 형성되었다. 카카오톡도 이때 세상에 나왔다. 글로벌 시장조사업체 카운터포인트리서치의 조사에 의하면 2021년 국내 스마트폰 시장은 전년 대비 11% 성장해 그 규모가 1,900만 대에 육박할 것(약 1,880만 대)으로 전망되며, 2020년은 코로나19의 영향으로 2019년 대비 6% 줄어든 약 1,700만 대를 기록한 것으로 추정된다.[9] 국내 모바일 산업의 급성장의 주요 핵심 부품인 플래시, DRAM, 근접통신(NFC), 디스플레이, 터치 등은 시장을 선도하고 있으나 센서 관련 분야는 CIS(CMOS Image Sensor)를 제외하고는 가속도 센서, 각속도 센서, 지자계 센서, 마이크로폰, 압력 센서 등 핵심 센서에 대한 세계 시장을 주도하는 국내 업체는 전무하다.

모바일 분야에 이용되는 센서는 크게 운동 센서(Motion Sensor), 환경 센서(Environment Sensor), 위치 센서(Position Sensor)로 분류한다.

운동 센서에는 세 개의 축을 기준으로 회전력을 측정하는 센서로 가속도계(accelerometer), 중력 센서(gravity sensor), 자이로스코프(gyroscope), 회전 벡터 센서(rotational vector sensor) 등이 있고 환경 센서에는 주변 환경에 대한 온도, 압력, 조도, 습도와 관련된 변수들을 측정하며 기압계(barometer), 광도계(photometer), 습도계(thermometer) 등이 있으며 위치 센서는 기기의 물리적 위치에 대한 측정값으로 방향 센서(orientation sensor), 자기계(magnetometer) 등이 있다.

기본적으로 위치, 동작, 밝기 등 공통으로 쓰는 센서들이 있고, 경우에 따라서는 몇 가지 센서를 복합적으로 사용해 특정 기능을 앱에 구현하기도 한다.

MEMS 기술의 발달로 첨단 기능을 가진 센서들이 초소형화, 저가격화되면서 지속적으로 증가하고 있으며, 후각, 미각 센서까지 탑재되어 오감 센싱이 가능해질 것으로 전망한다.

---

9) 테크데일리,"2021 국내 스마트폰 시장, 다시 상승...11% 성장"(2021.01.14.)

대표로 많이 사용되는 센서는 다음과 같다.

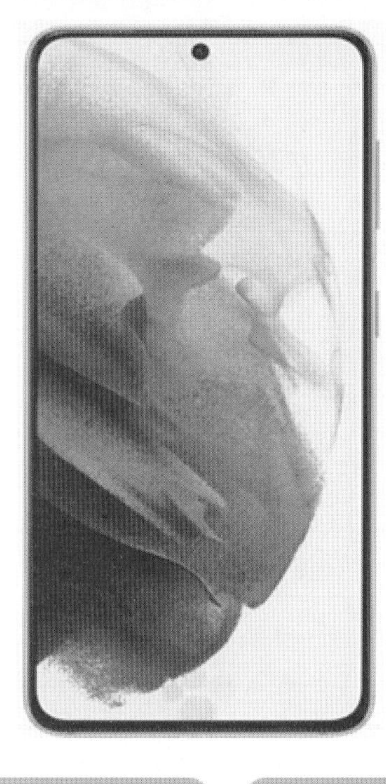

[그림 2-32] 스마트폰에 적용된 센서
출처:artcoon.wordpress.com, 재편집

센서		내용
카메라(이미지) 센서		• 빛을 감지해 그 세기의 정도를 디지털 영상 데이터로 변환해 주는 센서 • 휴대폰, 디지털영상기기 뿐만 아니라 CCTV, 자동차 전후방 카메라, 로봇, 스마트TV 등으로 적용이 확대되고 있음
마이크로폰(음향) 센서		• 물리적 소리를 공기 압력의 변화에 의해 전기적인 신호로 변환하는 센서 • 현재 ECM이 보편적으로 사용중이나 최근 MEMS 마이크로폰의 스마트폰 탑재가 확대되는 추세
근접 센서		• 검출체가 가까이 근접했을 때 검출대상물의 유무를 판별하는 무접촉 방식의 검출 센서 • 보통 통화를 위해 스마트폰을 얼굴에 가까이 가져가거나 주머니에 넣는 경우 화면이 꺼지게 하는 기능 등에 활용
조도 센서		• 주변 밝기에 따라 화면의 디스플레이 조도를 자동으로 조절해 주는 센서 • 모바일 단말의 전력소모량을 줄이고 눈의 피로감을 덜 수 있도록 함
중력 센서		• 중력이 어느 방향으로 작용하는지 탐지해 물체 움직임을 감지하는 센서로, 스마트폰의 디스플레이 방향을 판단해 스크린의 방향을 자동으로 보정해주는 역할 등에 사용
GPS 센서		• 위성위치 확인시스템을 통해 물체의 기간 및 위치정보 획득이 가능한 센서
가속도 센서		• 단위 시간당 물체속도의 변화를 검출하는 센서로, 가속도, 진동, 충격 등의 동적인 힘을 감지, 초기에는 2축 가속도 센서가 주류였으나 최근 MEMS 기술을 적용한 3축 가속도 센서 사용
지자기 센서		• 지구 자기장의 흐름을 파악해 나침반처럼 방위각을 탐지하는 센서로, 기존에는 2축 센서가 주류였으나 최근 3축 센서가 보편화됨
자이로스코프		• 물체의 관성을 전기신호로 검출, 주로 회전각을 감지하는 센서로 높이와 회전, 기울기 등을 감지할 수 있어 3축 가속도 센서와 연계하여 보다 정교한 모션 센싱이 가능
기압계 센서		• 바로미터(barometer)라고 하는 고도측정 센서로 대기의 압력을 측정하는 장치이며, 고도계(altimeter)로도 사용됨
동작인식 센서		• 물체의 움직임이나 위치를 인식하는 센서로 지자기센서, 가속도 센서 등의 각종 센서와 고도계, 자이로 등의 기능이 하나의 칩에 들어가 있는 복합 센서
온도/습도 센서		• 갤럭시 S4에 탑재된 센서로 S헬스 어플리케이션 사용 시, 주변환경의 온도, 습도를 파악하여 현재 환경이 운동하기에 쾌적한지의 여부를 판단
지문인식 센서		• 전용센서를 이용해 지문의 디지털 영상을 획득하여 사용자를 인식하는 센서로, 광학식, 초음파식, 정전용량방식 등의 기술이 지문인식 센서에 이용되는 기술
홍채인식 센서		• 기존 얼굴인식의 4배, 지문인식에 비해서는 6배 높은 보안성을 지니고 있다고 함
심장박동 센서		• 심장박동을 측정하기 위한 센서로 갤럭시 S5에 처음 사용, 손가락을 카메라 아래에 있는 플래스 부분에 대면 빨간 빛을 내며 심박을 체크, 측정을 위해 별도의 LED와 펄스센서를 삽입
RGB 센서		• 주변 빛의 색 농도를 검출하는 센서로 RGB 센서가 있는 스마트폰은 주변 및 농도에 따라 디스플레이 색을 보정할 수 있음

[표 2-3] 스마트 디바이스에 탑재되는 주요 센서

출처: 정보통신산업진흥원, 제4차 산업혁명의 전개와 센서산업

① 중력 센서(gravity sensor)

중력이 어느 방향으로 작용하는지 탐지해 물체 움직임을 감지하는 센서로, 스마트폰의 디스플레이 방향을 판단해 스마트폰의 화면을 가로, 세로로 자동으로 보정해 주는 역할 등에 사용한다. 가속 센서와 자이로스코프가 속한다.

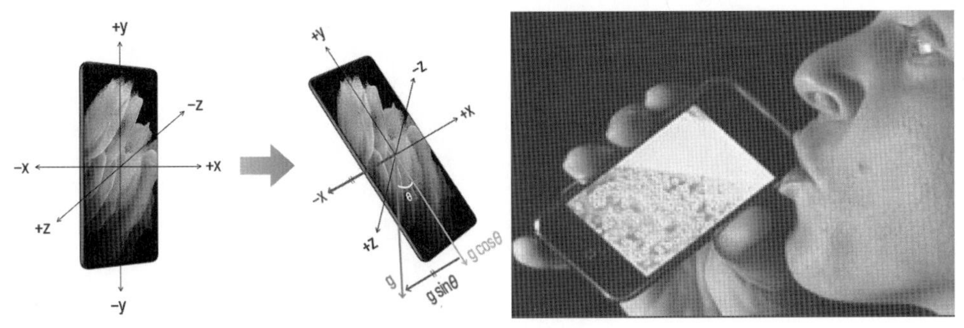

[그림 2-33] 중력센서의 원리

출처: 삼성디스플레이 뉴스룸

② 가속도 센서(Accelerometer Sensor)

단위 시간당 물체 속도의 변화, 즉 스마트폰의 움직임을 감지하는 센서로 가속도, 진동, 충격 등의 동적인 힘을 감지한다. 보통 자이로 센서와 함께 사용되며 X, Y, Z로 좌표를 만들고 이 좌표의 움직이는 속도를 측정할 때 사용하는 모션 센서 중 하나로 주로 움직이는 물체 또는 스마트폰의 속도를 측정한다.

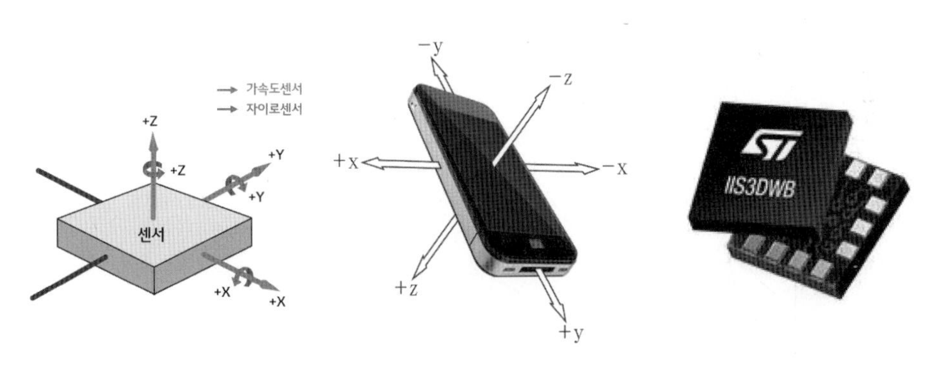

[그림 2-34] 가속도 센서, 자이로 센서 측정 방향

[그림 2-35] 스마트폰의 움직임 감지 가속도 센서

출처: https://blog.lgcns.com/1101

[그림 2-36] 가속도 센서를 활용한 퍼스널 모빌리티(개인용 이동 수단)

[그림 2-37] 가속 센서를 활용한 만보계

③ 자이로스코프(gyroscope)

물체의 관성을 전기신호로 검출, 주로 회전각을 감지하는 센서로 높이와 회전, 기울기 등을 감지할 수 있어 3축 가속도 센서와 연계하여 보다 정교한 모션 센싱이 가능한다. 각속도 센서라고도 한다. 아이폰4 이후로 스마트폰에는 일반적으로 장착되며, 스마트폰의 동작을 감지하는 메인 센서로 사용된다.

대표적인 예로, 드론, 가상현실(VR), 퍼스널 모빌리티(personal Mobility), 헬스케어 웨어러블 등이 있다.

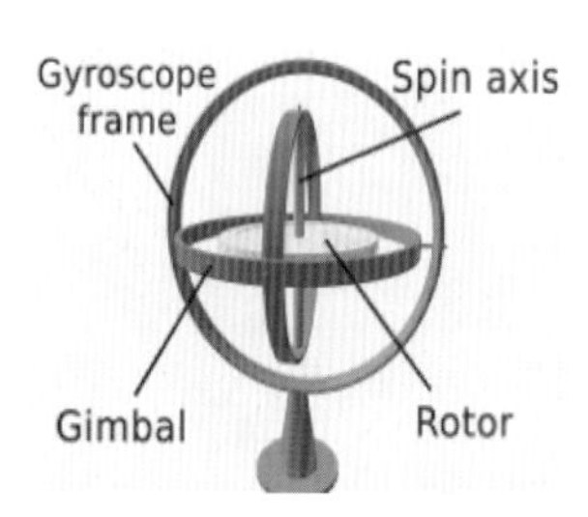

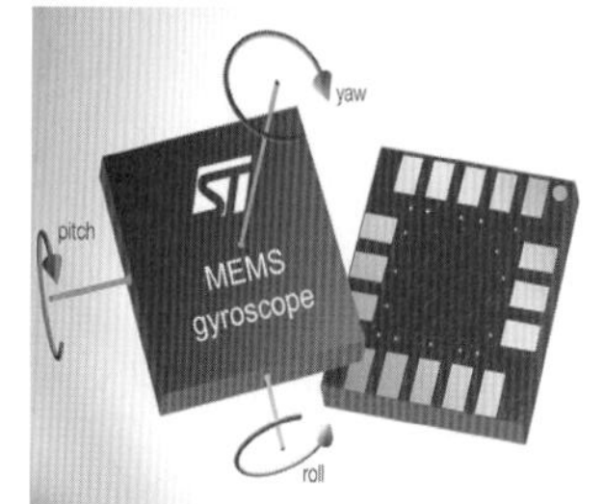

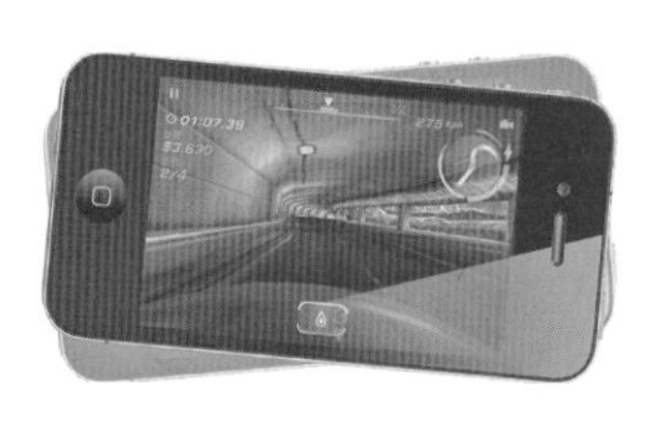

[그림 2-38] 스마트폰에서 자이로센서와 자이로센서의 사용 예

출처: http://home.mi.com/shop/detail?gid=233

④ 회전 벡터 센서(rotational vector sensor)

동작 탐지나 각 변화 모니터링, 상대적 방향 변화와 같이 다양한 동작 관련 작업에 사용된다. 예를 들어 게임, 증강현실 애플리케이션, 2D 또는 3D 나침반, 카메라 안정화 앱을 개발할 때 사용한다. 노이즈가 있는 가속도계와 바이어스가 있는 자이로스코프의 단점을 보완하기

위하여 각과 축의 조합으로 나타낸다.

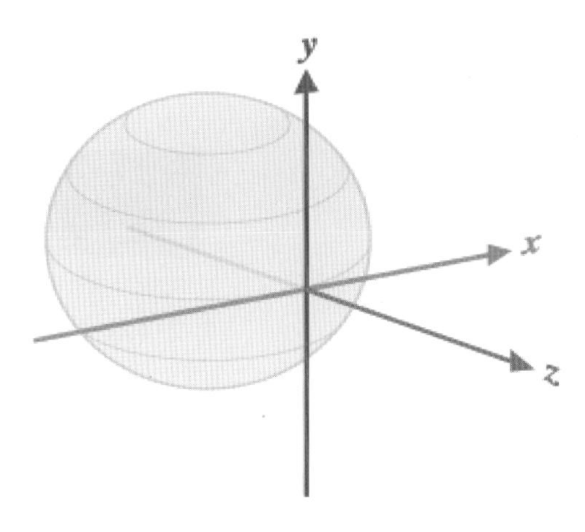

[그림 2-39] 회전 벡터 센서에서 사용하는 좌표계
출처:https://developer.android.com/

⑤ 기압계(barometer)

고도 측정 센서로 대기의 압력을 측정하여 현재 위치의 높이를 측정하는 장치이며, 고도계(altimeter)로도 사용된다. 주로 헬스 기능에서 경사나 내리막길을 알 수 있어 정확한 운동량을 체크할 수 있다.

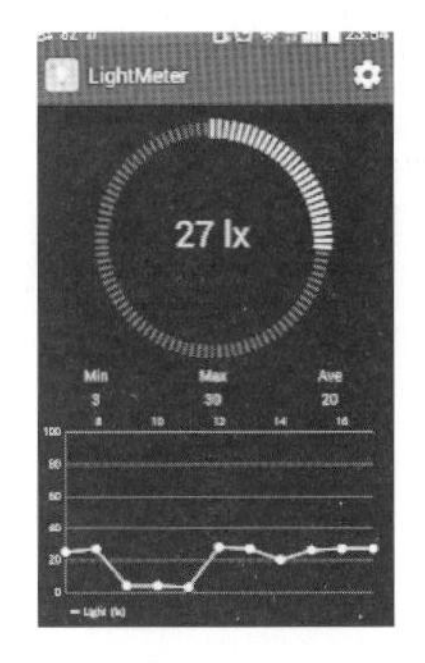

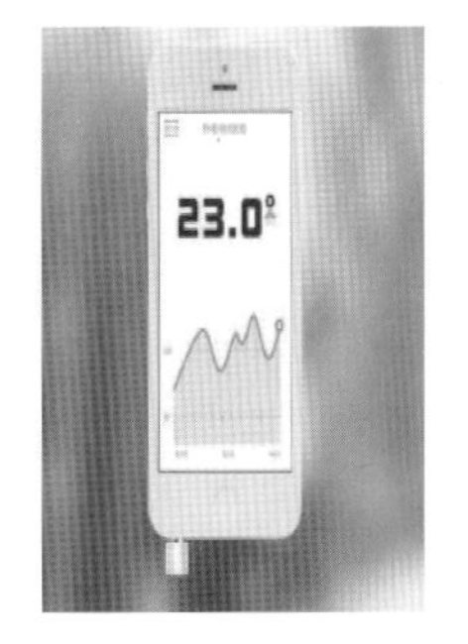

[그림 2-40] 센서를 활용한 스마트폰 앱

⑥ 광도계(photometer)

빛의 세기나 밝기의 정도, 반사율, 혼탁도, 농도 등을 재는 장치이다.

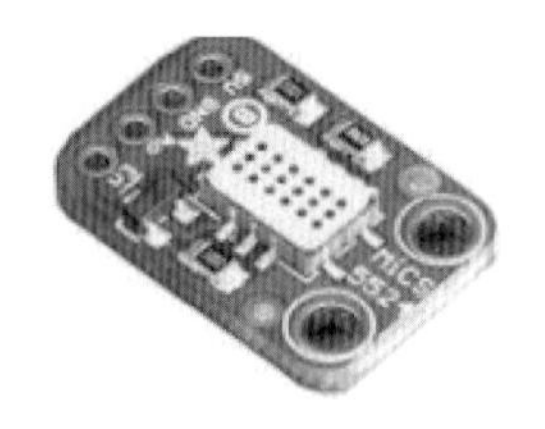

[그림 2-41] 광도계 센서

[그림 2-42] 스마트폰용 온도계 모듈

⑦ 온도/습도계(thermometer)

단말기 주변의 온도와 습도를 측정하여 보여 준다. 헬스케어 이용 시 주변의 온도, 습도를 파악하여 현재 환경이 운동하기에 쾌적한 지를 판단하여 준다.

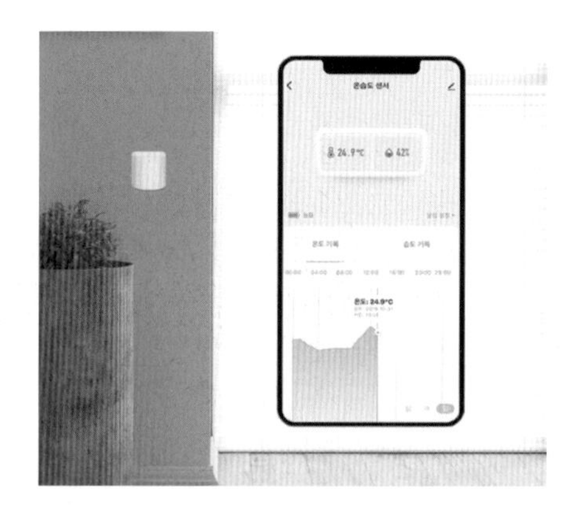

[그림 2-43] 온/습도 센서를 활용한 IoT 제품

출처: 네이버 포스트, 스마트공간(2019.11.20.)

⑧ GPS 센서

위성 위치 확인 시스템을 통해 물체의 시간 및 위치 정보 획득이 가능한 센서이다.

이를 통해 다양한 위치 기반 서비스를 구현할 수 있다. 대표적인 앱이 내비게이션이다.

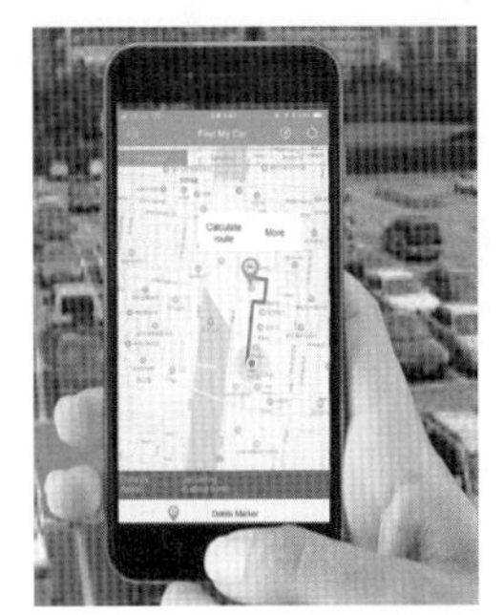

[그림 2-44] GPS 센서를 이용한 주차 위치 찾기

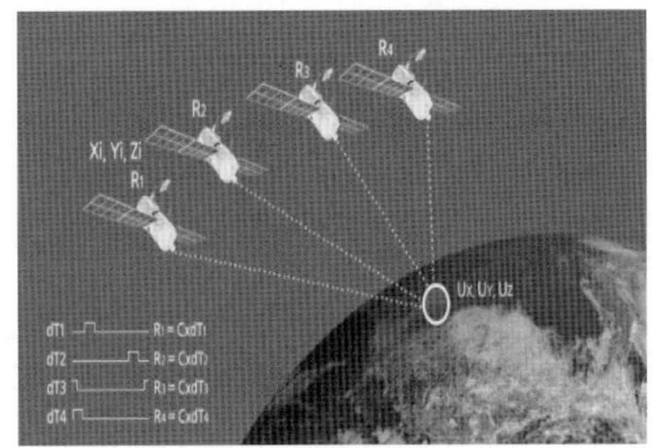

[그림 2-45] 정확한 위치를 파악하기 위한 4개 이상의 GPS 위성
출처: 국립해양측위정보원

⑨ 지자기 센서(Magnetic Field Sensor)

지구의 자기장(Earth Magnetic Field)의 흐름을 파악해 나침반처럼 방위각을 탐지하는 센서이다. 내비게이션에 내장된 지도의 정확한 방향을 지시하는 데 이용한다.

나침반 앱을 이용해 방위를 정확하게 측정할 수 있다.

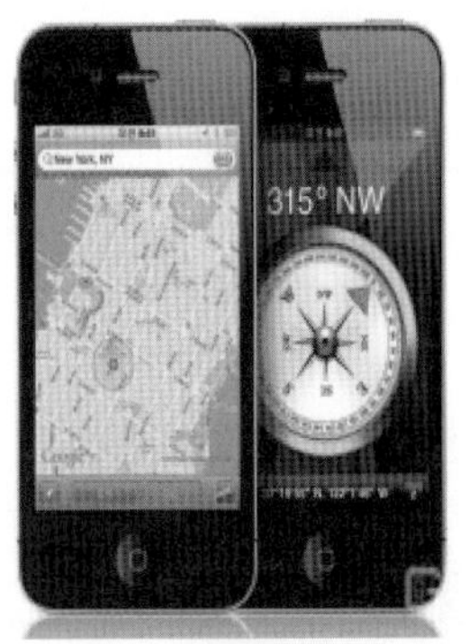

[그림 2-46] 지자기 센서를 스마트폰에 적용한 예

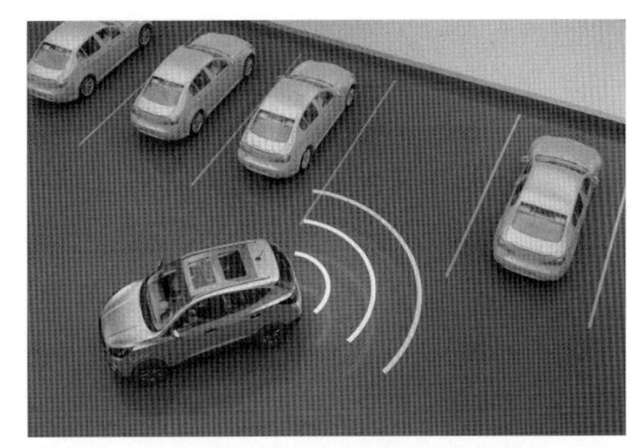

[그림 2-47] 지자기식를 활용한 무선 차량 인식 시스템
출처: 공학저널, 2019.10.15

⑩ 근접 센서(Proximity Sensor)

검출제가 가까이 근접했을 때 검출 대상물의 유무를 판별하는 무접촉 방식의 검출 센서이다. 통화 중일 때 스마트폰 화면이 자동으로 꺼지는 기능을 구현하는 등에 사용하며 효율적으로 배터리를 사용할 수 있다.

[그림 2-48] 근접 센서를 이용해 통화 중 화면을 끄는 기능 구현
출처: samsung.com

⑪ RGB 센서

주변 빛의 색 농도를 검출하는 센서로 스마트폰은 주변 빛 농도에 따라 디스플레이 색을 보정할 수 있다. 이에 따라 눈의 피로도를 경감할 수 있다.

⑫ 홀 센서(Hall Sensor)

자기장의 세기를 감지할 때 사용하는 센서이다. 스마트폰에서는 플립 커버의 닫침 유무를 확인할 때 사용한다. 플립 커버를 열지 않고 주요 정보 확인이 가능하며 배터리를 효율적으로 사용할 수 있다.

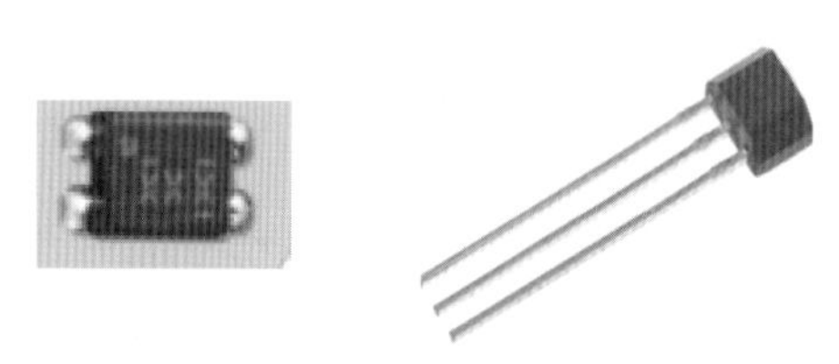

[그림 2-49] 홀 센서

[그림 2-50] 홀 센서를 활용한 플립 커버의 여닫이

⑬ 터치 센서

액정 유리에 전류가 흐르도록 만들어 놓고 화면에 손가락이 닿으면 터치 센서가 이를 감지해 입력을 판별하게 되는 센서이다.

우리 몸에 있는 정전기를 이용하기 때문에 화면을 살짝 터치하는 것만으로 조작이 가능하다.

⑭ 조도 센서(Light Sensor)

밝기 센서라고도 하며 주변 밝기에 따라 화면의 디스플레이 조도를 자동으로 조절해 주는 센서이다. 센서 표면에 닿는 광자(photon)를 측정해서 빛의 밝기를 계산하며 값을 룩스(lux) 단위로 변환한다. 단말기의 전력 소모량을 줄이고 눈의 피로감도 덜어 주고 가독성을 높여주는 기능이다.

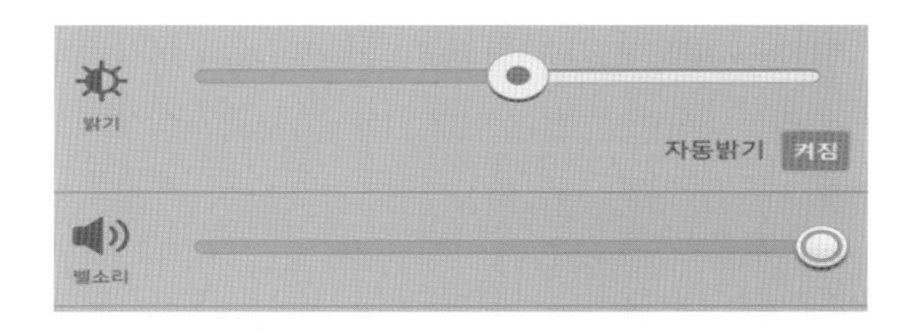

[그림 2-51] 조도 센서를 이용한 자동 밝기 설정

⑮ 지문 인식 센서

전용 센서를 이용해 지문의 디지털 영상을 획득하여 사용자를 인식하는 센서로, 광학식, 정전용량 방식, 초음파식 등이 기술이 이용된다. 주로 스마트폰의 보안을 위해서 사용된다.

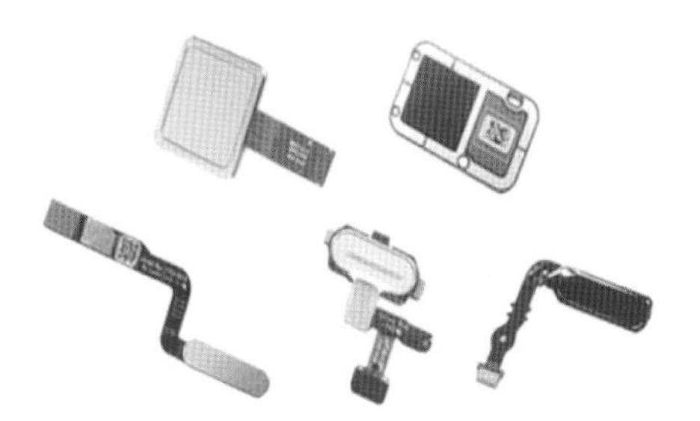

[그림 2-52] 파트론 지문 인식 센서

출처: http://www.thelec.kr/news/articleView.html?idxno=2351 (2019.07.26.)

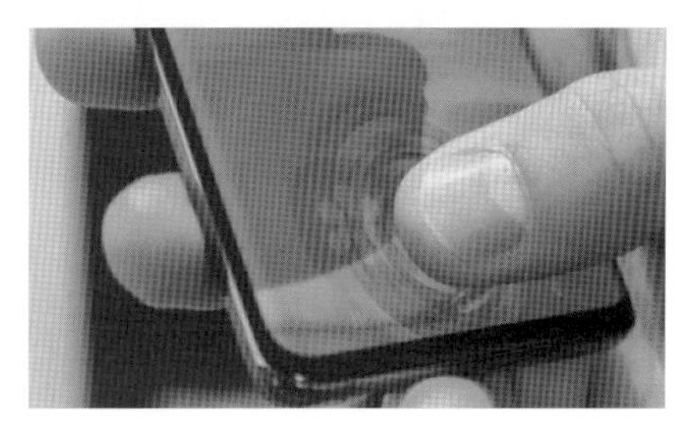

[그림 2-53] 갤럭시S10에 탑재된 화면 지문 인식 센서

출처: https://zdnet.co.kr/view/?no=20210901103458(2021.09.01)

⑯ 홍채 인식(iris recognition) 센서

개인이 지닌 고유한 홍채 모양을 적외선 방식으로 스캔하여 대조하는 방식이다. 사람의 홍채가 같을 확률이 10억분의 1이라고 한다. 이러한 사실을 이용하여 홍채를 이용한 생체 기능 센서이다.

지문 인식과 같이 주로 스마트폰 보안을 위해 사용한다.

하지만 갤럭시 S10부터는 예상보다 적은 이용자 수와 인피니티-O 디스플레이를 설계하면서 홀(구멍)을 최소화해야 한다는 제약 조건 때문에 이 기능은 탑재되지 않았다.

[그림 2-54] 겔럭시노트7에 탑재된 홍채 인식 기능
출처: 삼성전자 뉴스룸

⑰ 심장박동 센서

심장박동을 측정하기 위한 센서로 갤럭시 S5에 처음 사용했다. 이후 갤럭시 기어2 시리즈와 기어 핏에도 탑재되었으며 주로 운동과 피트니스용으로 사용된다.

[그림 2-55] 심장박동 센서

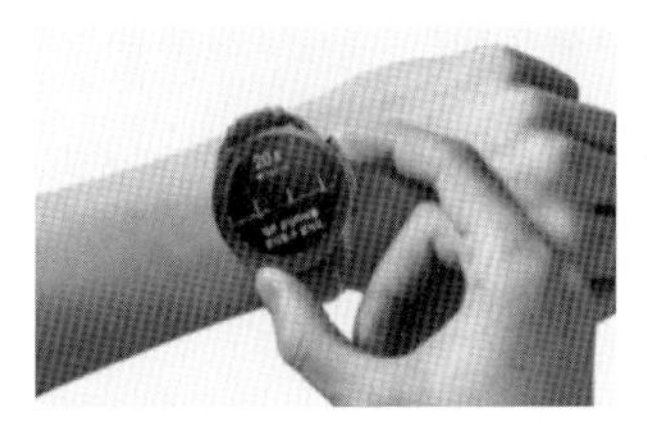

[그림 2-56] 심장 박동 센서 기능이 포함된 스마트워치

[그림 2-57] 갤럭시S10 시리즈에 있는 심장박동 센서

⑱ 동작 인식 센서

물체의 움직임이나 위치를 인식하는 센서로 지자기 센서, 가속 센서, 기압계 등의 각종 센서와 고도계, 자이로 등의 기능이 하나의 칩에 들어가 있는 복합 센서이다.

적외선을 감지해 터치 없이 손동작으로 스마트폰을 사용할 수 있게 해준다.

⑲ 마이크로폰(음향) 센서

물리적 소리를 공기 압력의 변화에 의해 전기적인 신호로 변환하는 센서이다.

'음성 인식 비서 서비스' 기술 성장과 더불어 정확한 음성 인식을 돕는 필수 반도체인 'MEMS(Micro Electro Mechanical System) 마이크로폰'이 주목받고 있다.

[그림 2-58] 베스퍼 MEMS 마이크로폰 VM2000

출처 : HelloT산업경제, 2018.05.02

[그림 2-59] 삼성전자의 음성인식 기반의 빅스비

마이크로폰은 MEMS 공정으로 생산되는 품목 가운데 시장 규모가 가장 크며, 시장조사업체 IHS마킷에 따르면 2017년에 시장 규모는 1조 2,000억 원(11억 달러) 수준이며 2021년에는 15억 달러에 근접할 것이라고 전망하고 있다.[10)]

⑳ 카메라(Image) 센서

이미지 센서는 피사체 정보를 읽어 전기적인 영상신호로 변환해주는 장치이다. 즉 빛에너지를 전기적 에너지로 변환해 영상으로 만드는데 카메라의 필름과 같은 역할을 한다. 스마트폰에는 전면 카메라와 사진 촬영을 위한 후면 카메라에 이미지 센서가 탑재되어 있으며, 2016년부터 듀얼 카메라 등 멀티 카메라 탑재가 증가하고 있다.

향후 e페이 금융업계, 자율주행 차량용 이미지 센서 등 그 수요가 크게 증가할 것으로 예측되는 비메모리 반도체 분야 중 성장 잠재력이 가장 시장이다.

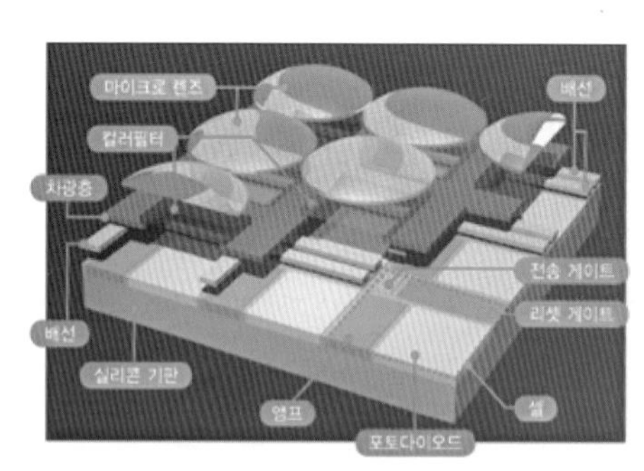

[그림 2-60] 이미지 센서판의 내부 구조
(CMOS)
출처: https://m.blog.naver.com/라온피플

[그림 2-61] 삼성전자 6,400만 화소의
아이소셀 브라이트 GW1
출처: 삼성전자(2019.05)

10) 출처: 전자부품 전문 미디어 디일렉(http://www.thelec.kr)

[그림 2-62] 샤오미 Mi11의 대형 이미지 센서 탑재 모습

출처: https://techrecipe.co.kr/posts/27670, Tech Recipe(2021.03.30.)

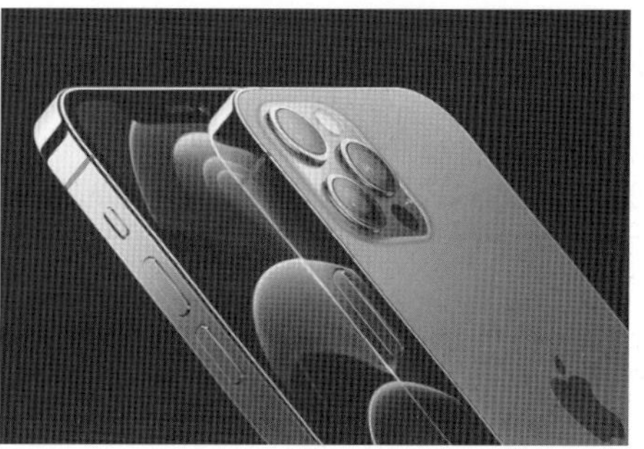

[그림 2-63] 3개의 후면 카메라에 라이다 센서가 추가된 아이폰12

출처: https://jmagazine.joins.com/economist/view/331824(2020.11.09.)

아래 [그림 2-64]는 글로벌 IoT 센서 시장의 센서 유형별 시장 규모 및 전망이다.

(단위: 백만 달러)

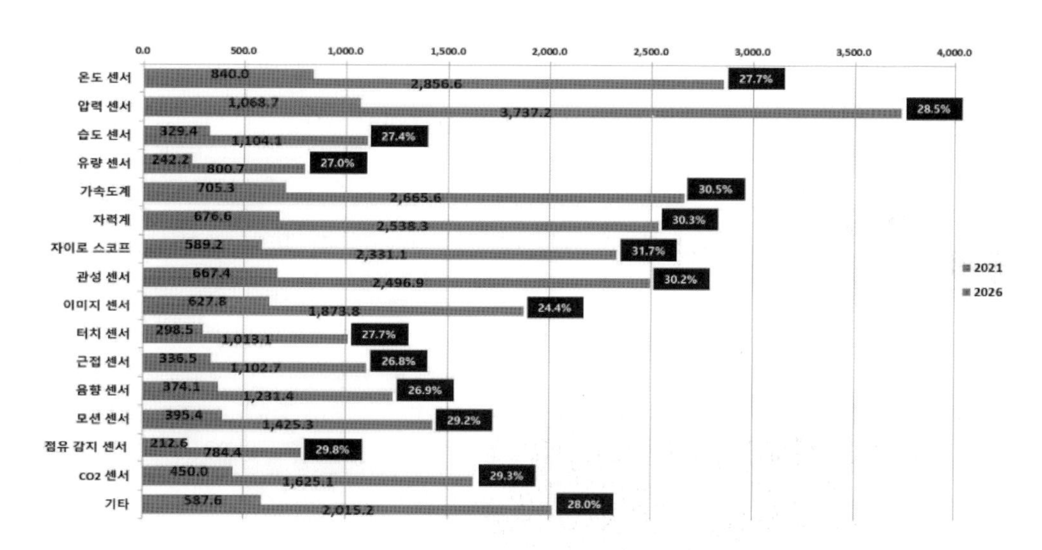

[그림 2-64] 글로벌 IoT 센서 시장의 센서 유형별 시장 규모 및 전망

출처: Marketsandmarkets, IoT Sensors Market, 2021

1.6 스마트 센서 시장 동향

1.6.1 스마트 센서의 개요

센서는 단순 측정기에서 1990년대에 반도체, 나노, MEMS(Micro Electromechanical System) 기술[11]이 도입되면서 소형화 · 지능화됐으며 2012년 이후 Micro Controller Unit(MCU)이 센서에 내장되면서 제어, 판단, 저장, 자동보정, 자가진단, 의사결정, 통신 기능을 갖춘 스마트 센서로 진화하고 있다. 요소기술로는 나노 기술, MEMS 기술, 임베디드 S/W, SoC, 고집적화 기술 등이 있다.

스마트 센서에 필요한 기능으로는 센싱 소자와 지능형 신호 처리가 결합되어 자동 교정 기능, 자동 보상 기능, 데이터 처리 기능, 주위환경 변화에 대한 유연한 대응 가능, 메모리 기능 등을 수행하는 '고기능, 고정밀, 고편의성, 고부가가치' 센서이다.

스마트 센서는 반도체 및 MEMS 공정을 이용하여 제조되는데, Wafer sawing과 Die Mount, Wire Bond, Si Coating, Molding, Lead Cut, Lead Finish, Testing, Packing 과정을 거쳐 제품이 생산된다.

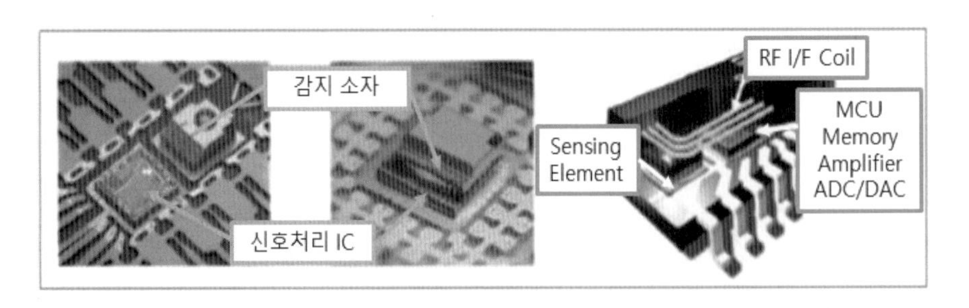

[그림 2-65] 스마트 센서의 구성 및 제품 예
출처: Hellot.net, 스마트센서-미래지능형산업을 견인하는 최첨단 소자

11) MEMS(Micro Electro Mechanical System, 미세전자기계시스템): 반도체 제조 기술을 이용 실리콘 기판 위에 3차원의 구조물을 형성하는 기술. 정보기기의 센서나 프린터 헤드, HDD 자기 헤드, 기타 환경, 의료 및 군사 용도로 이용

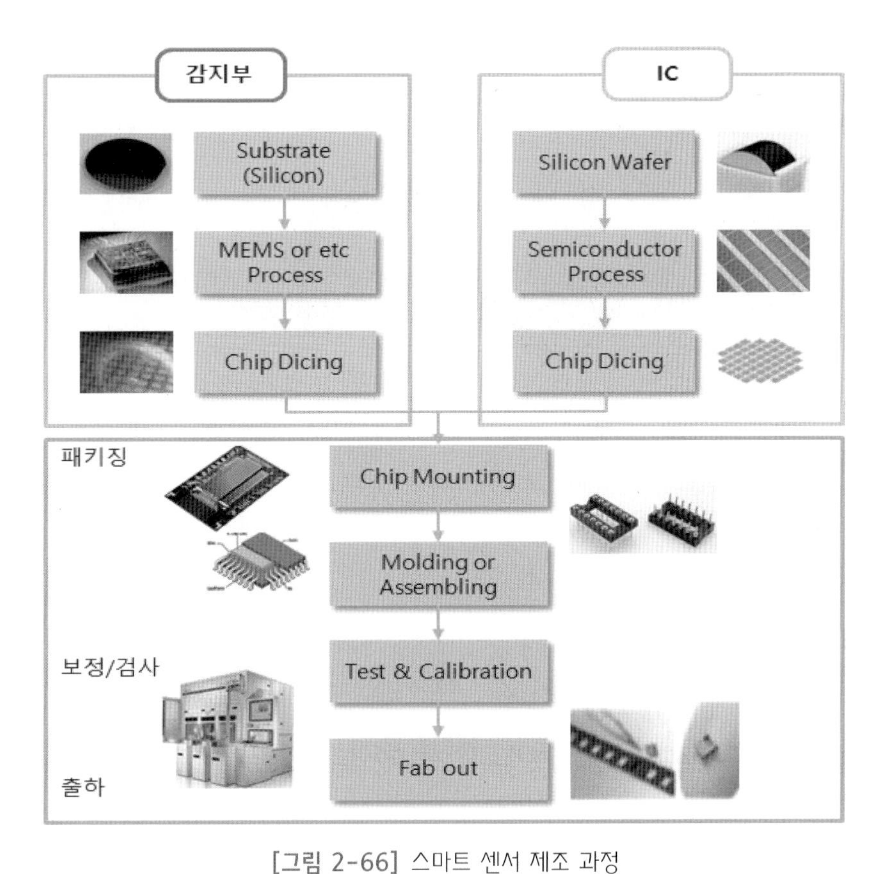

[그림 2-66] 스마트 센서 제조 과정

출처: Hellot.net, 스마트센서-미래지능형산업을 견인하는 최첨단 소자

제조 공정에 사용되는 센서는 무선화 · 지능화로 발전됨에 따라 복수의 센서를 단일 모듈로 집적하여 서로 다른 감지 데이터를 결합하여 불확실성을 낮춰 더욱 정확한 정보를 생성하는 복합 센서 모듈이 출시되고 있는 추세이다. 보쉬사는 압력과 온도를 동시에 측정하는 복합 센서를 개발한 이후 다양한 환경 측정용 센서를 통합하여 출시[12)]하였으며 ST마이크로일렉트로닉스는 가속도 센서, 압력 센서, 습도 센서가 결합된 멀티 센서 기반 제조용 스마트 센서를 출시했다.[13)]

12) 포스코경영연구원(2017), "4차 산업혁명을 이끄는 센서: 시장 구조는 어떻게 바뀌나?"

13) 테크월드(2020),"ST·파나소닉·애로우가 함께 개발한 '엣지 IoT 모듈'

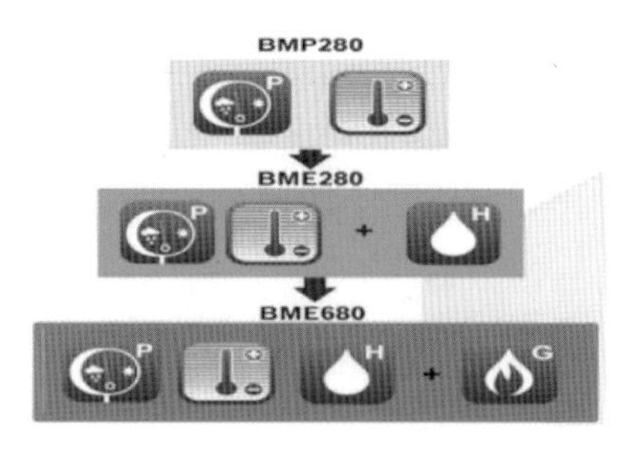

[그림 2-67] 제조 산업용 복합 센서 제품 (좌)보쉬사 (우)ST사

출처: KISTEP 기술동향 브리프(2020.10호), 제조용 IoT

2) 투명화 · 유연화를 위한 나노기술[14)]

투명 유연 기술은 유연한 재질을 사용할 시에도 센서가 제 기능을 발휘할 수 있도록 하는 기술로 반도체, 센서, 디스플레이, 이차전지 등에서 요구되는 기술이다.

현재 투명 유연 센서는 다양한 웨어러블 기기의 터치 센서로서 개발이 진행되고 있다. 유연 센서 개발에 있어 주로 소재와 공정 분야에서 기술 개발이 필요하다. 소재 분야는 투명하면서도 전도성이 있으며, 센서로서의 반응성을 가지는 소재로 2D 소재, 나노입자, 나노선 등 다양한 소재들이 응용되고 있다. 공정 분야에서는 주로 인쇄 전자 분야에서 유기트랜지스터, Roll-to-Roll, 잉크젯, 스크린프린팅 등 적극적인 기술 개발이 진행 중이며, 향후 반도체 소자, 나노기술, 디스플레이 소자들과 관련된 형태로 연구개발이 진행될 것으로 전망된다.

투명 나노절연소재

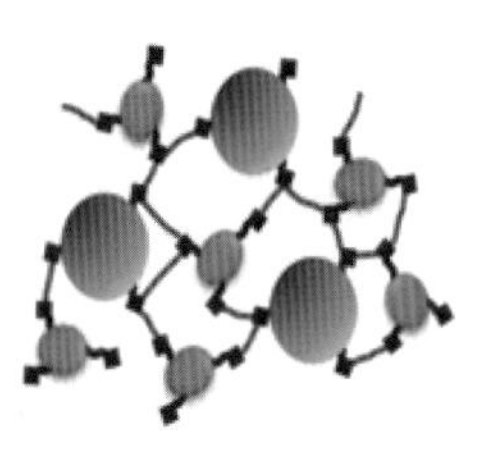

[고부착 투명 나노절연소재 기술]

반도체 패키징 / 디스플레이 절연막 / 이차전지 바인더

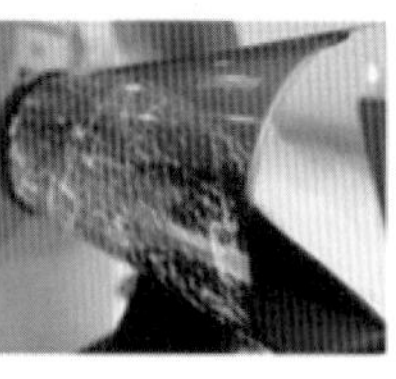

[고부착 투명 나노절연소재 기술 응용 분야]

[그림 2-68] 고부착 투명 나노절연소재 기술과 응용 분야

출처: KERI, 절연재료연구센터

14) KEIT, "4차 산업혁명 초연결 기반을 만드는 기술, 스마트 나노센서 산업 동향",(MAY 2018 VOL 18-5)

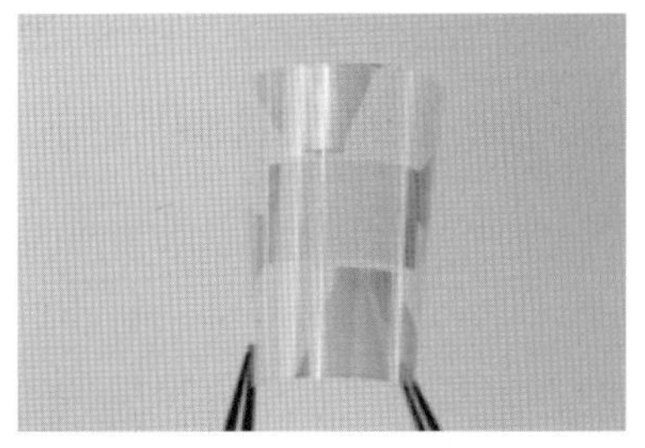

[그림 2-69] 디스플레이 지문 인식 위한 '투명 유연 센서'

출처: http://news.unist.ac.kr/kor/20180704-1/(2018.07.04.)

차세대 스마트 센서로써 투명 유연 센서는 플렉시블 디스플레이를 사용할 수 있게 해줄 뿐 아니라 로보틱스, 메디컬 분야 등 다양한 응용 분야에 적용이 가능할 것으로 보인다. 또한 IT 분야의 사용자 인터페이스에 사용한다면 인간에게 보다 편리한 기능을 제공하는 센서가 될 것으로 기대된다.

1.6.2 스마트 센서의 시장 동향

1) 국내 스마트 센서 동향

우리나라 스마트 센서 시장은 2020년 21.5억 달러에서 연평균 성장률 18.1% 증가하여 2025년에는 49.4억 달러에 이를 것으로 전망된다.

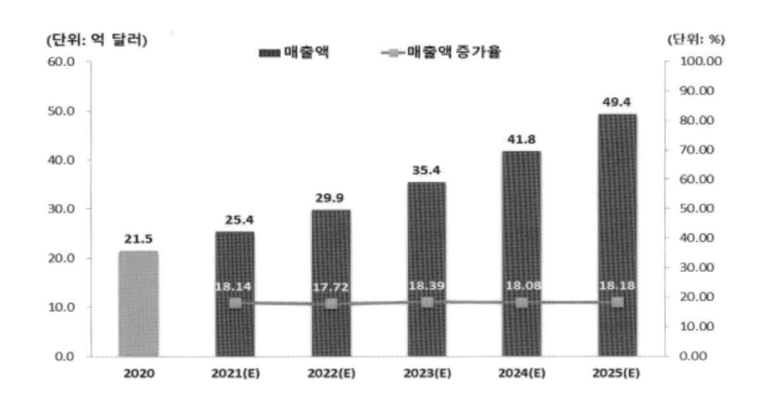

[그림 2-70] 국내 스마트 센서 시장 규모 및 전망

출처: Smart Sensor Market, Markets and Markets(2020), NICE평가정보(주) 재구성

국내 센서 핵심 기술의 수준은 선진국 대비 매우 낮은 수준(55.8%)이며 스마트 센서 경우, 낮은 기술력으로 인해 국내 수요의 대부분을 수입에 의존(약 80% 이상)하고 있다. 정부는 이런 상황을 타개하기 위해 '첨단 스마트 센서 육성 사업'에 2015년부터 6년간 1,508억 원을 투자하고 있으며, 2020년 기준 42억 달러 생산과 21억 달러 수출 달성을 목표로 하고 있다. 또한, 2025년까지 센서 산업 고도화를 통해 센서 4대 강국에 진입하는 것을 목표로 활발히 진행되고 있다.

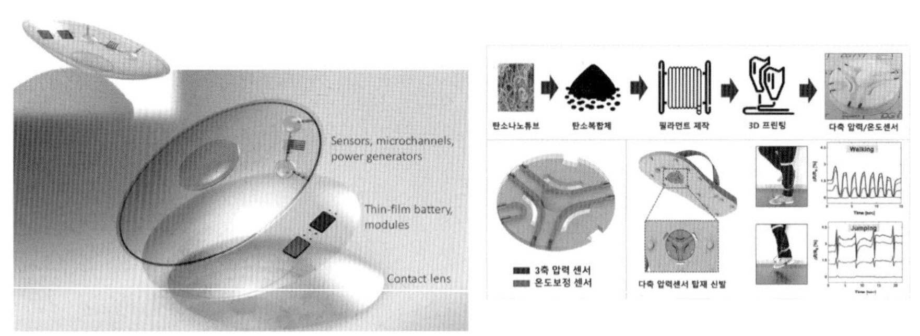

[그림 2-71] 스마트 콘택트렌즈형 지속/자가 구동 당뇨 센서 개념도
출처: 한국과학기술연구원

[그림 2-72] 탄소나노복합체 3D 프린팅 기반 압력 센서 및 응용
출처: https://m.hellot.net(2021.07.08.)

국내 센서 경쟁력 확보를 위해서는 첨단 스마트 센서에 대한 과감한 투자로 센서의 원천기술, 제조 공정 기술, 실용화 기술을 개발하고 첨단 센서 기업을 발전 및 집중 육성함으로써 혁신 가치 사슬을 완성하고 우수 기업들을 체계적으로 지원해야 한다.

2) 국외 스마트 센서 동향[15)]

마켓앤드마켓(Markets and Markets)의 조사 결과에 의하면 세계 스마트 센서 시장은 2020년 366.5억 달러에서 연평균 성장률 19.0% 증가하여 2025년에는 875.8억 달러에 이를 것으로 전망된다. 가전제품에서의 스마트 기기에 대한 수요 증가, 기기 측정 및 제어의 중요성 증가, 보안 및 감시에 대한 제품 수요 증가는 스마트 센서 시장 성장의 주요 요인으로 분석된다.

15) 출처: 테크월드뉴스(http://www.epnc.co.kr)

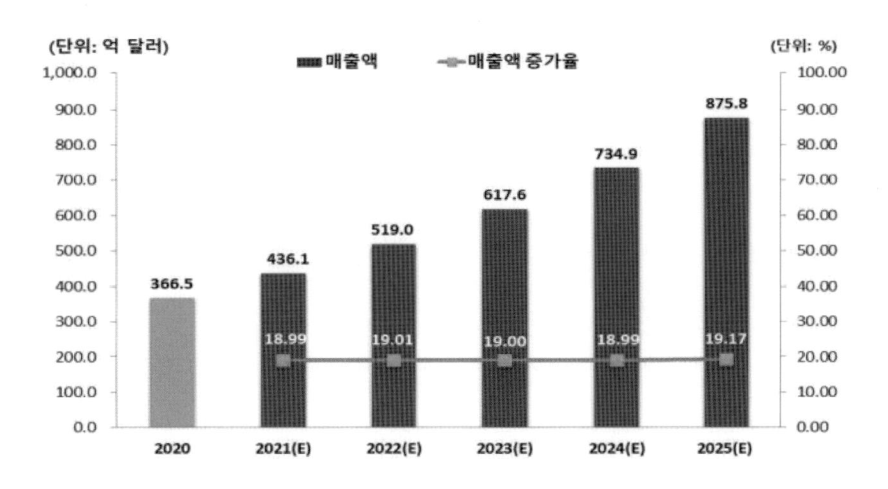

[그림 2-73] 세계 스마트 센서 시장 규모 및 전망

출처: Smart Sensor Market, Markets and Markets(2020), NICE평가정보(주) 재구성

사용빈도를 살펴보면 이미지 센서와 압력 센서, 바이오 센서 순으로 비중을 차지했다. 이미지 센서는 스마트폰이나 가전, 드론, 자동차, 로봇, 의료 영상기기 등 다양한 분야에, 그리고 압력 센서는 압력계, 진공계, 소방시설, 내연기관 자동차의 온실가스 감축을 위한 규정을 충족시키기 위한 진단용으로 적용되고 있다.

바이오 센서는 특정 원인 검출이나 검사 장치로써 혈당, 혈압, 심전도, 임신 유무 등의 의료용 장비에 주로 사용되고 있다.

미국과 유럽은 현재 스마트 센서 분야를 국가 핵심 산업으로 집중 육성하기 위해 원천기술, 자본, 설비, 인력 등 성장 인프라에 대한 투자 지원 정책을 추진하고 있다.

일본 역시 신성장 동력 중 하나로 대기업과 특정 분야 센서를 생산하는 다수 중소기업이 참여하고 있으며 온도 센싱 기술은 세계 표준으로 인정받아 이미지 센서, 압력·촉각 센서 등에서 경쟁 우위를 차지하고 인간 중심의 스마트 센서 정책을 전개하고 있다.

국외 스마트 나노 센서 기술은 분야별 수요가 자동차 산업(24%)과 장치 산업(18%)이 가장 높은 비중을 차지하고 있으며, 모바일 등 소비재 산업(17%)과 의료 산업(11%)에 적용되는 센서 비중이 높아지고 있다. 이외에도 기계 및 제조업, 건설 산업, 항공기 및 선박 건조 등 다양한 산업 분야에 센서 적용이 확대되고 있다.

일본 닛케이베리타스 전망에 따르면, "10년 후 세계 센서 수요는 현재보다 100배인 1조 개로 늘어날 것"으로 보고 있다.

1.6.3 스마트 나노 센서 응용

센서의 지능화는 전통적인 센서의 활용 분야를 뛰어넘어 스마트홈 시스템, 원격진료 시스템, 대규모 환경 감시 시스템 등으로 그 활용 영역을 넓히도록 하고 있다.

나노 기술을 바탕으로 생명공학(BT)이나 환경공학(Environmental Technology, ET), 우주과학기술(Space Technology, ST) 분야에 활용되고, 정보통신 기술(IT), 인지과학 기술(Cognitive Technology, CT)과 접목하여 그 효율성과 편의성을 높이는 기술로 응용될 수 있다.

1) 모바일 및 웨어러블 응용분야

스마트폰뿐만 아니라 모바일의 새로운 형태인 웨어러블 센서는 에너지 수집 및 저장 기술, 효율적인 전원 관리 시스템 및 저전력 컴퓨팅이 함께 포함되며, 플렉서블, 패셔너블, 인비저블이 증가되어 서로 다른 감지기 간의 융합이 나타날 것으로 기대된다. 향후 후각, 미각 센서까지 탑재되어 오감 센싱이 가능해질 전망이다.

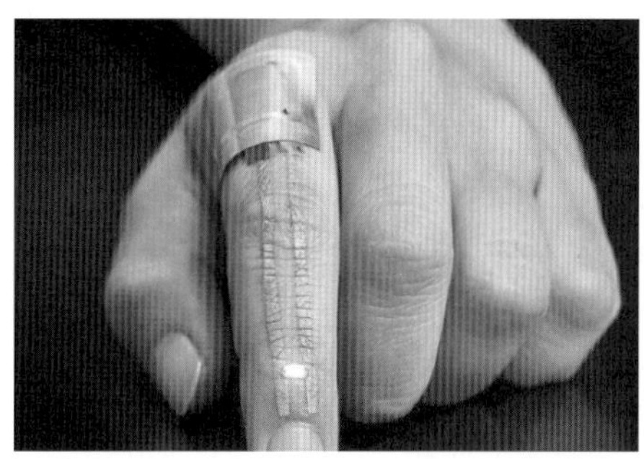

[그림 2-74] 초박형 웨어러블 센서
(도쿄대 소메야 타카오 교수팀)
출처: 네이버블로그, 퓨처메인 주식회사
(2018.12.26.)

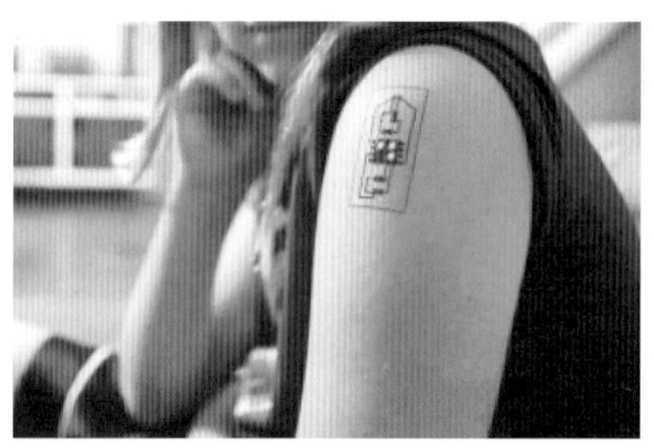

[그림 2-75] 카오틱 문의 전자 문신 테크타츠(Tech Tats)
출처: 아르브로보틱스

2) 자율주행 자동차 응용 분야

자동차는 약 30여 종 이상, 200여 개 가까운 센서가 부착되어 센서가 가장 많이 사용되는 산업이라고 할 수 있으며, 운전자 지원 시스템(ADAS), 무인 자율주행 등 스마트카에 대한 연구 개발이 본격화되어 사람의 시각을 담당하는 레이더(Radar), 라이다(LiDAR), 카메라, 초음파 센서 등에 대한 성장이 높다.

자율주행 자동차 센서의 현재 기술 수준이 완벽하다고 할 수는 없기 때문에 각 센서 및 인식 성능을 높이고, 가격을 절감하기 위한 노력도 계속되고 있다.

CES 2018에서는 자율주행을 위한 새로운 센서들이 전시되었는데 이스라엘 스타트업인 아르브로보틱스(Arbe robotics, 3D 레이더 기술), 아다스카이(Adasky, 3D 열화상 카메라 기술), 바야(Vayyar, UWB 기반 센서 기술)의 새로운 센서들과 캐나다의 자동차 부품 업체인 마그나(Magna, 3D 레이더 기술)의 센서가 개발되었다.[16]

[그림 2-76] 마그나 아이콘 레이더 기반 인식 예

출처: 마그나

[그림 2-77] 아르브로보틱스의 3D 레이더 기반 인식 예

출처: 아르브로보틱스

[그림 2-78] 일반 카메라와 아다스카이의 바이퍼 영상 비교 화면

출처: 아다스카이

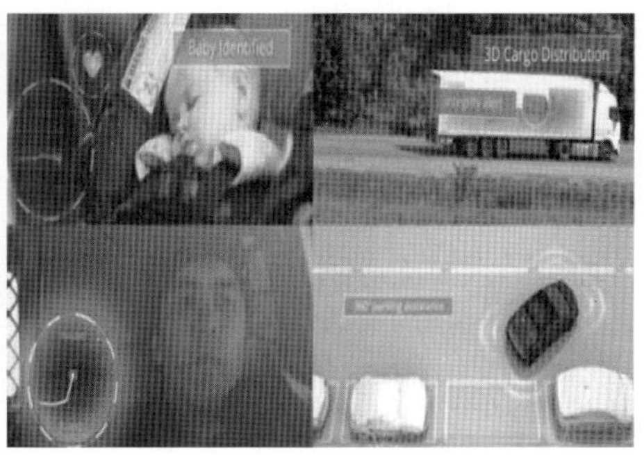

[그림 2-79] 초광대역 UWB 기반 센서

출처: 바야

16) 테크M, 한국인터넷진흥원 공동기획(2018)

자동차용 센서는 그 성능이 탑승자의 안전과 직결되므로 내환경성 및 신뢰성이 중요하다. 최근에 반도체, 나노 기술을 통해 저렴한 가격과 높은 정밀도가 실현되어 수 ppb까지 측정 가능한 가스 센서가 개발되었으나, 신뢰성과 관련해서는 아직도 해결해야 할 난제들이 있다.

3) 바이오 응용 분야

나노 바이오 센서는 그 기능의 고도화와 소형화로 인해 재택 진단 분야, 의료(임상 진단), 제약, 식품, 농사, 축산품, 어업, 수산물, 환자 곁에서 질병의 정도를 신속하게 알려 줄 수 있는 POC(Point of Care, 현장 진단)용 바이오 센서가 가장 시장 점유율이 높다.

나노입자, 나노선, 2D 소재 등 다양한 나노 소재를 사용함으로써 매우 높은 민감도와 신속 진단이 가능하고 실시간 진단이 가능하여 원격 의료에 필수적인 기술로 요구되고 있다. BCC 보고서 2021년 세계 시장은 106억 달러, 국내 시장은 약 1.2조 원대에 이를 것으로 추정된다.

스마트 헬스케어(Smart Healthcare)는 바이오 기술과 디지털 기술(ICT)을 융합한 개념으로 시간과 장소의 한계를 극복하고 개인의 건강 상태를 측정·관리하거나, 이를 기반으로 개인 맞춤형 건강 관리 서비스와 의료 서비스 등을 제공하는 산업을 의미한다.

개인맞춤형 의료진단기, U-헬스케어용 센서 등의 의료 분야에 적용되고 있으며, 건강 관리부터 영상 이미지를 통한 원격 진료에 이르기까지 환자의 개인 휴대형 및 맞춤형으로 전환됨에 따라 의료 패러다임이 바뀔 것으로 기대되고 있다.

스마트센서 기술과 웨어러블 디바이스 및 모바일 단말 등을 기반으로 한다.

[그림 2-80] 원격 의료 흐름도

출처: 보건복지부

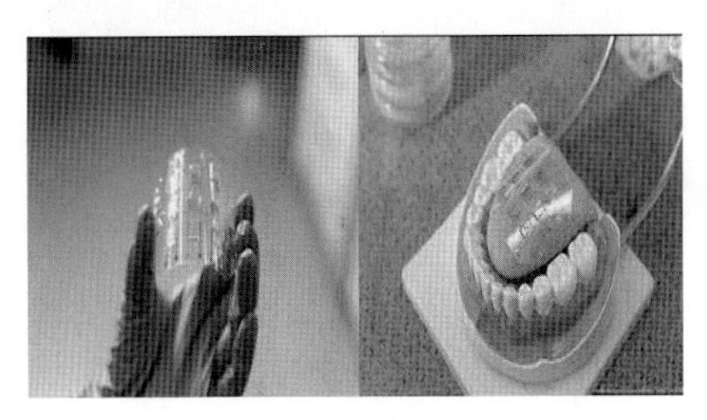

[그림 2-81] 떫은맛을 느끼는 전자 혀

출처: UNIST,조선비즈(2020.11.24)

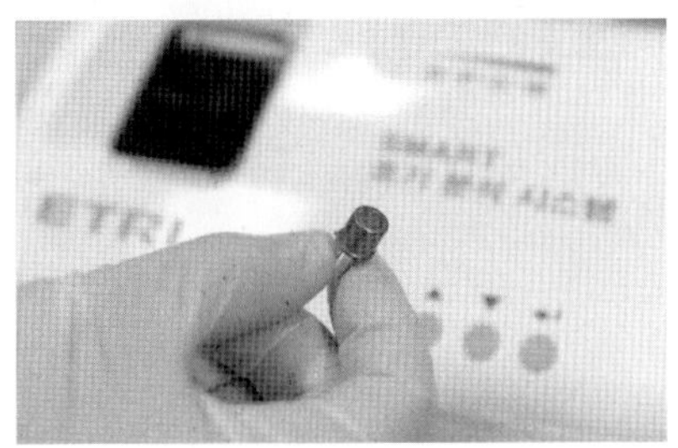

[그림 2-82] 폐암을 진단하는 전자 코

출처: 한국전자통신연구원, 전자신문(2021.06)

2. 사물인터넷의 네트워크(Network) 기술

네트워킹 기술은 인간, 사물 및 서비스 등 모든 분산된 IoT 환경요소들을 유무선 통신 기술로 연결하는 것으로서 저전력 IoT 네트워크, Massive IoT 네트워크, 저지연 고신뢰 IoT 네트워크, 자율형 IoT 네트워크 기술 등으로 구성된다.

초광대역 · 초저지연 연결로 방대한 정보 처리가 가능하고, 어디서나 자율적으로 통신하며, 자유로운 전파 사용을 보장하는 지능화된, 초연결 상태로의 진화하는 인프라 기술로 발전하고 있다.

면허대역의 셀룰러 기술은 4G/LTE에서 5G로 전환 중이며, 비면허 대역의 로컬 네트워크 기술은 신뢰성과 지연 특성 등에 따라 Star형과 Mesh형으로 공존하며 발전 중이다.

구분		2018	2019	2020	2021	2022	2023
차세대 통신	서비스	5G 시범 서비스	5G 시험인증 서비스		스마트 시티 인프라 지원 서비스, 딥러닝기반 교통정보제공 인공지능 서비스, 모바일 기반 지능형 자율 제조 서비스 몰입형 미디어 서비스, 스마트 재난안전 서비스		
			초저지연 파장당 25G급 PON 플랫폼	실감/지능 에지 플랫폼	네트워크 기반 증강/가상 현실 서비스	상황 인지 저지연 서비스	저지연 자율 네트워킹 서비스
		동일 위성채널 주파수 공유 서비스	무인기 제어/임무용 통신 서비스	EMC 현장 측정·평가 서비스	모바일 트래픽 예보 서비스	위성 IoT 기반 원격감시 서비스	batterylyss IoT 기기 무선충전 서비스
	제품	5G 상용 기지국	상호운용성 및 개방형 검증시스템		인공지능 기반 도시 환경 관리 시스템, 인공지능 기반 교통정보 제공 시스템, 지능형 모바일 제조 운영 및 자율 제조 시스템, 초고속저지연 실시간 몰입형 미디어 플랫폼 이동형 기지국 기반 재난망 시스템		
			200G 메트로급 광트랜시버	400Gbps 광학엔진	600Gbps 전달망 광부품	데이터센터간 대용량 통신용 광부품	파장당 50G급 PON 광송수신기
		근적외선 융합 성분분석 센서 및 시스템	클라우드 기반 RF 부품 시스템설계 및 해석 시스템	스마트 빔 조향 안테나 및 시스템	드론 탑재용 초소형 SAR 레이다	정밀 제스쳐 인식 레이다 시스템	헬리콥터 C3용 위성통신 장비

[그림 2-83] 차세대 통신 분야 기술 로드맵

출처: IITP, ICT R&D 기술 로드맵 2023, 2018.12.13. 일부 편집

아래 [그림 2-84]는 사물인터넷의 네트워크 구성도이다.

디바이스 네트워크는 디바이스와 게이트웨이 간 네트워크로 다양한 모델이 있으나, 주로 사물인터넷에 적합한 LPWA(저전력 · 장거리) 무선통신망으로 구성되어 있다.

백홀 네트워크는 게이트웨이 환경에 맞는 다양한 유 · 무선 전송망으로 구성되어 있고, 백엔드 네트워크는 트래픽 집중 구간이므로 초고속 · 고가용성 IP망으로 구성되어 있다.

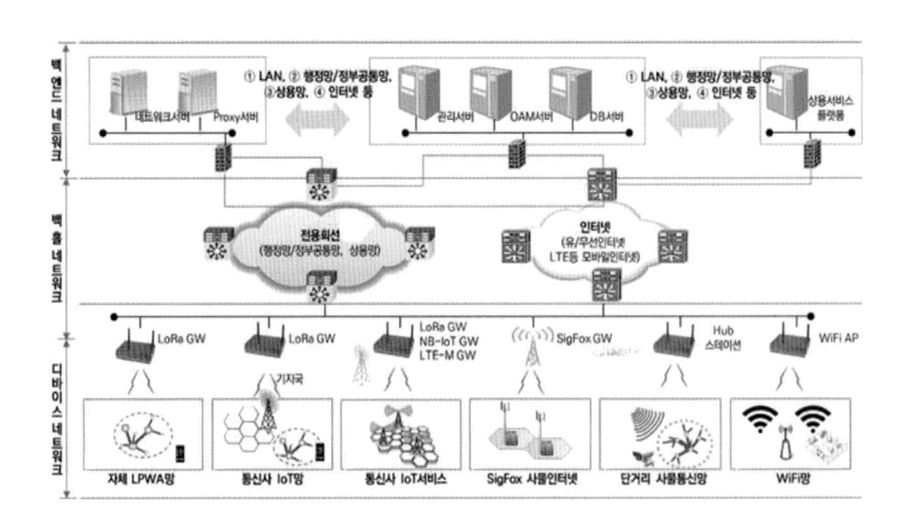

[그림 2-84] 사물인터넷 네트워크 구성도
출처: 행정안전부, 한국정보화진흥원(2019.07.)

사물인터넷 디바이스 네트워크는 주로 무선 방식을 적용하며, 통신 거리에 따라 저전력 광역 무선망(LPWAN, Low Power Wide Area Netwo가)과 근거리 무선통신으로 구분한다.

2.1 사물인터넷 근거리 통신(LAN: Local Area Network) 기술

사물인터넷 통신 기술 중 근거리 통신은 데이터 및 디바이스 크기, 거리, 전력, 속도 등 용도와 사용 편리성에 따라 다양한 기술이 사용된다.

2.1.1 와이파이(Wi-Fi)

노트북, PDA과 같은 휴대용 컴퓨터 시스템의 보급이 늘어나면서 네트워크 연결에 케이블이 반드시 필요한 랜만으로는 활용성에 한계를 느껴 랜을 무선화하고자 하는(무선랜, WLAN : Wireless Local Area Network) 시도가 1990년대 초반부터 본격화되었다.

전기전자기술자협회(IEEE : Institute of Electrical and Electronics Engineers)에서 무선랜 표준을 제정, 1997년에 표준 무선랜의 첫 번째 규격인 'IEEE 802.11'을 발표하였다.

Wi-Fi는 Wireless fidelity의 줄임말로 무선 방식으로 유선 랜과 같은 뛰어난 품질을 제공한다는 뜻이다.

[그림 2-85] 와이파이 연합(Wi-Fi Alliance)에 부여하는 인증 로고

[그림 2-86] 시리얼 Wi-Fi모듈

사용 형태에 따라 2가지 모드로 구분한다.

1) 인프라스트럭처(infrastructure) 모드 - 일반적 용도

기기의 종류, 혹은 사용 모드에 따라 무선 신호를 전달하는 AP(Access Point, 무선 공유기 등)가 주변의 일정한 반경 내에 있는 복수의 단말기(PC 등)들과 데이터 송수신을 하는 형태이다.

2) 애드혹(ad hoc) 모드

AP 없이 단말기끼리 P2P 형태로 데이터를 송수신한다.

[그림 2-87] 인프라스트럭처(infrastructure) 모드　　[그림 2-88] 애드훅(ad hoc) 모드

Wi-Fi는 AP 및 단말기의 성능에 따라 차이가 있긴 하지만 대체로 가정용 제품의 경우 20~30미터 이내, 기업용 제품의 경우 100~200미터 정도이며 AP에서 멀어질수록 통신 속도가 점차 저하되며, 범위를 벗어나면 접속이 끊긴다. AP의 설치가 수월하고 비용도 저렴하며 각 이동통신사에서 무료로 제공하고 있다.

1997년 초창기 IEEE 802.11 규격은 최대 2Mbps의 속도 이후 MIMO(Multiple-Input and Multiple-Output) 기술이 적용된 AP나 단말기를 사용하여 2011년 IEEE 802.11n 제품들은 최대 300Mbps 전송 속도가 보장되었으며 상위 규격은 하위 규격의 기술을 포함한다. IEEE 802.11 b/g/n 같은 형식으로 사양을 표기한다. 이후 IEEE 802.11ac/ad/ax/ay의 사양으로 전송 규격이 발표되고 있다.

하지만 하나의 AP에 여러 기기가 동시에 접속하는 특성 때문에 몇 가지 위험이 상존하는데 개인 정보 유출, 해킹, 무단 접속으로 인한 통신 속도 저하가 있다. 이에 개인용 공유기는 비밀번호를 설정하여 사용해야 하며 공용 Wi-Fi 사용 시에는 방화벽이나 바이러스 백신을 설치해야 한다.

2.1.2 블루투스(Bluetooth)

블루투스의 어원은 10세기경 스칸디나비아 국가인 덴마크와 노르웨이 등 북유럽을 하나로 통일한 바이킹이자 덴마크 왕 해럴드 블라탄드(Harald Blatand)의 이름에서 따왔다. 늘 블루베리를 즐겨 먹어 치아가 푸른빛(푸른 이빨, Bluetooth)을 띠었다는 블라탄드의 업적 그대로 모든 기기들을 무선통신 기술을 통해 하나로 통일한다는 의미이다.

[그림 2-89] 덴마크 왕 해럴드 블라탄드
출처: 전자신문, CARD NEWS

[그림 2-90] 블루투스 로고

블루투스 로고의 의미는 해럴드의 H와 블라탄드의 B를 뜻하는 스칸디나비아 룬 문자에서 따왔다.

1994년 스웨덴 에릭슨이 미국의 IBM과 인텔, 핀란드의 노키아, 일본의 도시바 등과 1999년 Bluetooth 그룹(SIG: Special Interest Group)을 결성하여 1998년 V1.0(1Mbps), 2004년 2.0(3Mbps), 2009년 V3.0(24Mbps), 2010년 V4.0 (24Mbps, BLE: Bluetooth Low Energy, 저소비 전력), 2016년 V5로 진화하여 기기마다 복잡하게 케이블로 연결돼 있는 것을 무선으로 대체할 수 있는 저전력, 저가의 무선통신 기술을 고안했다.

블루투스의 특성은 아래와 같다.

- 개인 근거리 무선 네트워크(PAN : Personal Area Network)의 산업 표준
- 근거리에서 PC 주변기기나 가전기기 등을 무선으로 연결, 소형화, 저가격, 저전력(100mW 이하)이 가능

- 주파수 대역 : 공용주파수 ISM (Industrial, Science, Medical) 대역 (허가 불필요)
- 전 지구상에서 사용 가능한 2.4 GHz 대역(무선 LAN과 동일)
- 주파수 대역 내 채널 중 사용되고 있지 않은 채널 사용
- 721kbps 데이터 전송속도와 3개의 음성 채널(A-Law, μ-Law, PCM, CVSD) 지원
- 전송 속도 : 1Mbps~최대 2.1 Mbps
- 동시 접속 가능 채널 수(사용자 수) : 7
- 통달 거리 : 10m 내외 (증폭기가 있는 경우 100m까지 가능)

블루투스의 망 구성 방식은 1:1 연결 방식인 Single Slave와 1:N 연결 방식인 피코넷과 스캐터넷이라는 토폴로지 형태이다.

1) 피코넷(piconet)

최대 7개까지의 슬레이브를 접속 가능(ad-hoc 접속, 마스터/슬레이브, 약 10m 이내)하며 하나의 주국(Primary)과 그 이외의 종국(Secondary)으로 구성되어 있다. 모든 종국은 클록과 도약 주파수를 주국과 동기화하며 종국(Secondary) 혹은 slave끼리는 통신할 수 없다.

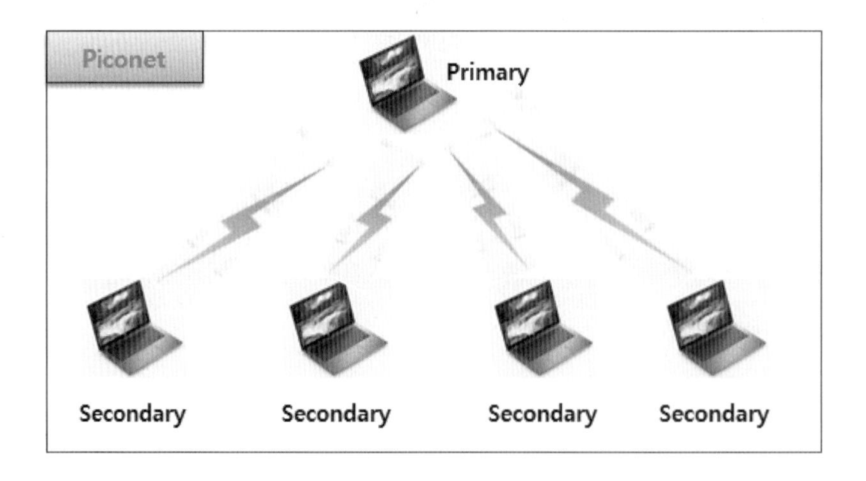

2) 스캐터넷(scatternet)

피코넷을 연결하여 구성하는 네트워크로 약 100m 정도의 범위 내에서 100개까지의 피코넷 연결 가능하다. 한 피코넷 안에 종국은 다른 피코넷에서 주국이 될 수 있다.

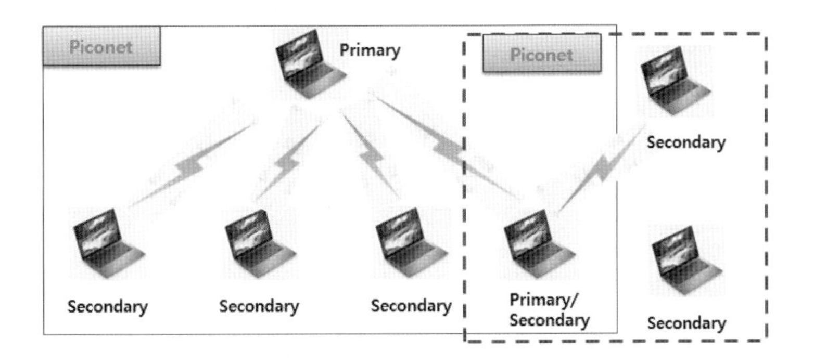

PC나 휴대폰과 같이 기기와 상호 연결이 필요한 제품으로 주로 무선 마우스, 무선 키보드, 무선 이어폰 등이 블루투스 기능을 사용하는 대표적인 제품이다.

기기를 블루투스 페어링이라는 방법을 통해 기기 간에 짝을 지어 일정 거리 내에 있는 블루투스 탑재 기기를 찾아 서로를 연결해 준다. 블루투스 페어링은 Wi-Fi나 다른 무선통신에 비해 빠르고 간편하나 가격이 비싸고 유선 제품과 비교하면 통신이 불안정하고 전력 소모도 높은 편이다.

[그림 2-91] 로지텍의 PC용 블루투스 제품들

출처 : 로지텍(logitech.com)

최근 블루투스 5는 이전 버전 블루투스 4.2 대비 도달 범위는 4배 확대, 속도는 2배(2Mbps) 향상, 브로드캐스트 용량은 무려 8배 향상(257옥텟)되면서 사물인터넷, 드론, 비콘 등의 분야에서 가장 높은 성장이 기대되고 있다.

통신 범위는 이론적으로 360미터 정도이나 실제로는 약 100미터를 커버할 수 있다고 한다. 기존의 BLE 경우 최대 20개까지의 디바이스를 연결할 수 있었으나 블루투스 5는 연결 수를 크게 확대할 것으로 기대된다. 또한 충돌 가능성을 현저히 낮춰, 점점 복잡해지는 글로벌 사물인터넷 환경에서 지그비, 쓰레드(Thread) 등의 타 무선 기술과의 공존하도록 업데이트됐다.[17)]

17) 출처: 테크월드뉴스(http://www.epnc.co.kr)

2.1.3 비콘(Beacon)

비콘이란 블루투스 4.0(BLE: Bluetooth Low Energy) 프로토콜 기반의 근거리 무선통신 장치로서 위치 인식 및 통신 기술을 사용하여 다양한 데이터를 전송하는 근거리 무선통신 기기를 말한다.

이론상 최대 50~100m 이내의 장치들과 교신할 수 있으나 약 70m 이내의 스마트 기기를 감지하고 각종 데이터와 서비스를 제공한다.

이전의 블루투스 기술들은 쌍방향 통신만을 지원해 기기 간에 서로 데이터를 주고받을 수 있었다면 비콘은 일방향 통신 또한 가능하게 되었다는 것이 블루투스 4.0의 주 특징이다. 일방향 통신은 블루투스 기기가 정보를 송신할 수 있으면서도 수신하기 위해 대기할 필요는 없도록 해준다. 이는 이전의 블루투스 장치와 같이 페어링 연결을 필요로 하지 않게 되었고 새로운 활용법들을 가지게 되었다.

예를 들면 굳이 사용자가 스마트폰 앱을 실행해 둘 필요 없이 걸어 다니기만 해도 근처에 가까운 가게에서 사용할 수 있는 할인쿠폰 등이 자동으로 쌓이게 된다.

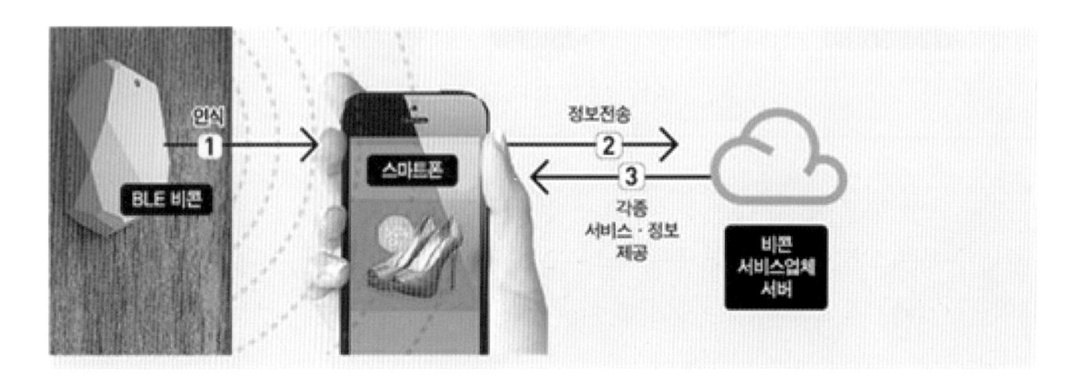

[그림 2-92] 비콘의 동작 원리
출처: 한국일보

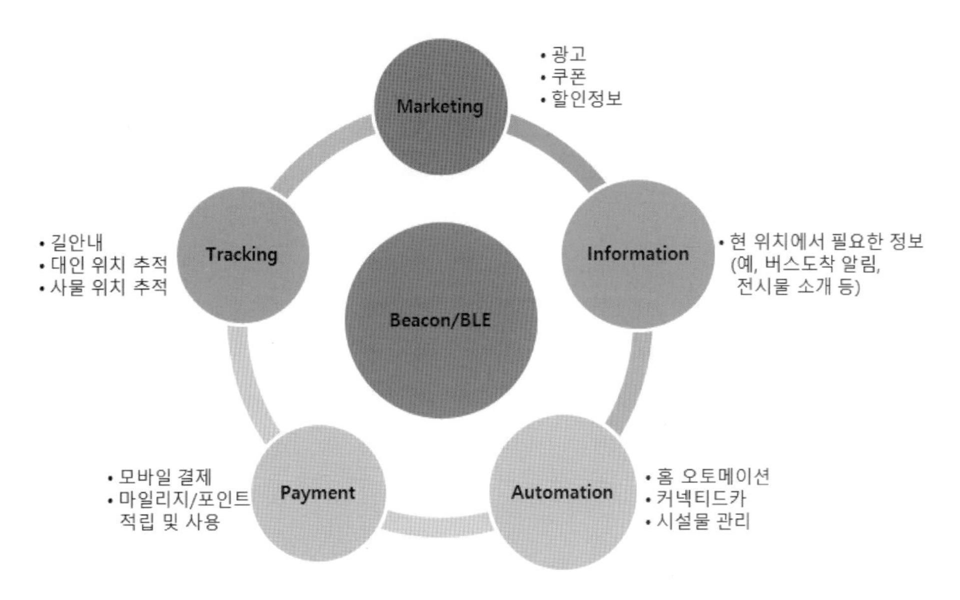

[그림 2-93] 비콘의 활용 분야

Wi-Fi보다 데이터 전달 거리가 길고, GPS와 달리 실내에서도 위치 파악이 가능한 것이 장점이다.

비콘을 무선 결제에 활용하는 경우도 있는데 페이팔은 이미 비콘을 통한 결제 시스템을 도입했고, 애플도 iOS7부터 iBeacon을 탑재하고 있다.

하지만 일단 블루투스를 켜야 하는 것과 특정 서비스를 위한 해당하는 앱을 설치해야 하는 것이 가장 큰 도전 과제이다.

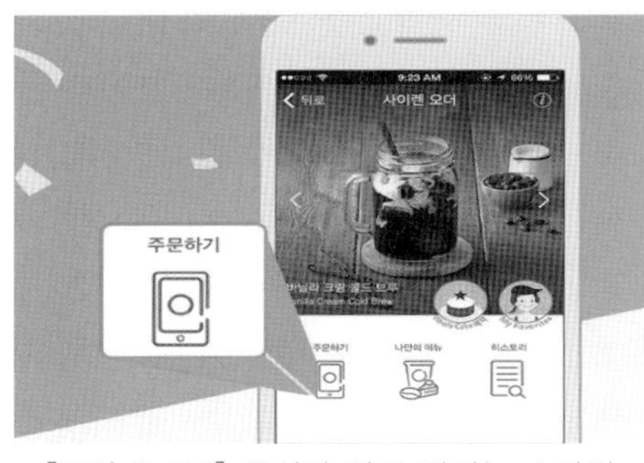

[그림 2-94] 줄서지 않고 마시는 스타벅스 커피의 사이렌오더
출처: 스타벅스커피 코리아

[그림 2-95] 리니어블-SK텔레콤, 미아방지 밴드
https://www.venturesquare.net/733722

2.1.4 RFID(Radio-Frequency Identification)

RFID는 반도체 칩과 전파를 이용해 먼 거리에서도 다양한 개체의 정보를 전송 및 관리할 수 있는 차세대 인식 기술로 전자 태그, 스마트 태그, 전자라벨, 무선 식별등으로 불리고 있다.

RFID 태그는 생산에서 판매에 이르는 전 과정의 정보를 초소형 IC칩에 내장시켜 이를 근거리 무선통신·인터넷·인공위성·이동통신망 등으로 활용할 수 있는 기술로서 언젠가는 바코드를 대체할 차세대 기술로 불리고 있다.

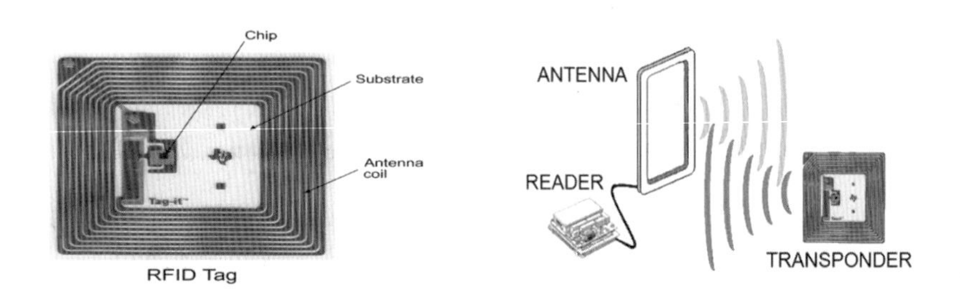

RFID는 주파수를 이용하기 때문에 직접적인 접촉 없이 먼 거리에서도 정보를 인식할 수 있고, 고속으로 움직이는 물체도 식별할 수 있다.

기원은 1939년 영국에서 2차 세계대전 당시 비행기에 부착해 아군과 적군을 식별하기 위함이었다. 초기에는 RFID 태그가 크고 비싸 상용화되지 못했지만, 반도체 집적회로(IC칩) 기술 발달로 점차 소형화, 고성능화되면서 현재는 다양한 분야에 적용되고 있다.

작동 원리는 고유 정보를 담은 RFID 태그, 데이터 송수신을 돕는 안테나, 태그의 정보를 읽는 리더, 분산된 리더 시스템을 관리하는 호스트로 구성되어 있다. RFID 태그는 정보를 기록하는 IC칩과 리더에 데이터를 송신하는 안테나가 내장되어 있어, RFID 태그와 리더가 안테나를 통해 데이터를 주고받고, 읽어들인 데이터는 호스트에서 관리하게 된다.

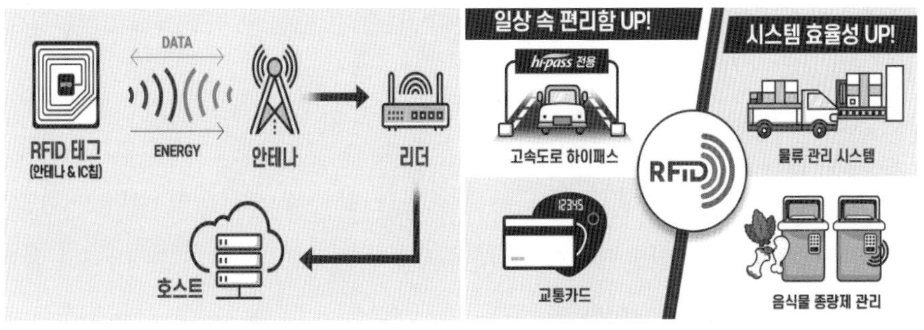

[그림 2-96] RFID 작동 원리 [그림 2-97] 활용 범위
출처 : 삼성반도체 이야기, 세상을 바꾸는 무선통신 기술

RFID는 다양한 산업에 활용되고 있으며, 특히 물류센터에서 제품에 RFID 태그를 부착하면 리더로 판매, 입고, 출고, 재고를 실시간으로 체크, 이후 매장을 거쳐 소비자에 이르기까지 모든 과정을 추적할 수 있는 물류 관리 시스템으로 처리 속도는 빨라지고, 관리 비용은 줄어들어 시스템 효율성이 획기적으로 높아졌다.

아래의 [표 2-4]에서는 NFC(Near Field Communction)와의 차이점을 비교하고 있다.

	RFID	NFC
사용 주파수	125kHz ~ 2.45GHz	13.56MHz
연결범위	최대 100m	10cm 내외(근거리)
통신	단방향 통신 (태그/리더 별도)	양방향 통신 (태그/리더 통합)
장점	장거리 인식 가능	높은 보안성

[표 2-4] RFID와 NFC의 비교
출처: 삼성반도체 이야기

NFC와 작동 원리는 유사하나 NFC는 13.56MHz로 주파수가 고정되어 최대 10cm로 거리가 다소 짧은 반면, RFID는 사용 주파수와 통신 방식에 따라 최대 100m까지 사용 가능하다. RFID는 주파수 대역에 따라 종류를 구분(LFID, HFID, UHFID)하기도 하는데, 주파수가 높을수록 데이터 전송 속도도 빨라진다. 또한 RFID는 리더와 태그가 따로 구성되는 반면, NFC는 자체적으로 데이터 읽기와 쓰기 기능을 모두 사용할 수 있기 때문에 별도의 리더가 필요하지 않다는 점도 다르다.

RFID는 장거리 통신이 가능하고, NFC는 암호화가 가능해 보안성이 높다는 장점 때문에 NFC는 모바일 기기 등 개인 단말기에 자주 사용되는 반면, RFID는 개인뿐 아니라 물류 등 각종 산업에서 활발하게 이용되고 있다.

RFID 응용의 잠재력은 무한해 보이기는 하지만 기술적 측면과 정보 보호, 표준화, 가격 등의 측면에서 다음과 같은 과제들이 먼저 해결되어야 한다.

프라이버시 보호에서 RFID 시스템으로 프라이버시 침해 가능성을 최소화하기 위하여 우리나라에서도 국제적인 동향과 개인 정보 및 프라이버시 보호 내용을 포함할 계획이라고 한다.

분류		비고
기술	금속	금속에 의한 전파 장애 가능성 높음
	액체	전파는 물을 통과하기가 어려움
	장애물	금속체, 액체, 사람 등의 장애물이 있을 경우 전파장애가 예상됨
	안정성	전파가 인체에 미치는 영향력을 파악해야 함
정보 보호	익명성	본인도 모르는 사이에 개인정보가 RFID 태그를 통하여 알려 질 수 있음
	시큐리티	태그의 개인정보에 대한 암호화의 정도에 따라 누설 가능성이 상존함
	위·변조	RFID 태그가 대량 생산 공업제품이므로 복제나 위조 등의 가능성이 존재함
	지능화	사물의 지능화에 따른 정보의 기밀성, 완정성, 가용성 등에 대한 기술적·법적 대응책의 마련이 요구됨

[표 2-5] 기술 및 정보 보호 관련 과제들

출처: https://www.itfind.or.kr/WZIN/jugidong/1164/116402.htm

2.1.5 NFC(Near Field Communication)

전자기 유도 현상을 활용한 10㎝ 내외 짧은 거리에서 기기 간 접촉 없이 데이터를 송수신할 수 있는 RFID 기술을 확장한 무선통신 기술이다. 기존 무선통신 기술과는 달리 데이터를 양방향으로 송수신한다는 특징이 있다.

[그림 2-98] NFC 로고 관련 이미지

2003년 ISO/IEC에서 ISO 18092에 표준, 2004년 10월 필립스, Sony, 노키아를 주축으로 NFC Forum 설립되었다.

NFC는 주로 스마트폰에 적용되는 경우가 많아 2002년 개발 당시엔 해당 기능을 지원하는 단말기기가 없어 2010년 안드로이드 2.3(진저브레드) 버전부터 NFC를 본격 지원하기 시작했다.

블루투스나 Wi-Fi처럼 인증 절차를 거치지 않아도 되며, 단말기와 결제기 사이의 전파 교환을 암호화해 개인 정보 및 결제 정보 유출을 방지한다.

NFC의 작동 원리는 스마트폰 내에는 코일 형태로 만들어진 고리 모양의 루프 안테나가 들어 있다. 스마트폰이 역시 코일 형태로 된 결제 단말기의 안테나에 가까워지면 두 안테나 사이에 자기장이 형성된다. 여기서 발생한 전류를 이용해 기기 간 통신이 이루어진다. 이는 19세기 영국 물리학자 패러데이가 발견한 '전자기유도(電磁氣誘導)' 현상을 이용한 것이다. 전선에 전류가 흐르면 주변에 자기장이 생기고, 이 자기장의 에너지가 다시 가까운 곳에 있는 다른 전선에 전류를 발생시키는 원리다.

스마트폰에 내장된 NFC 컨트롤러 칩이 결제용 단말기와 0.1만에 신호를 주고받으며 통신이 이루어진다.

NFC 단말기는 RF 송수신을 위한 NFC 칩, 보안을 담당하는 SE(Secure Element), NFC 안테나로 구성되어 있다.

- NFC 칩: NFC와 관련된 데이터 송수신, 다른 애플리케이션과 하드웨어의 컨트롤을 담당한다.
- SE(Secure Element): 보안 저장소에 하드웨어, 소프트웨어, 인터페이스, 프로토콜이 함께 저장된 하나의 복합 요소로 NFC 서비스의 핵심 요소이며 보안을 담당하는 모듈로 결제, 고객정보 관리를 한다.
- NFC 안테나: 13.56MHz의 RF를 송수신 하는 역할

NFC의 동작 모드는 카드 모드, RFID 리더 모드, P2P모드가 있어 필요한 상황에 따라 스마트폰에서 설정하여 사용할 수 있다.

- Card Emulation 모드: NFC 기기가 기존 RFID 카드처럼 동작하는 모드로 교통카드와 할인쿠폰 등 다양한 모바일 결제 방식 제공
- RFID Reader/Writer 모드: 태그 데이터를 읽고/쓰는 리더기로 동작하는 모드로 단말기 기뿐만 아니라 RFID 태그가 부착되어 있는 스마트 포스터 등을 이용한 웹사이트 연결 및 저장된 텍스트 정보 획득
- P2P 모드: 스마트폰과 PC 및 가전제품 등 호환기기 간 데이터 송수신 및 파일 공유

모드	동작	응용 분야
카드 모드	• NFC를 탑재한 기기가 기존의 비접촉식 카드와 같이 동작	• 신용카드, 교통카드, 멤버십 카드 등 각종 카드, 신분증 확인
RFID 리더 모드	• NFC를 탑재한 기기가 RFID 태그 리더기로 동작	• 스마트 포스터 등 옥외광고, 작품 설명 등 다양한 분야
P2P 모드	• NFC 기기 간 데이터 송수신	• 개인 간 데이터 전송, 명함 교환, 개인송금

[표 2-6] NFC 동작 모드와 응용 분야

암호화 기술이 적용되어 무선통신 중에도 정보가 외부로 유출되지 않기 때문에 역·공항, 차량, 사무실, 가게·레스토랑, 극장·경기장, 쿠폰, 결제, 교통 등 다양한 분야에서 활용 가능하다.

[그림 2-99] NFC 기반 반려동물 인식표

출처: https://www.dailyvet.co.kr/news/industry/13953

[그림 2-100] NFC 기반 결제 방식

출처: 체리피커

[그림 2-101] NFC 기반 응용 제품

출처: https://ko.sunriserfid.com/flexible-fpc-tag-with-nfc-chip-for-smart-bracelet-6x15_p115.html

부문	역·공항	차량	사무실	가게·레스토랑	극장·경기장	모든 장소
NFC 휴대전화의 사용	게이트 패스, 스마트 포스터로부터 정보 획득 인포메이션 키오스크로부터 정보획득 버스와 택시 등 대중교통 비용 지불	좌석 위치 조정 차량 문 오픈 주차 비용 지불	사물실 출입 명함 교환 PC 로그린 복사기를 사용한 인쇄	신용카드 결제 포인트적립 쿠폰 적립, 사용 정보공유 및 고객 쿠폰 전달	극장, 경기장 입장 이벤트 정보 획득	다운로드 및 애플리케이션 개인화 사용기록 확인 티켓 다운로드 원격 전화 잠금
서비스 산업	대량수송 광고	대중교통	보안	뱅킹 소매	엔터테인먼트	Any

[그림 2-102] NFC 활용 분야

출처: NFC Forum(http://www.nfc-forum.org), 재구성

2.1.6 ZigBee

비즈니스위크는 "지그비는 저전력, 저비용이 특징인 2.4 GHz 기반의 가정용 무선 네트워크 규격. 반경 30m 내에서 250kbps의 속도로 데이터를 전송하며 하나의 무선 네트워크에 255대의 기기를 연결할 수 있다. AA 배터리 2개로 몇 년을 작동할 정도로 전력 소모가 적기 때문에 실내외에 대규모 무선 센서망을 구성하는 데 적합하다. 하니웰과 모토로라, 필립스 등이 적극 지원하고 있으며 향후 스마트 더스트(smart dust, 초소형 센서)로 진화할 전망이다."라고 기술을 소개하였다.

지그비(ZigBee)라는 명칭은 꿀벌들은 서로 단체 생활을 할 때 서로에게 새로운 먹잇감을 찾으면 서로에게 신호를 주는데, 지그재그 모양의 춤을 춤으로써 먹이의 위치와 거리를 알려준다고 한다. 이러한 단체 통신 네트워크를 구축한다는 의미에서 유래한 것이다.

소형, 저전력 디지털 라디오를 이용해 개인 통신망을 구성하여 통신하기 위한 802.15.4 기반의 근거리 통신 표준 기술이다.

지그비 장치는 메시 네트워크 방식을 이용, 여러 중간 노드를 거쳐 목적지까지 데이터를 전송함으로써 저전력임에도 불구하고 넓은 범위의 통신이 가능하다. 애드혹 네트워크적인 특성으로 인해 중심 노드가 따로 존재하지 않는 응용 분야에 적합하다.[18)]

긴 배터리 수명과 보안성을 요구하는 센서 및 입력 장치 등의 단순 신호 전달을 위한 데이터 전송 및 산업용 제어, 임베디드 센서, 의학 자료 수집, 화재 및 도난, 빌딩 자동화, 홈오토메이션 등의 분야에 사용되고 있다.

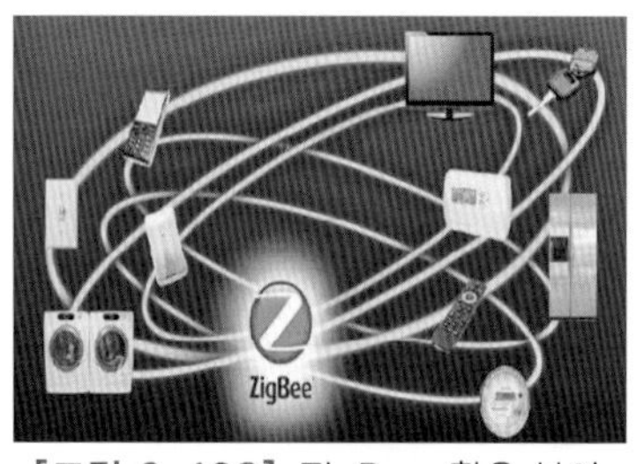

[그림 2-103] ZigBee 활용 분야

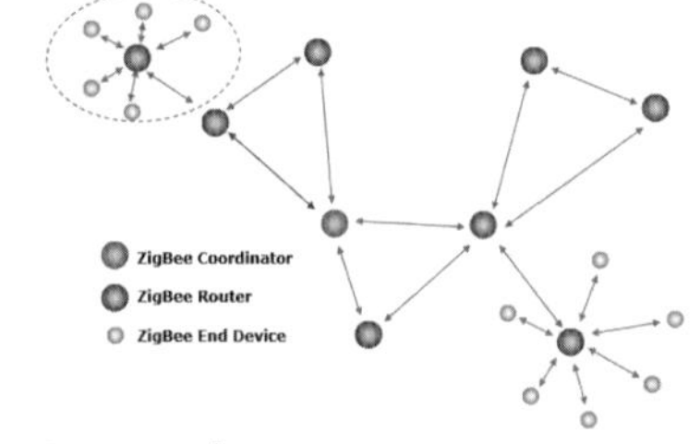

[그림 2-104] ZigBee의 메쉬형 토폴리지 (Mesh Topology)

출처: 한국과학창의재단

---

18) 위키백과

2.1.7 Z-Wave

Z-Wave는 덴마크 회사인 ZenSys가 주축이 되어 2005년에 만들어진 Z-Wave 얼라이언스에서 개발한 홈오토메이션의 모니터링과 컨트롤을 위한 저전력의 메시 네트워크 토폴리지가 적용되는 통신 기술이다

RF(Radio Frequency, 방사 주파수)를 사용한 양방향 단체 네트워크 통신 기술이며, 900MHz 대역 주파수를 사용하기 때문에 2.4GHz를 사용하는 타 무선통신 제품과는 전파적 충돌이나 간섭이 없다.

Z-Wave 통신기기들은 동일한 네트워크에 있으면 다른 벤더의 제품끼리도 호환성이 뛰어나며 투과성이 좋으므로 벽이 있어도 30m 정도 거리의 통신이 가능하다. 홈오토메이션 분야에서 상호 연동이 가능한 보안, 침입, 현관열쇠 등에 사용되고 있다.

[그림 2-105] Z-Wave의 활용 예

출처: www.lanars.com

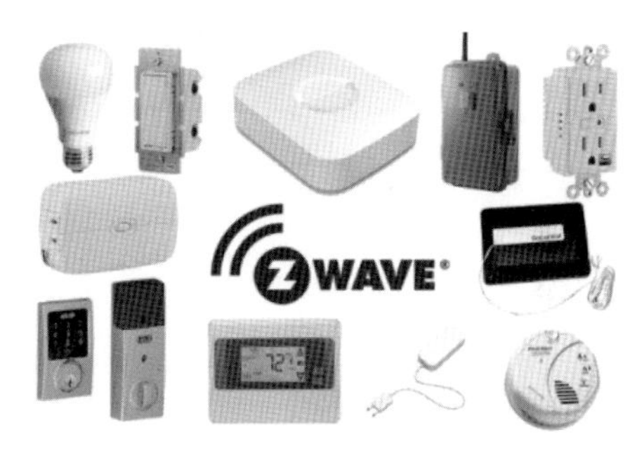

[그림 2-106] Z-Wave 활용 제품

출처:https://treasure01.tistory.com/55?category=732587(2020.07.24.)

2.1.8 UWB(Ultra-wideband, 초광대역)

초광대역(UWB) 기술은 GHz 대역폭의 고주파수에서 전파를 통해 작동하는 단거리 무선 통신 프로토콜이다. PC와 주변기기 및 가전제품 간에 대용량의 데이터를 10~20m 내의 근거리

공간에서 저전력 전송이 가능하도록 하는 매우 정밀한 공간 인식과 방향성이 특징으로, 모바일 기기가 주변 환경을 잘 인지할 수 있도록 작동한다.

미국 국방부 군사용 무선통신 기술로 사용되었던 UWB 기술은 3.1~10.6GHz대의 주파수 대역을 사용하면서 0.5mW 정도의 저전력으로 70m까지 초당 100~500M의 속도로 대용량의 데이터를 전송할 수 있다.

넓은 주파수 대역에 걸쳐 낮은 전력으로 송수신을 하기 때문에 다른 무선 기술에 상호 간섭 없이 주파수를 공유하며 사용할 수 있는 큰 장점을 가지고 있을 뿐만 아니라 높은 보안성 유지, 정확한 거리 및 위치 측정이 가능한 높은 해상도를 제공, 다중 경로 영향에 강인한 특성을 가지고 있으며 특히 기존의 무선 시스템과는 달리 무선 반송파를 사용하지 않고 기저대역에서 통신이 이루어지므로 낮은 비용으로 송수신기를 제작할 수 있는 장점도 가지고 있다.[19)]
이로 인하여 초고속 인터넷 접속, 지하나 벽면 뒤로도 전송이 가능하며, 레이더 기능으로 특정 지역을 감시할 수 있으며, 지진 등 재해가 일어났을 때 전파 탐지기 기능으로 인명 구조를 할 수 있는 등 응용 범위가 넓다.

대표적인 UWB를 활용한 서비스로는 비접촉식 보안 출입 서비스로, 사용자가 출입구에 다가가 출입증을 찍지 않아도 비접촉식 접근 제어(Seamless Access Control) 시스템이 사용자를 먼저 인식해 출입구를 열어 통과하도록 하는 방식이다.

2019년 NXP 반도체와 폭스바겐이 UWB 기술이 적용된 미래 자동차 활용 사례로 WiFi, 블루투스, GPS 등을 탑재하여 스마트폰을 주머니나 가방에 넣은 채로 문을 개폐하고 시동을 걸 수 있도록 하고, 스마트폰을 이용하여 안전한 원격 주차 기능까지 누릴 수 있도록 개발하였다.[20)]

---

19) 출처: https://www.itfind.or.kr/WZIN/jugidong/1057/105701.htm
20) NXP Connects 2019

[그림 2-107] NXP의 UWB 기술을 활용한 미래 자동차
출처 : NXP

근거리 무선 통신망은 거리가 매우 제한적인 단점이 있지만, 특화된 용도가 있고 각종 기기에 범용으로 적용된 기술도 있어서 장거리 유·무선 기술과 조합하면 효과적이다.

구분	블루투스	NFC	지그비	지웨이브	WiFi
주파수 대역	2.4GHz	13.56MHz	2.4GHz(글로벌)	868~929MHz	2.4G, 5GHz, 60GHz
전송거리	1~10m	10cm이내	100m이상	100m이상	약 100m
전송속도	~2M(BLE~1M)bps	424Kbps	250Kbps	40Kbps	ac~17G, ah100Kbps Ax 9.6Gbps, a/20Gbps
응용분야	주변기기 (헤드셋, 마우스 등)	전자결재, 기기간 직접전송	홈 네트워킹, 빌딩 자동화	홈 네트워킹, 빌딩 자동화	인터넷 접속, 무선 LAN 구성
소비전력	1~100mW	50mW	1~100mW(Low)	Low	평균 100mW
특징	저전력 가능, AP없이 접속가능, 커버리지에 제약	무 전원 동작, 전파간섭 없음	저전력·저비용 네트워크 구성 가능, 타 통신과 간섭 우려	전파 효율성 및 호환성 우수	전력소모 많고 소형화 어려움, 커버리지 확장 가능

[표 2-7] 주요 근거리 무선통신 기술 방식 비교
출처: 행정안전부(2017.07.)

2.2 사물인터넷 전용망(Dedicated Network) 통신 기술

휴대폰 단말기뿐 아니라 생활 속 모든 단말 · 기기를 네트워크에 연결하여 정보를 생성하고 공유하는 초연결 네트워크 환경 시대이다.

5G 이전 시대의 사물인터넷은 사물 간의 연결을 위해 센서 네트워크(USN), 사물통신(M2M), MTC(Machine Type Communications)로 표현했으며, 5G로 인하여 mMTC(Massive MTC)로 표현하고, 수많은 가정용, 산업용 IoT 기기들이 1㎢ 면적 안에서 100만 개의 기기 간 연결을 목표로 한다.[21]

Massive IoT 애플리케이션은 대기 시간에 덜 민감하고 처리량 요구사항은 낮지만 적용 범위가 우수한 네트워크에서 대량의 저비용, 저에너지 소비 장치가 필요하고, 보다 저렴하고 효율적인 저전력 광대역(LPWA, Lower Power Wide Area) 네트워크를 필요로 하게 되었다.

LPWA의 광역 IoT를 실현하기 위한 사물인터넷 전용 네트워크로 개발된 통신망은 LTE-M, NB-IoT, SigFox, LoRa 등이 있으며 사용 주파수 대역에 따라 면허 · 비면허 대역으로 구분하며 LoRaWAN, SigFox는 비면허 대역, LTE-M과 NB-IoT는 면허 대역의 대표적 기술이다.

2.2.1 LoRa(Long Range)

LoRa는 장거리 통신을 의미하는 Long Range의 약자이며, LoRaWAN은 LoRa 무선 변조 기술을 사용하여 전력 소모가 많은 3G · LTE 등 기존 이동통신망과 달리 저전력으로 장거리 통신이 가능한 방식이다. 또한 기존에 비해 낮은 인프라 구축 비용과 높은 확장성을 갖고 있다.

---

21) 5G 초연결 사회 구현을 위한 Massive IoT 서비스 전망, NIPA, 이슈리포트 2019-29호

2015년 초 IBM과 셈테크(Semtech), 액틸리티(Actility), 마이크로칩(Microchip), 네델란드 1위 이동통신 사업자 KPN, 스위스 1위 이동통신 사업자 스위스콤(Swisscom) 등 유럽의 주요 이통사 등 다양한 사업자가 모여 구성된 로라 얼라이언스를 통해 작업이 이뤄지고 있다.

LoRa의 경우 최대 21Km의 통신 범위를 목표로 하기 때문에 많은 중계 장비가 불필요하며, 낮은 인프라 구축 비용으로 중장거리 무선통신이 가능하다. 주파수 밴드는 2.4GHz, 5.8GHz 대역의 ISM(Industrial Scientific Medical)보다 낮은 868MHz, 915MHz, 433MHz 등으로 국제적으로 가용한 비면허 대역을 선택적으로 사용 가능하다. 소량의 데이터를 넓은 영역에 걸쳐 서비스함으로 원격 미터링, 가로등, 자판기 등 추적, 센싱, 검침 등에 활용한다.

LoRaWAN의 게이트웨이는 단말과 네트워크 서버 사이에서 단순 메시지 전달 기능으로서 'star-of-stars' 토폴리지 구조로 단말에서 게이트웨이까지 무선 인터페이스가 전달되고, 프로토콜은 네트워크 서버에서 전달된다.

복수의 게이트웨이가 네트워크 서버에 접속되며, 단순 메시지 전달 기능을 위한 IP forwarding으로 연결한다.

무선 구간에서 단말과 게이트웨이 간 통신은 서로 다른 주파수 채널과 데이터 전송률을 사용하여 간섭을 줄이며 송수신 거리를 확보한다.

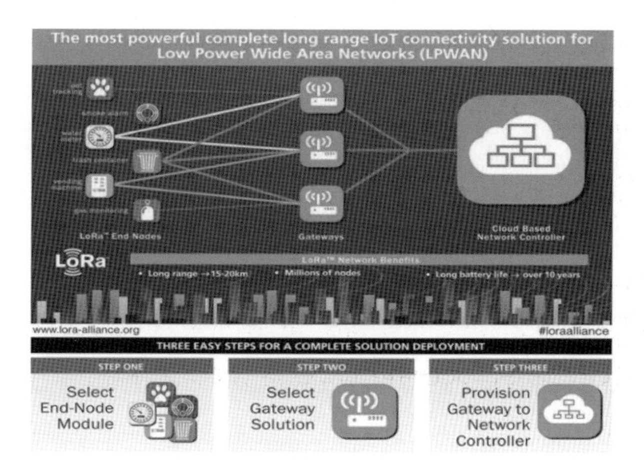

[그림 2-108] LoRaWAN 아키텍처

출처: www.flickr.com/(CC BY-ND)

2.2.2 Sigfox

2009년 IoT 전용 글로벌 네트워크를 구축한다는 목표로 프랑스에서 설립되었다. 최소 에너지 소비와 매우 낮은 비용으로 작동하는 Sigfox는 매우 작은 업링크 데이터 용량만 필요로 하는 센서 네트워크 전용으로 설계되었으며 UNB(Ultra Narrow Band) 기술로 배터리 교체 없이 몇 년간 사용할 수 있다.

무면허 920MHz 대역을 사용하여 게이트웨이로 전송하며, 게이트웨이는 수천 개의 디바이스로 부터 수신된 데이터를 서버로 전송하는 방식으로 LoRa 무선통신 방식과 마찬가지로 디바이스 신호를 가능한 여러 기지국이 수신하게 되며, 임의의 기지국에서 충돌이 발생하더라도 다른 기지국에서도 같은 신호를 수신하기 때문에 기지국 수신 다이버시티(Diversity)의 효과를 가진다.

아래 [그림 2-109]는 다양한 적용 가능 분야의 응용을 나타내었으며 활용 예로 루이비통에 코는 가방 안에 넣는 스틱형 장치로 Sigfox 망을 이용하여 여행용 가방을 추적할 수 있다.

[그림 2-109] Sigfox 적용 가능 분야
출처: Inside AIDC, IoT 시장 동향 및 배경 기술(3)

[그림 2-110] sigfox 로고　　[그림 2-111] 추적기 'Louis Vuitton Echo'

출처: 루이비통

2.2.3 LTE-M(LTE-Machine Type Communication)

1.4MHz의 기존 LTE 면허대역을 이용한다는 점에서 초기 투자비용이 적고 다른 IoT 전용 네트워크와 비교했을 때 10Mbps/5Mbps(다운/업로드) 수준으로 빠른 속도가 장점이다. 커버리지 측면에서 전국 서비스가 가능하고 주파수 간섭으로 인한 통신 품질 저하가 없으며, 로밍을 통해 글로벌 확장이 가능하다.

LPWAN 기술에 기반을 둔 LoRa 또는 SigFox와는 다르게 상시 전원이 확보 가능한 장치에 사용되며, 별도의 무선 통신망의 구축이 요구되지 않는 분야에서 활용이 가능하다.

음성 지원이 필요한 웨어러블과 이동 적합성이 좋아 교통수단과 연계되고, 신속한 데이터 전송이 필요한 카드 결제기에 적합하다.

기존의 사물인터넷에서 저비용, 저성능, 저전력의 특징을 갖는 기기를 소물(Small Thing)이라 하며, 이런 소물에 필요한 인터넷을 소물인터넷(IoST, Internet of small things)이라 하는데 NB-IoT와 LTE-M은 소물인터넷에 매우 적합한 인터넷 기술이다.

구분		LTE-M			NB-IoT
		Cat-1	Cat-2	Cat-3	
표준화		3GPP Rel.8	3GPP Rel.12	3GPP Rel.13 (2016 1Q)	3GPP Rel.13 (2016 2Q)
대역폭		20 MHz	20 MHz	1.4 MHz	200 KHz
통신속도	DL	~ 10 Mbps	~ 1 Mbps	~ 1 Mbps	~ 100 Kbps
	UL	~ 5 Mbps	~ 1 Mbps	~ 1 Mbps	~ 100 Kbps
Max UE Tx Power		23 dBm	23 dBm	20 dBm	23dBm
배터리 수명		-	~ 10 years	~ 10 years	~ 10 years
Features		-	Half duplex(375 Kbps) PSM*	Lower power eDRX	Narrower BW Extended coverage

[표 2-8] 소물인터넷(IoST, Internet of small things)을 위한 3GPP Evolution
출처: 네이버 블로그, ktec21 * PSM: Power Saving Mode, eDRX: extended Discontinuous Reception

2.2.4 NB-IoT(Narrow Band-IoT, 협대역 사물인터넷)

기존 LTE의 대역은 물론이고 두 개의 일반 LTE 주파수 대역 사이의 보호대역(Guard-band)에도 구축할 수 있다. 또한 주파수 용도가 조정된 대역을 활용하여 NB-IoT 전용망으로도 구축할 수 있다. 장점인 망 안정화, 로밍 등의 차별화를 활용하면서 가격 및 성능 등의 조건을 LoRa, SigFox와 같은 IoT 전용망을 구현하기 위한 방향으로 발전 중이다. 아주 좁은 대역폭(200KHz)으로 상하향이 100kbps로 주로 정지된 사물, 즉 전기 검침, 수도 검침 등 데이터 양이 적고 실시간 처리가 필요하지 않는 사례에 이용한다.

면허대역 주파수를 사용하므로 주파수 간섭으로 인한 통신 품질의 저하가 없다.

구분	비면허 대역 LPWA기술		면허 대역 LPWA기술	
	LoRaWAN	Sigfox	LTE-M	NB-IoT
커버리지	~5 Km(도심) ~15 Km(비도심)	~10 Km(도심) ~30 Km(비도심)	~11 Km	~5 Km(도심) ~15 Km(비도심)
배터리 수명	~10년	~10년	~10년	~10년
통신모듈 가격	~5$	~5$	~20$	~5$
표준화	LoRa얼라이언스 (완료)	ETSI (완료)	Cat-1: 3GPP Rel.8(완료) PSM: 3GPP Rel.12(완료)	3GPP Rel.13(완료) 3GPP Rel.14(진행)
주파수 대역	920 MHz	920 MHz	LTE	LTE
대역폭	500 KHz	200 KHz	20 MHz	200 KHz
통신속도	< 5 Kbps	< 1 Kbps	다운: 10 M, 업: 5 Mbps	~100 Kbps

[표 2-9] 저전력 광역 무선망 주요 기술 방식 비교
출처: 행정안전부(2019.07.)

2.3 5G(fifth generation)

5G는 5세대 모바일 네트워크를 가리키는 것으로, 기존 4G/LTE 네트워크를 확장하고 경우에 따라서는 완전히 대체하도록 설계되었다.

5G는 4차 산업혁명의 핵심인 IoT, 인공지능, 자율주행, VR/AR 등을 구현할 수 있는 기반으로, 특히 '초연결'이라는 특징으로 인해 4차 산업혁명에서 필요로 하는 고도의 정보 처리 능력과 대용량 데이터의 전송 및 보관은 대용량 데이터의 고속 전송이 가능해야만 현실화될 수 있다.

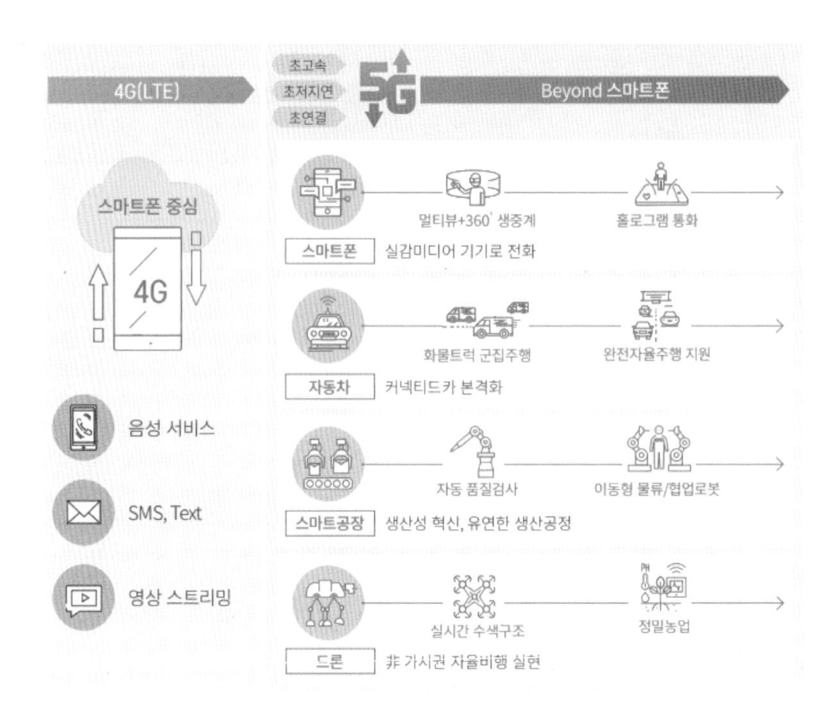

[그림 2-112] 4G에서 5G 서비스 변화
출처: 혁신 성장 실현을 위한 5G+전략(관계부처 합동, 2019.04)

[그림 2-113] CES2021 기조연설에서 5G를 집중 조명 중인 Verizon의 CEO Hans Vestberg
출처: http://digital.ces.tech/, CES 2021 디지털 전시장

2.3.1 5G와 4G의 비교[22)]

- 4G 대비 20배 빠른 초당 최대 20GB 이상의 데이터 전송 속도로 대용량 데이터의 송수신이 가능하기 때문에 초고화질(4K) 영상이나 VR/AR 콘텐츠 구현 용이하다.
- 응답속도가 0.001초 이하로 4G 대비 10배 이상 빠르기 때문에 실시간 대응속도가 중요한 자율주행, 원격조정 등 원격 서비스의 안정적 구현이 가능하다.
- 1㎢ 당 100만 개 이상의 기기에 동시 접속이 가능하기 때문에 대량의 기기에 실시간으로 데이터를 송수신해야 하는 IoT 서비스 구현에 적합하다.

구분	4G	5G	5G 연관 서비스
초고속	(최대) 1 GB/초 이상 (체감) 100MB/초 이상	(최대) 20 GB/초 이상 (체감) 1 GB/초 이상	VR/AR, 4K 미디어/ 콘텐츠
저지연 (응답속도)	0.01~0.05초 이하	0.001 초 이하	자율주행차, 원격의료
초연결 (동시접속)	연결 기기 10만 개/㎢ 이상	연결 기기 100만 개/㎢ 이상	IoT, 자율주행차

[표 2-10] ITU의 5G 정의 및 4G와의 비교

출처: ITU, 각종 언론자료 취합

2.3.2 5G 기반 Massive IoT

5G 이전 LTE-M 및 IoT 전용망(LoRa, NB-IoT 등)으로도 Massive IoT 환경을 어느 정도 구현했으나 고밀도, 대용량 IoT 연결 수용에 대한 한계로 대규모 IoT 기술에 대한 5G 이동통신 환경에서 mMTC(Massive Machine Type Communications, 대량 연결) 기술이 필요하게 되었다.

비즈니스 환경을 고려하여 스마트시티 에너지 제조 물류 농업 헬스케어 등 산업에 5G의 IoT 초연결성과 초저지연 고신뢰성 등 적합한 기술 선택이 중요하며 5G 기반의 IoT, AI,

22) SPRI(소프트웨어정책연구소), 사물인터넷 시장 및 주요 기업 동향,2019.01.25.

AR · VR 등 4차 산업혁명 핵심 기술을 융합하여 미래 신산업의 패러다임 전환을 위한 주도적인 역할을 할 것이다.[23)]

5G는 다양한 연동 특성을 네트워크 Slicing 기술을 통하여 하나의 네트워크에서 서비스별 자원 분산에 용이한 구조적 특성을 지니고 있다.

4G에서는 Voice와 Data 서비스로 구분해서 Voice에 대해서만 별도의 품질(QoS : Quality-of-Service)을 제공했고, Data 서비스 내에서는 모든 서비스가 하나의 자원을 공유하므로 개별 서비스 간의 QoS별 차별화가 불가능했다. 네트워크 Slicing 기술은 서비스별로 가상화된 독립적인 자원 할당이 가능하고 따라서 각 서비스별로 다른 서비스의 영향을 받지 않으면서 해외 통신사와 연동해 고객이 다른 국가에서 AR · VR 등 5G 서비스를 이용할 때에도 국내에서와 같은 품질 보장 기능을 통해서 서비스별 차별화를 제공받을 수 있도록 하는 5G의 핵심 기술이다.[24)]

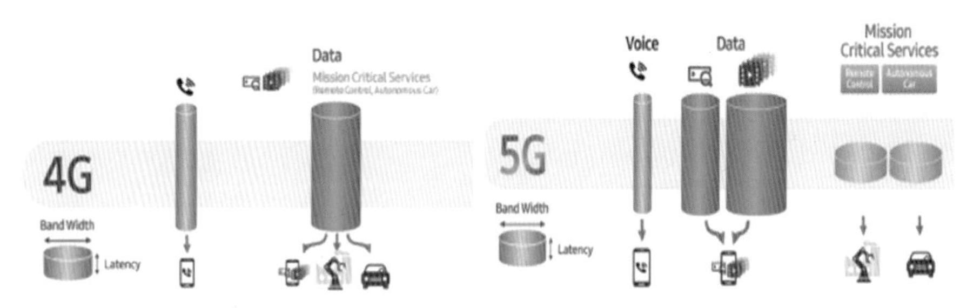

[그림 2-114] Network Slicing 기술 개념도
출처 : samsung, https://images.samsung.com/

23) 5G 초연결 사회 구현을 위한 Massive IoT 서비스 전망, NIPA 이슈리포트 2019-29호
24) NETMANIAS 통신사 뉴스, 2017.02.15.

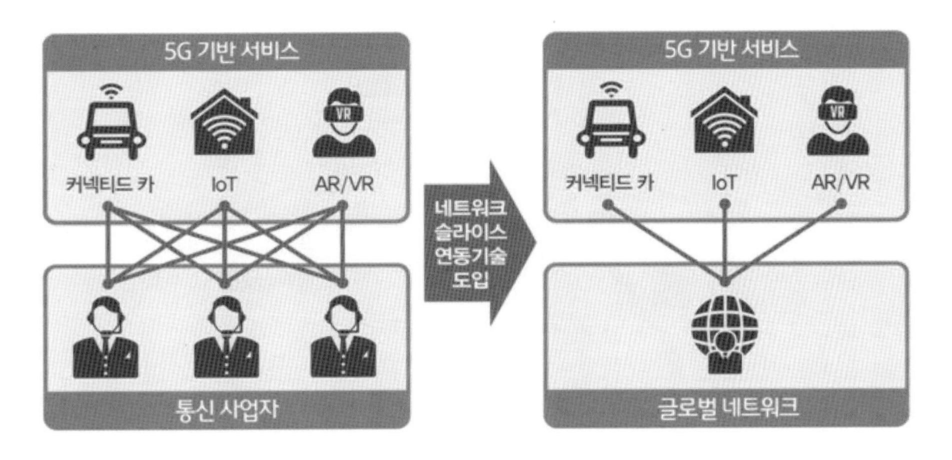

[그림 2-115] 네트워크 슬라이스 연동 기술 도입 전·후
출처: https://netmanias.com/ko/post/operator_news/11481

2.4 클라우드 컴퓨팅(cloud computing)

클라우드 컴퓨팅(cloud computing)에 대한 다양한 정의가 있으나 공통적인 개념은 '가상화된 IT 자원을 서비스로 제공하는 컴퓨팅으로, 사용자는 IT 자원(SW, 스토리지, 서버, DB 등)을 필요한 만큼 빌려 사용하며, 이용한 만큼 비용을 지불'하는 새로운 개념의 컴퓨팅이다.

즉 사용자는 특정 시스템이나 애플리케이션을 가지고 있지 않더라도 언제, 어디서나, 어떤 단말을 통해서든 서버의 하드웨어나 소프트웨어를 인터넷을 통해 원하는 만큼의 IT 서비스를 이용하고 사용량에 따라 비용을 지불하는 방식을 말한다.

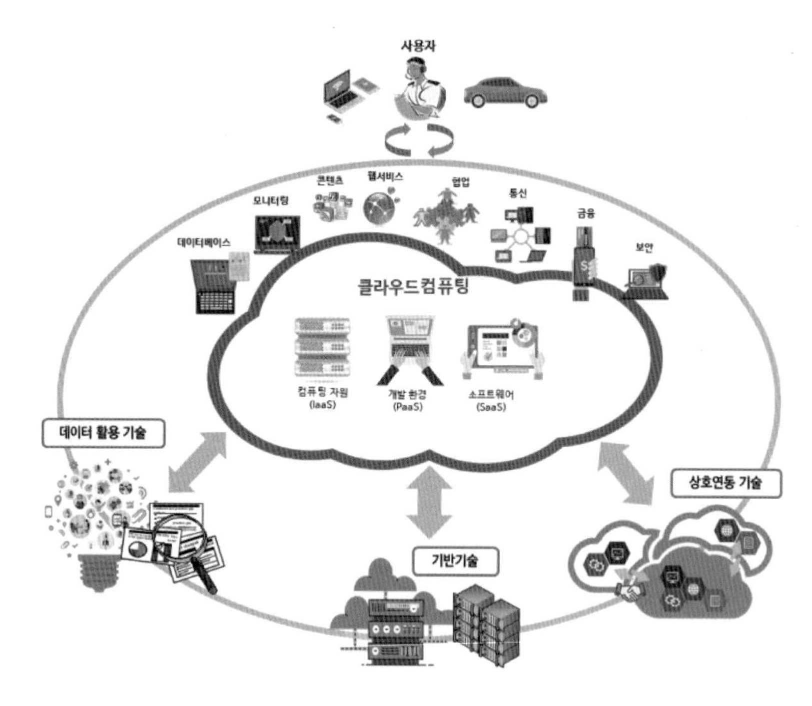

[그림 2-116] 클라우드 컴퓨팅 기술 개요도
출처: ICT 표준화 전략맵, Ver.2020종합보고서

2.4.1 클라우드 컴퓨팅 분류

클라우드 컴퓨팅 시스템은 인프라 시스템 모델에 따라 IaaS, PaaS, SaaS로 분류한다.[25)]

기술분류	클라우드를 통해 제공되는 가상 컴퓨팅 리소스
SaaS	오피스, 게임, 기업용 응용프로그램 등
PaaS	프로그램 실행 및 개발환경, 데이터베이스 등의 플랫폼 리소스
IaaS	서버 컴퓨터, 데스크탑 PC, 스토리지 등의 하드웨어 리소스

[표 2-11] 클라우드 컴퓨팅 기술 분류

25) 사물인터넷의 빅데이터 개론, 박영희, 2017.02.

1) IaaS(Infrastructure as a Service)

인프라로서의 서비스를 뜻하며 서버 운영에 필요한 가상머신, 네트워크, 스토리지, 서버 등의 여러 인프라를 가상화된 환경에서 쉽고 신속하게 할당받아 사용할 수 있는 서비스이다. IaaS는 우리나라에서는 이아스 또는 아이아스로 부르며 영미권에서는 이에ː스 또는 아이아스로 발음한다.

많이 사용하고 있는 Dropbox, 네이버 MYBOX 같은 클라우드상에서 저장 공간을 제공하는 서비스도 저장 장치를 서비스 형태로 제공한다는 관점에서 IaaS에 속한다고 볼 수 있다.

아마존의 AWS 서비스 중 EC2, S3, 가비아의 g클라우드, KT의 UCloudBiz, SKT의 TCloudBiz, LGU+의 CloudN 및 이노그리드의 Cloudit 등이 여기에 해당된다.

이는 자원을 쉽게 추가, 제거할 수 있으며 운영체제를 제공하므로 사용자에 친숙한 환경이 제공되는 반면, 추가적 환경 설정을 해야 하는 단점이 있다.

2) PaaS(Platform as a Service)

IaaS 서비스로 제공되는 인프라 위에 사용자가 원하는 서비스를 개발할 수 있는 환경(Platform)을 제공하는 서비스이다. 여기서 말하는 환경이란 운영체제, 미들웨어, 애플리케이션 실행 환경 등이 포함된다.

서비스를 개발할 수 있는 환경과 데이터베이스, API를 제공하는 서비스로 개발에 필요한 모든 인프라가 제공된다. 하지만 클라우드 제공 서비스 업체마다 플랫폼이 상이하여 이를 익히고 확인해야 하는 단점이 있다.

대표적으로 구글의 앱엔진, 마이크로소프트의 MS-SQL Azure가 여기에 속하며, 국내에서는 정부통합전산센터 G Cloud에서 전자정부프레임워크를 클라우드상에서 제공하고 있는 것도 PaaS의 일종으로 보면 될 것이다.

3) SaaS(Software as a Service)

클라우드 기반의 응용 프로그램을 서비스 형태로 제공하는 것을 말하며, 일반 사용자들이 가장 많이 접하게 되는 형태이다.

ERP나 CRM 등 다양한 소프트웨어를 사용자가 직접 구축하거나 설치하지 않고 서비스 제공 업체에 비용을 지불하고 필요한 만큼 소프트웨어를 사용하는 온디맨드(On Demand) 소프트웨어 클라우드를 의미한다.

대부분의 SaaS 애플리케이션 웹 브라우저를 통해 직접 실행되므로 클라이언트 측에서 다운로드나 설치가 필요하지 않다.

대표적으로 세일즈포스닷컴의 CRM, 웹 기반 개인용 스토리지 서비스인 드롭박스, 네이버 MYBOX, 구글 드라이브에서 제공하는 문서, 스프레드시트, 프레젠테이션 등이 있다.

사용자는 인터넷을 통해 언제든지 개인의 자료를 사용할 수 있으나, 사용자 데이터 제어권이 벤더에게 넘어갈 수 있어 보안 취약점 및 소유권에 대한 문제가 있다.

[그림 2-117] salesforce

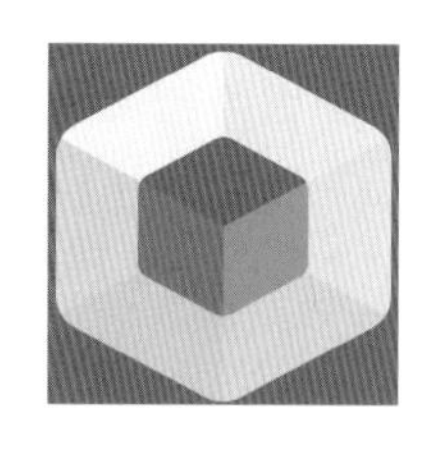

[그림 2-118] 네이버 MYBOX

[그림 2-119] 구글 드라이버

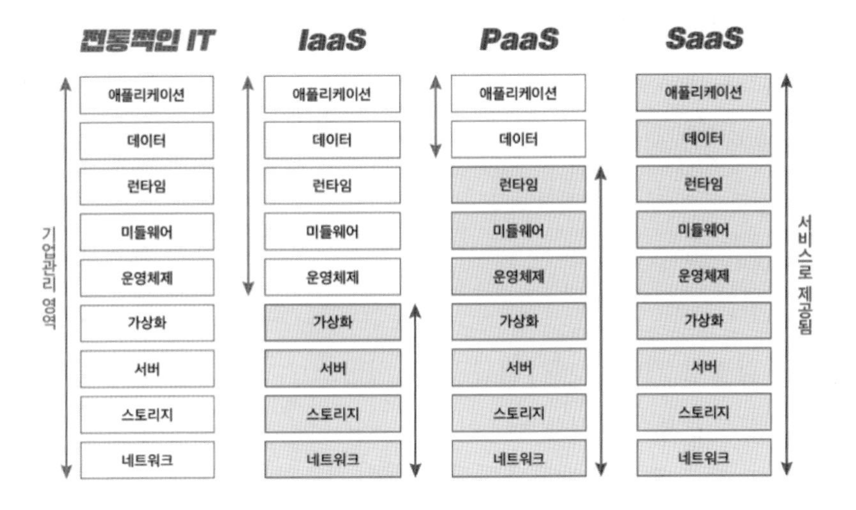

[그림 2-120] 클라우드 서비스 모델 비교
출처: 와탭, "클라우드 서비스 이해하기"(2018.11.2.)

2.4.2 클라우드 컴퓨팅 기반의 응용 서비스[26)]

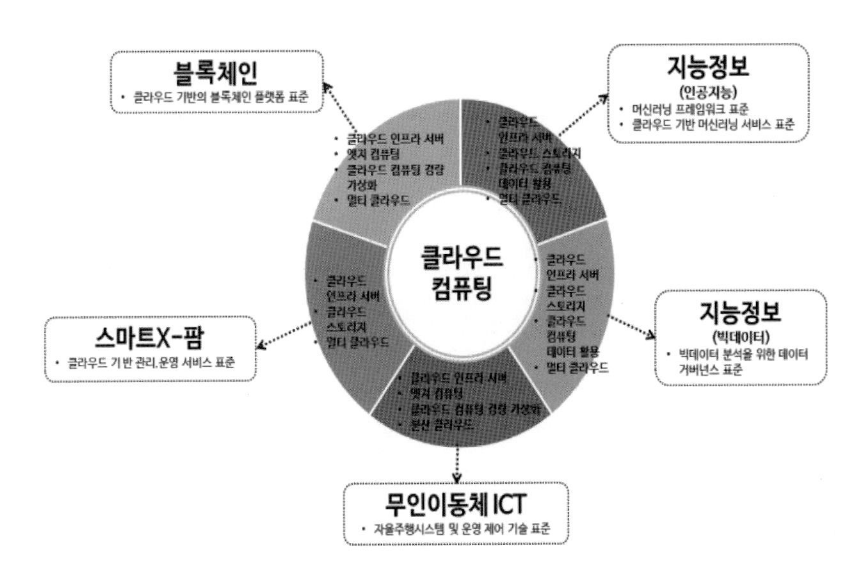

[그림 2-121] 클라우드 컴퓨팅 기술 간 연계도
출처: ICT표준화전략맵, Ver.2020종합보고서

26) ICT표준화전략맵, Ver.2020 종합보고서 재인용

1) 클라우드 컴퓨팅 기반의 블록체인 서비스

온라인 분산 원장 기술인 블록체인 서비스를 제공하여 블록체인을 이용하여 서비스를 제공하고자 하는 개발자에게 서비스 자체에만 집중할 수 있는 편리성과 효율성을 제공할 수 있다. 또한 클라우드 서비스 통해 블록체인 노드를 가변적으로 자유롭게 확장하여 블록체인 규모를 자유롭게 운용할 수 있다

2) 클라우드 컴퓨팅 기반의 머신러닝 기술 서비스

머신러닝을 위해서는 방대한 양의 컴퓨팅 리소스와 이를 위한 데이터 학습 기능이 필수적이다. 머신러닝 기능을 서비스로 제공할 경우 서비스 개발 기간이 대폭 단축될 것이며 서비스 확장 측면에서도 클라우드 고유의 특성, 즉 동적인 자원 확장 및 축소를 통하여 유동적인 머신러닝 서비스 제공이 가능해진다.

3) 팜 클라우드 서비스

팜 클라우드(FaaS: Farm as a Service)는 클라우드 컴퓨팅 기술을 기반으로 스마트팜을 관리하는 기술이다. 농장 안에 있는 센서 노드, 제어 노드, 온실 통합 제어기, 온실 운영 시스템 등 스마트팜 자원 정보를 가상화하여 작물의 생육 상태를 모니터링하고 수동 또는 자동으로 시설 및 장치를 제어할 수 있다

4) 클라우드 컴퓨팅 기반의 AI 자율 주행 서비스

클라우드의 기본 인프라와 영상 처리 기능(GPU) 등을 이용하여 인공지능 소프트웨어를 학습시켜 개인의 운전 습관과 특성을 반영한 맞춤형 자율주행 서비스 제공이 가능해진다. 또한 주행 중 주행 여건의 변화에 따른 정보를 즉각적으로 제공받기 위한 방법으로 클라우드 가장자리에 있는 엣지 컴퓨팅 제공을 통해서 안정적인 서비스를 받을 수 있다.

5) 클라우드 컴퓨팅 기반의 빅데이터 분석 서비스

빅데이터에 활용되는 데이터의 종류와 양은 지속해서 증가하고 있으며 분석에 필요한 컴퓨팅 성능뿐만 아니라 방대한 양의 데이터를 효율적으로 처리할 수 있어야 한다. 이러한 실시간 무제한의 확장성 컴퓨팅 능력은 무제한적인 저장 공간의 클라우드를 통하여 저장 공간을 제공

을 받을 수 있다.

2.4.3 엣지 컴퓨팅(Edge Computing)

사물인터넷 서비스는 5G 이상의 새로운 초연결 기술, 엣지 및 포그(Edge/Fog) 컴퓨팅 기술, 블록체인 및 인공지능(AI) 기술 등의 융합을 통해 진화하고 있다.[27]

최근 급속히 확산되고 있는 IoT 기기로 인해 기기-서버 간 데이터 통신량이 폭증하면서 클라우드 컴퓨팅에서의 지연율 발생과 일시적으로 네트워크가 중단되는 등의 문제가 발생했다. 이를 해결하기 위한 기술로서 엣지 컴퓨팅이 등장했다.

엣지 컴퓨팅은 노드에서의 데이터 프로세싱을 중앙집중식 클라우드 방식보다 종단 노드 인근에서 수행하여, 전송 지연과 서비스 장애 시간을 줄이고 비용 절감 기반의 효율적 분산 컴퓨팅을 실행하는 컴퓨팅 방식을 의미한다.

엣지 컴퓨팅은 주로 네트워킹 요구 사항 또는 기타 제약으로 인해 클라우드 컴퓨팅의 중앙집중식 접근 방식으로 해결할 수 없는 활용 사례를 처리한다. 랜더링 파이프라인의 컴퓨터 집약적인 부분을 클라우드로 이전하여 대역폭 부족과 긴 지연 시간의 문제를 해결할 수 있는 가상/증강 현실, 커넥티드 자동차(Connected Car), 촉각 인터넷(Tactile Internet), 스마트시티 등의 실시간 데이터 처리와 결정, 빅데이터 분석 및 수집을 하여 실시간 의사 결정 지원 등을 들 수 있다.

예를 들면, 제조 부문 엣지 단말의 스트리밍 데이터는 제품 결함을 예방하고 생산을 최적화하는 데 도움이 될 수 있으며, 스마트 신호등의 경우 스트리밍 데이터가 실시간 차량 선회 등에 도움이 된다.[28]

---

27) Ovidiu Vermesan, &Joel Bacquet, Distributed Intelligence at the Edge and Human Machine-to-machine Cooperation, 2018

28) 정보통신신문, “엣지 컴퓨팅, 클라우드 한계 극복하는 대안 주목”, 2019.04.25.

엣지 컴퓨팅은 중앙집중식 클라우드 서비스와 기존 인프라를 대체하는 형태가 아니라 협력적 보완 형태의 모델로 발전하고 있다.

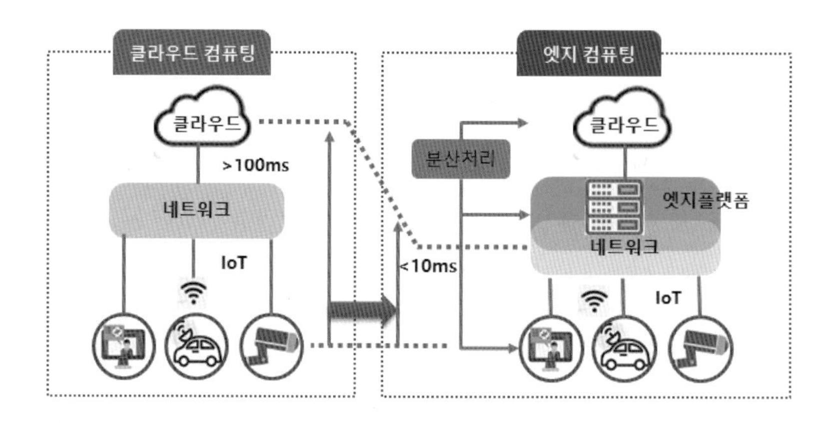

[그림 2-122] 클라우드 컴퓨팅과 엣지 컴퓨팅 비교 개념도

출처: 정보통신신문, "엣지 컴퓨팅, 클라우드 한계 극복하는 대안 주목", 2019.04.25.

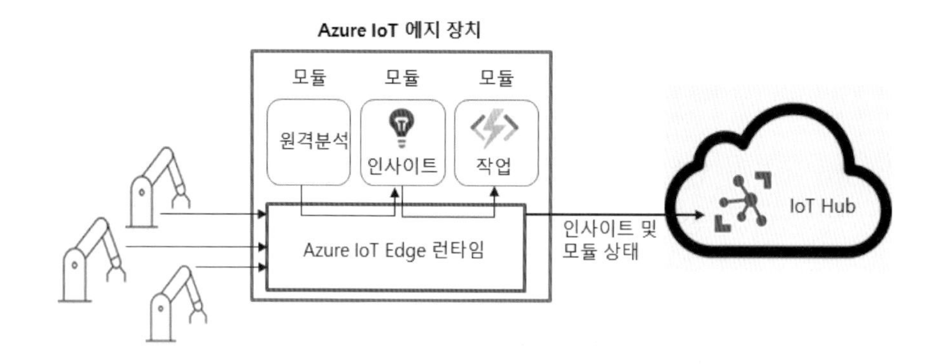

[그림 2-123] Microsoft사의 Azure IoT Edge 시스템

출처: https://docs.microsoft.com/ko-kr/azure/iot-edge/about-iot-edge(2019.10.28.)

2.5 제조용(Manufacturing) IoT 네트워크

제조 산업에 사용되는 네트워크는 주로 유선통신 기술로서 활용 범위 및 구축 환경에 따라 다양하며 주로 고 신뢰성 기반의 산업용 유선 통신망을 주로 사용하며, 필드버스와 산업용 이더

넷이 있다.[29] 특성상 통신 지연으로 인한 생산성 하락은 물론, 큰 사고 발생으로 이어질 수 있다.

제조 현장에서 사용되는 다양한 산업용 통신 프로토콜은 호환성 및 유연 생산에 한계가 발생하여 이를 해결하기 위한 TSN(Time Sensitive Networking, 시간 민감형 네트워킹) 기술이 각광받고 있다.[30]

TSN 기술은 서로 다른 실시간 통신 프로토콜을 모두 동일한 회선으로 전송하며 표준 이더넷 네트워크에서 확정적 메시지 전송[31]을 구현하기 위한 일련의 표준이다.

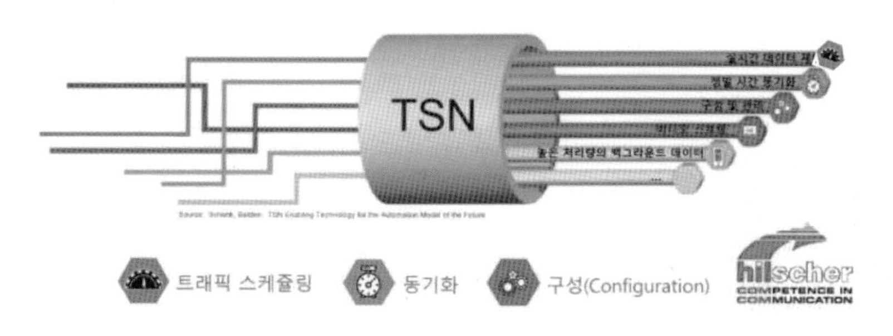

[그림 2-124] TSN의 유선 네트워크 상호 호환성 기능

출처: Hilscher(2019), "TSN Technology"

고 신뢰성을 요구하는 산업용 무선통신 기술은 저전력·저지연 중심으로 기술 개발이 가속화되고 있다. 5G 통신은 차세대 제조용 IoT 네트워크로 각광받고 있으며, 초저지연, 초고속, 초연결, 초저전력의 네 가지 특성으로 기존 통신 기술에 비해 확장성 및 유연성을 증가시킬 것으로 기대하고 있다.[32]

실시간 품질검사	물류이송로봇	AR 설비관리	예지정비

[그림 2-125] 5G 기반 제조 기술 실증 사례

출처: 기계로봇연구정보센터(2020.04), 재구성

29) 권대현 외 2인(2016), "스마트공장을 위한 산업 네트워크 동향"

30) 테크월드(2020), "차세대 산업용 네트워크 통합 표준, TSN"

31) 네트워크 정보 송수신에 대한 예외 없이 무조건적인 완수가 이루어진다는 의미

32) KISTEP 기술동향브리프(2020.10), "제조용 IoT"

3. 사물인터넷의 스마트 인터페이스(Interface) 기술

사물인터넷의 스마트 인터페이스 기술은 IoT의 주요 구성 요소(인간, 사물 및 서비스)를 통해 특정 기능을 수행하는 응용 서비스와 연동하는 역할이다. 즉 네트워크 인터페이스의 개념이 아니라 IoT망을 통해 저장, 처리 및 변환 등 다양한 서비스를 제공할 수 있는 인터페이스 역할을 실행할 수 있어야 한다.

IoT의 다양한 서비스 기능을 구현하기 위해서는 응용 서비스와 연동하는 역할로 정보의 검출, 가공, 정형화, 추출, 처리 및 저장 기능을 의미하는 검출 정보 기술과 위치 판단 및 위치 확인, 상황인식 및 인지 기능 등의 위치 기반 기술, 정보 보안 및 프라이버시 보호, 인증 및 인가 기능 등의 보안 기반 기술, 온톨로지 기반의 시맨틱 웹, 가상화(Virtualization) 기능 등과 프로세스 관리, 오픈 플랫폼(Open Platform) 기술, 미들웨어(Middleware) 기술, 데이터마이닝(Data Mining) 기술, 웹서비스(Web Service) 기술, SNS 등이 있다.

3.1 상황인식(Context Awareness) 기술

상황인식은 컴퓨터가 사용자와 주위 환경을 인식하고 이해하여 변화하는 상황을 인지하고, 이를 토대로 개인 요구에 따라 환경을 제어하는 데 활용된다. 이 기술은 카메라, 센서, GPS 등의 센서를 통해 사용자의 생활 패턴이나 신체 상황, 위치, 시간, 주변인, 기온, 습관, 주변의 환경 등의 모든 정보를 종합해서 상황을 인지하고, 그 상황에 맞게 최적의 서비스를 제공해 주는 것이다.

사물인터넷을 통해 정보 공유가 가능해지면, 시스템 스스로가 상황 판단을 정확하게 하도록 하여 사람의 개입 없이 동작을 자율적으로 수행할 수 있게 된다.

활용 예로서 건물 에너지 관리 시스템(BEMS, Building Energy Management System)은 각종 센서를 통한 출입구 관리 및 보완, 쾌적한 실내 환경을 위한 온도와 습도의 자동 제어, 전기와 가스 등에 대한 에너지 관리 등을 상황을 인지하여, 자동적으로 건물 제어를 수행하여 에너지 절감 효과를 얻어낼 수 있다.

[그림 2-126] N-BEMS 통합 관제 센터

출처: 나라컨트롤

3.2 생체인식(Biometrics) 기술

사람의 측정 가능한 신체적, 행동적 특성을 추출하여 본인 여부를 비교, 확인하는 기술이다. 즉 인간의 특성을 디지털화하여 그것을 보안용 패스워드로 활용하는 것이다.

신체 부위를 생체 인식에 이용하기 위해서는 보편성, 영속성, 유일성, 획득성의 4가지 조건

이 필요하다.[33)]

보편성이란 누구나 가지고 있어야 하는 것이며, 영속성은 변하지 않아야 하는 것을 의미한다. 또한, 유일성은 사람들을 구별할 수 있는 고유한 특성을 뜻하며 획득성은 기계로 쉽게 확인 가능하며 정량화할 수 있어야 한다는 것을 뜻한다. 이 4가지 조건을 만족하며, 현재 널리 쓰이고 있는 기술은 지문, 홍채, 얼굴 인식이 있다.

사람들의 지문이 모두 다르다는 점에 착안해 우리나라에서는 1968년부터 만 17세가 되면 주민등록증 발급을 위해 본인 지문을 등록하고 있다.

생체인식 기술 중 가장 많이 사용되고 있는 기술로 개인 고유의 지문을 인식하는 방법이며, 주로 스마트폰, 사무실, 상점, 주택 등의 출입 관리, 금융 서비스, 컴퓨터 보안 등에서 사용되고 있다. 최근에는 위생을 고려하여 기기에 손가락을 대지 않아도 인식되는 비접촉식 지문 리더도 출시되었다.

사람의 눈에서 빛의 양을 조절하는 홍채는 고유의 홍채 특징적 무늬 패턴 및 망막의 모세혈관 모양 등이 지문 패턴보다 훨씬 다양해서 식별력과 보안성이 우수하다. 홍채 인식으로 잠금을 해제하거나 은행 이체 업무를 돕는 등 다양한 보안 서비스로 이용되는 중이다.

얼굴 인식 기술은 생체인식 기술 분야에서 가장 인기 있고 엔터테인먼트 측면에서도 각광을 받고 있다. 얼굴 인식은 장비와 직접 접촉하지 않아 위생적이고 편의성이 높으며 카메라만 있으면 먼 거리에서도 본인 확인이 가능하다.

현재의 얼굴 인식 기술은 정면 얼굴일 경우 95% 이상 인식이 가능하다. 인식 속도는 2000년대 초반 0.5초당 1명의 얼굴 인식이 가능했다면 현재는 0.001초당 1명의 얼굴 인식이 가능하다.

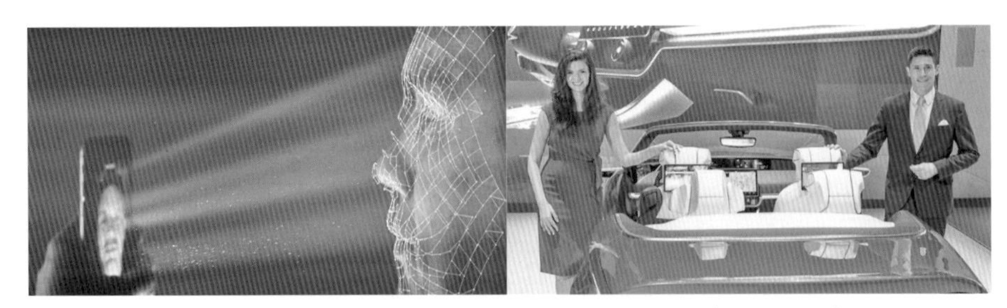

[그림 2-127] 탑승자의 얼굴을 자동으로 인식하는 '디지털 콕핏'
출처: 삼성디스플레이 뉴스룸(2020.01.14.)

33) 생체인식 기술 소개, 아바타 만드는 얼굴 인식 앱 Meing 추천!, 작성자 P군

생체인증은 비밀번호를 설정해야 하는 불편함이 없고 모방·복제가 매우 어려우며 도난·분실 염려가 없어 보안성이 우수하다.

3.3 위치정보 기반(LBS, Location-based service) 기술

무선통신망을 기반으로 위치 확인 기술(LDT, Location Determination Technology)를 이용하여 이용자나 주요 대상물의 위치를 파악하고 이와 관련된 특정 정보를 제공하는 응용 시스템 및 서비스의 통칭이다.

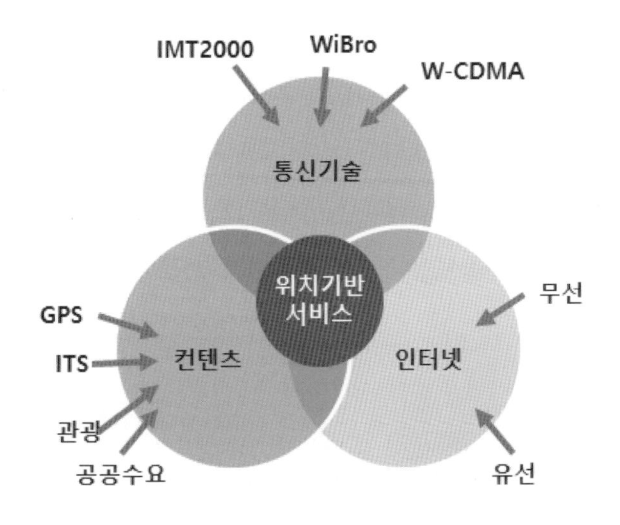

[그림 2-128] 위치정보 기술

출처 : http://it.chosun.com/site/data/html_dir/2019/05/17/2019051702263.html

버스 도착 정보 알림 시스템은 버스에 GPS 단말장치를 설치하여 버스의 위치를 실시간으로 파악하고, 이 정보를 교통정보센터로 전송하여 운행 정보를 계산하여 발송하는 시스템으로 위치 기반 기술의 대표적인 예이다.

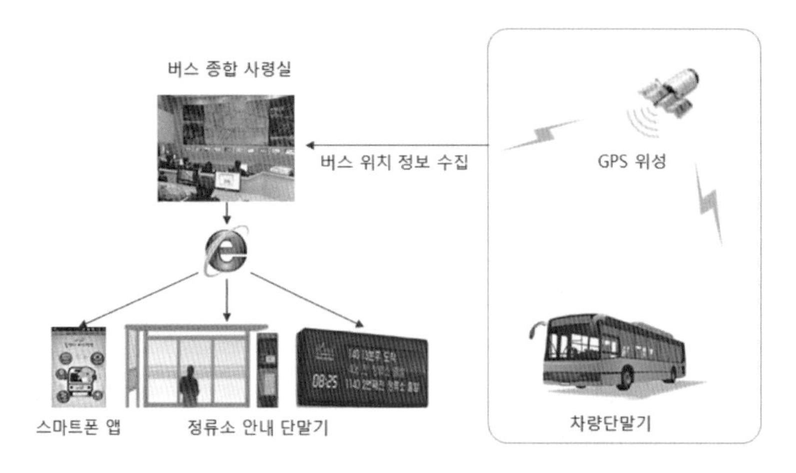

[그림 2-129] 위치 기반 기술, 버스 정보 시스템

모빌리티 통합 플랫폼 '고고씽'을 운영하는 매스아시아는 자전거와 킥보드에 GPS(위치 기반 서비스)를 부착했다. 별도 거치대 없이 이용이 끝나면 서비스 지역 내에 주차하면 된다. 위치 정보를 기반으로 바로 찾아 다른 이용자가 이용할 수 있기 때문이다.

중고 거래 플랫폼 당근마켓도 위치 정보가 핵심이다. 당근마켓은 이용자가 사는 지역을 GPS 기반으로 인증한 뒤 약 4㎞ 내 인근 이용자와만 물품을 직거래할 수 있도록 했다. 지역 자영업자들이 당근마켓 내 광고를 노출하는 '지역광고' 서비스도 마찬가지다. 광고를 집행한 자영업자가 위치한 지역 이용자들에게만 해당 광고가 노출된다.

[그림 2-130] 공유 전동킥보드, 고고씽

[그림 2-131] 당근마켓 앱

전 세계적으로 많은 인기를 끌었던 포켓몬 GO 게임 또한 사용자 휴대폰에서 GPS 위치 정보를 인식하고, 그 위치 정보를 기반으로 현실세계에 가상세계를 접목하는 증강현실을 이용한 것으로 위치 기반 기술을 사용한 예이다.

국내에서도 LBS를 이용한 애플리케이션으로 '카카오택시'가 있다.

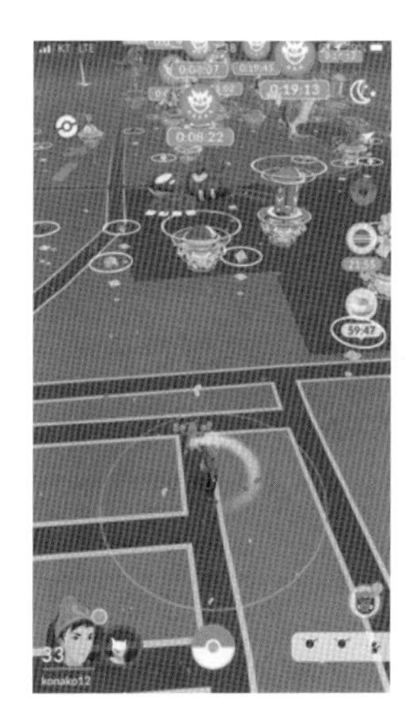

[그림 2-132] 포켓몬 고 패스트 2020

출처: https://blog.daum.net/tmddn1708/19112(2020.07.31.)

[그림 2-133] 카카오택시

출처: 카카오T 크루 모집 안내 웹페이지 캡쳐

[그림 2-134] 카카오T 택시 로고

대부분 지도 앱은 GPS에 의존하여 사용자 현 위치를 확인하는데, 도심 환경에서는 음영 지역, 고층 건물의 신호 간섭으로 정확한 결과를 내지 못한다. 또한 GPS의 단점은 위치(location)는 알려주지만 방향(orientation) 정보 제공은 어렵다. 구글은 머신러닝 기반으로 자동으로 풍경에서 집중해야 할 부분을 결정하고, 변동성이 낮은 특징(feature)에 우선순위를 부여한다고 한다.[34)]

3.4 정보 구축 및 가공의 정보 처리 기술과 빅데이터

IT 기술이 급속도로 발전함과 동시에 센서, RFID, 소셜 네트워크, 미디어 콘텐츠 등으로부터 폭발적인 디지털 데이터의 증가가 나타났다.

빅데이터란 디지털 환경에서 생성되는 데이터로 그 규모가 방대하고, 생성 주기도 짧고, 형태도 수치 데이터뿐 아니라 문자와 영상 데이터를 포함하는 대규모 데이터를 말한다.

빅데이터는 기존의 데이터와 속성이 달라 데이터 수집, 저장, 처리, 분석, 시각화하는 데 새로운 방법과 기술들이 필요하다.

아래 [그림 2-135]는 빅데이터를 처리하는 과정을 분류한 것이다.

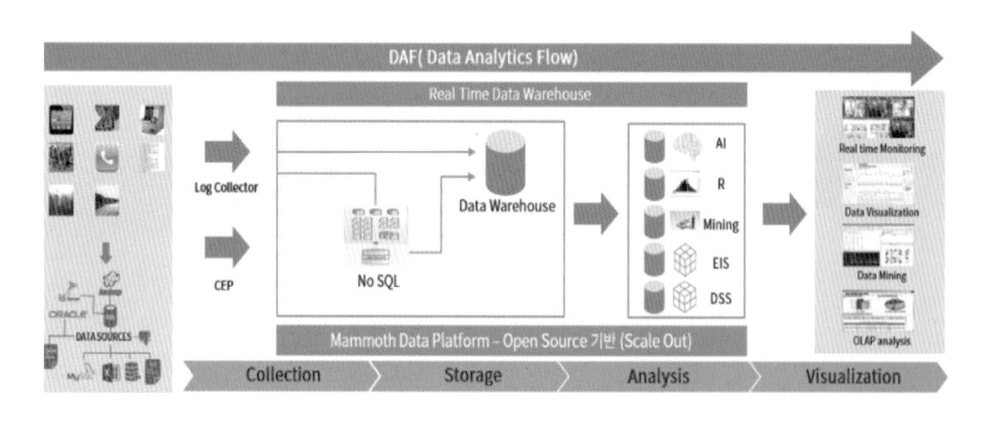

[그림 2-135] 빅데이터 처리 과정
출처: http://www.timesoft.co.kr, 재편집

34) https://www.mobiinside.co.kr/2019/08/28/it-ar/

빅데이터는 2010년대 이후 인공지능 기술 발전을 촉진시키면서 그 중요성이 확대되었으며, 인공지능, IoT, 클라우드와 더불어 지속적으로 발전할 것으로 전망된다. 빅데이터는 데이터 개방 · 유통 · 공유할 수 있는 플랫폼의 발전과 인공지능 분석의 다양화로 초연결 기술의 실시간성과 초연결 지능화를 달성하는 방향으로 발전할 것으로 전망된다.

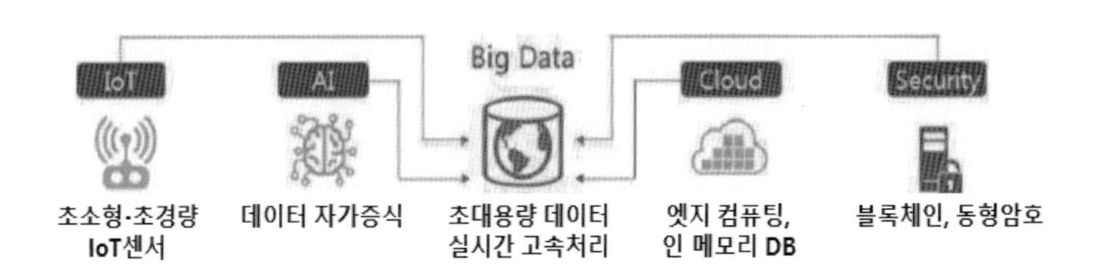

[그림 2-136] 빅데이터와 타 기술의 연결
출처: ICT R&D 기술로드맵 2023

3.5 보안(Security)

PC, 스마트폰 등 개별 단말과 모든 종류의 사물에 통신 기능을 접목해 실시간으로 원격 감시 및 시스템 자동화 등을 실현하는 사물인터넷은 사물이 서로 통신하고 지능(Intelligence)형 인터페이스를 갖게 되면 사물은 기존의 자신의 특성에서 새로운 성질을 갖게 된다. 새로운 성질에서 얻은 특성은 인간에게 편리함과 유용함을 주게 되지만, 그 이면에 존재하는 개인의 프라이버시와 IoT 보안 위협도 현실이며, 늘 염두에 두고 예방해야 한다.

최근에는 IoT 도입과 관련하여 보안을 위협하는 사례가 언론에 빈번하게 보고되고 있어, 이에 대한 우려가 더욱 커지고 있다.

[그림 2-137] 초연결시대의 보안 위협
출처: sktinsight.com

3.6 온톨리지(Ontology)

온톨로지는 실제라는 의미의 'Onto'와 학문이란 뜻의 'Logia'의 합성어이다. 사물 간의 관계 및 여러 개념들을 컴퓨터가 이해하고 처리할 수 있도록 컴퓨터용 언어 형태로 표현한 것을 말한다.[35]

사람들이 이해하는 의미, 예를 들면 감정을 표현하는 단어로 "벅찬, 김빠진, 꿀꿀한, 약 오르는 등" 컴퓨터가 이해하도록 하는 기계가 이해하는 언어로써 어느 개인에게 국한되는 것이 아니라 그룹 구성원이 모두 동의하는 개념으로 개발된다. 온톨로지 기술을 통해서 기계도 사람처럼 복잡한 의미를 이해하고 새로운 사실을 학습할 수 있는 인공지능 기술로 나아가는 기초가 된다. [36]

---

35) 디지털투데이(2021.02.16.) https://www.digitaltoday.co.kr/news/articleView.html?idxno=263941
36) 사물인터넷의 빅데이터 개론, 박영희, 2017

온톨리지는 시맨틱 웹[37]을 구현할 수 있는 도구로써 RDF, OWL, SWRL등의 언어를 이용해 표현한다.

온톨리지는 유비쿼터스 컴퓨팅, 지식 정보 검색, 시스템 통합, 지식 관리 시스템, 멀티미디어 정보 처리, 시맨틱 블로그 및 커뮤니티, 시맨틱 데스크탑, 의미 기반 전자상거래 등 여러 분야에 사용된다.

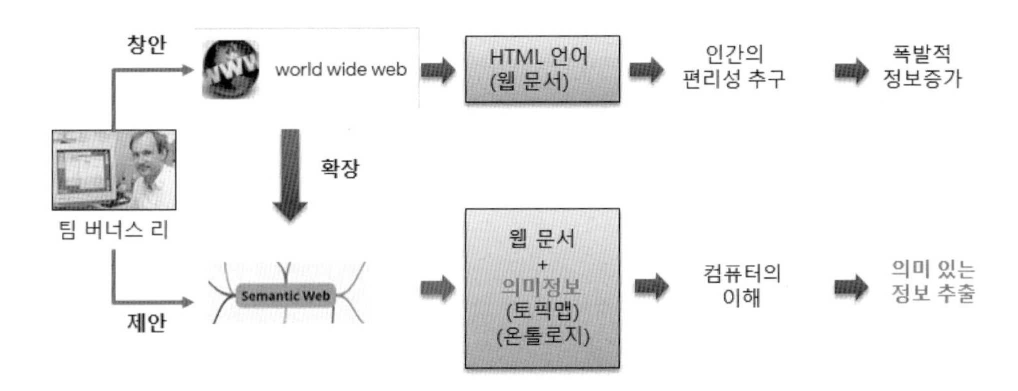

[그림 2-138] 시맨틱웹
출처: www.frotoma.com

37) 시맨틱 웹(Semantic web): 현재의 인터넷과 같은 분산 처리 환경에서 웹 문서, 각종 파일 및 서비스 등 리소스에 대한 정보와 자원 사이의 관계(Semanteme)를 컴퓨터가 처리할 수 있는 온톨로지 형태로 표현하고 처리하도록 하는 프레임워크를 말한다.

4. 사물인터넷의 플랫폼(Platform) 기술

사물인터넷 플랫폼 기술은 OSI 참조 구조에서 애플리케이션 계층에 속하는 기술로서 통신 모듈을 장착한 임베디드 장치와 게이트웨이, 서버를 중심으로 서로 간의 메시지 교환을 통해 사물들의 데이터 수집, 검색, 분석, 제어, 장치 관리 등의 기능을 제공하는 미들웨어 기술로서 정의할 수 있다.

4.1 사물인터넷 플랫폼 개요 및 구조

IoT 플랫폼은 IoT 서비스의 기술적인 기반을 제공하는 플랫폼으로 IoT 비즈니스(서비스)와 기술(하드웨어 및 소프트웨어)을 연결할 수 있는 기반을 제공해 여러 개의 서비스들을 묶어서 하나의 공통적 플랫폼을 제공하면 초기 비용과 시간을 절약할 수 있을 뿐 아니라, 운영과 유지에 따른 관리 비용을 절약할 수 있고 환경 변화에도 신속하게 대응할 수 있다.

스마트시티, 스마트홈, 스마트빌딩, 스마트 미터링, 에너지 등의 많은 분야에서 활용되고 있다.

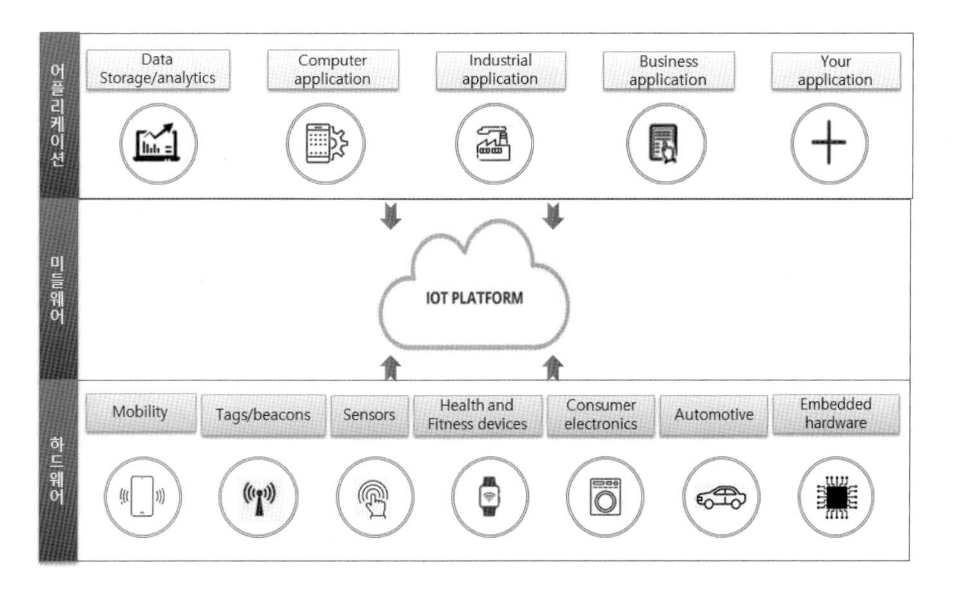

[그림 2-139] IoT 플랫폼의 위치와 역할
출처: https://medium.com/schaffen-softwares/part-4-iot-platforms-b8f2c4e4639b(2020.5.16.)

4.2 개방형 IoT 플랫폼 기술

개방형 IoT 플랫폼이란 기술적 요소가 아닌 플랫폼의 운용적 측면에서 개발 업체들이 개인, 개발자, 기업 등 IoT 기술과 서비스를 개발하는 사용자들에게 자신들의 플랫폼을 오픈하여 사용자들이 쉽게 사용할 수 있는 인터페이스를 제공한다. 개발자들은 플랫폼에 연결된 다양한 디바이스와 앱을 상호 공유할 수 있고, IoT 디바이스에서 수집된 정보를 기반으로 다양한 응용 소프트웨어를 개발할 수 있다. 또한 더 나아가 인터페이스의 개방과 함께 코드의 개방화를 통해 스스로 진화하는 플랫폼을 유도하는 것이 중요하다.

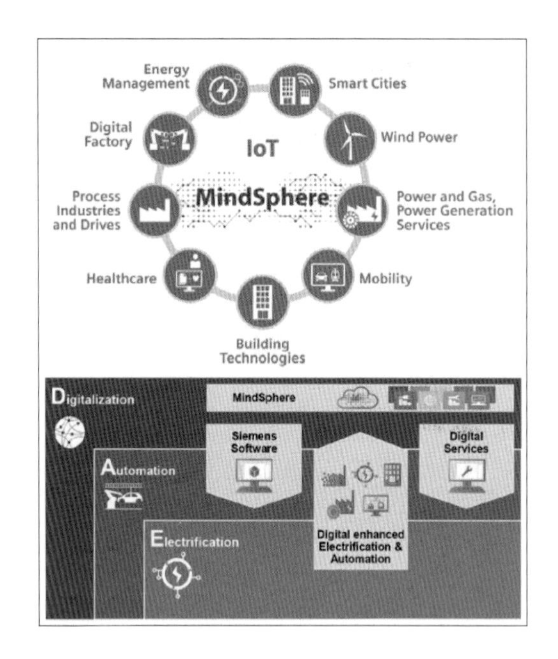

[그림 2-140] 지멘스의 개방형 IoT 운영 시스템, 마인드스피어(MindSphere)
출처: https://www.elec4.co.kr/article/articleView.asp?idx=19891

4.3 사물인터넷 플랫폼 사례

4.3.1 국내 업체 중심 사물인터넷 플랫폼

2020년 4월 한국IDC는 최근 발간한 〈국내 IoT 플랫폼 시장 전망 보고서〉에서 2019년 국내 IoT 플랫폼 시장 규모는 전년 대비 19.5% 증가한 7,540억 원에 이른다고 밝혔다. 2026년까지 16.1%의 연평균 성장률을 보이며 1조 3,308억 원에 이를 것으로 내다봤다.[38]

38) 한국IDC,2020.04.01.

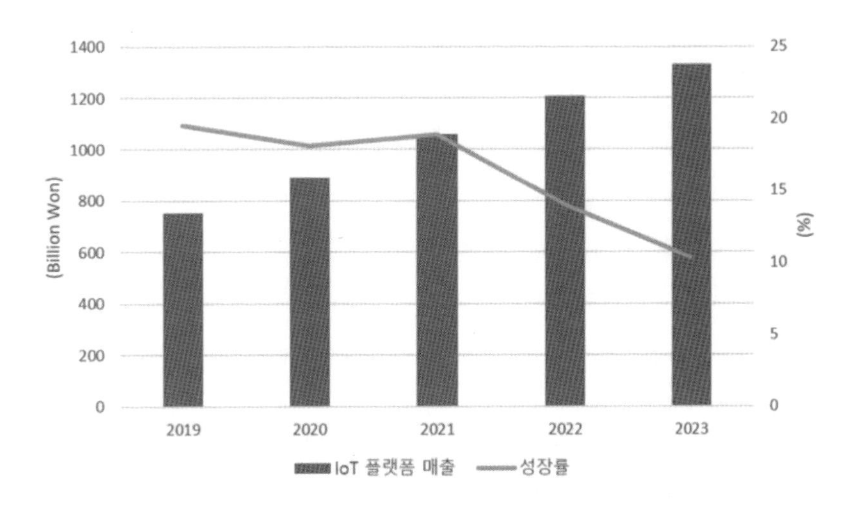

[그림 2-141] 국내 IoT 플랫폼 시장 전망
출처: IDC, 2019

1) 삼성전자의 SmartThings

기존에 존재하던 삼성 커넥트, 아틱 등의 플랫폼들을 클라우드로 통합한 플랫폼으로 모바일 앱으로 모든 IoT 디바이스를 연동하여 조작 가능하다.

빅스비를 연계하여 각종 IoT 디바이스들을 음성 인식을 통해 제어할 수 있다.

디바이스 제어

커뮤니티 알림

에너지 모니터링

[그림 2-142] 삼성전자 홈 IoT SmartThings
출처: 삼성전자 홈페이지

삼성SDS의 'Brightics IoT Core'는 대용량 IoT 데이터 수집과 처리가 가능한 플랫폼으로, 제조용 IoT 디바이스와의 연결·관리, 수집된 데이터를 통해 외부 애플리케이션과 연계를 위한 개방형 개발 환경을 제공하여 제조 환경에 적합한 서비스를 제공한다.[39)]

또한, 수집된 데이터를 'Brightics AI' 플랫폼과 연계하여 자연어 처리, 딥러닝을 활용한 비주얼 분석을 통해 지능화된 서비스를 제공한다.

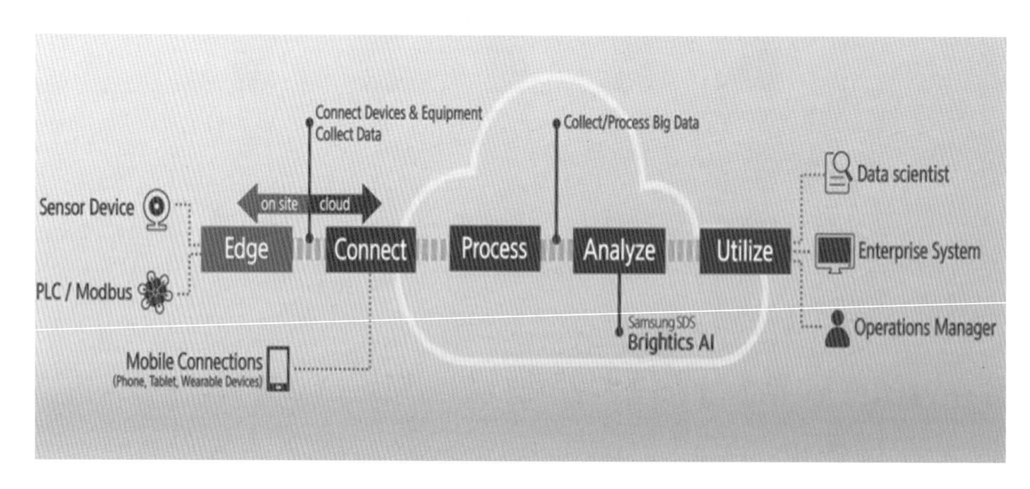

[그림 2-143] 삼성 SDS의 Brightics IoT

출처: https://www.samsungsds.com/global/ko/solutions/bns/IoT/IoT.html

2) LG CNS의 인피오티(INFioT)

디바이스 및 다양한 IoT 환경을 고려하여 대용량 센싱 데이터를 실시간으로 수집/전달 및 관리하고, IoT 서비스 개발 편의도구를 통해 지능화 서비스와 연계한다.

디지털트윈 기술을 지원하고 HTTP, MQTT, CoAP, Modibus, BACnet, SNMP 등의 다양한 프로토콜을 지원하고 LWM2M 어댑터를 통한 NB-IoT를 지원, HTML5 기반의 UI Builder를 제공한다.

39) 삼성SDS(2020), "https://www.samsungsds.com/global/ko/solutions/bns/IoT/IoT.html"

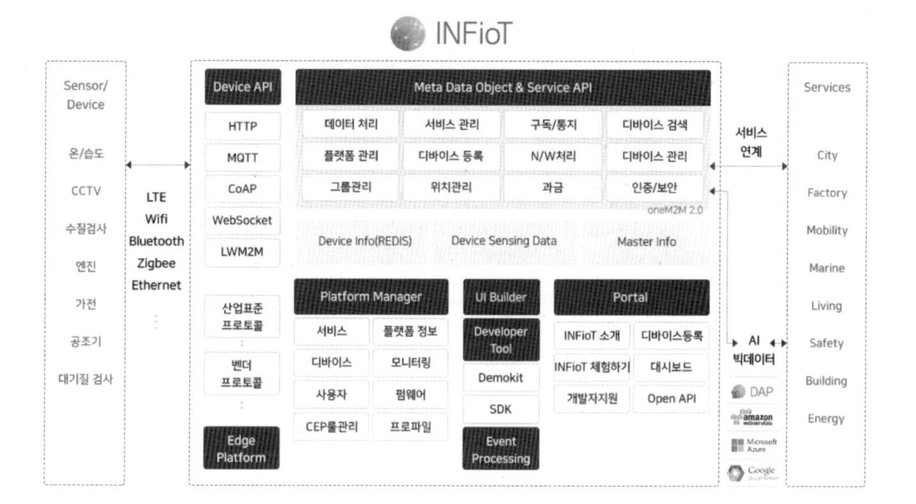

[그림 2-144] LG CNS의 인피오티 플랫폼

출처: LG CNS 홈페이지

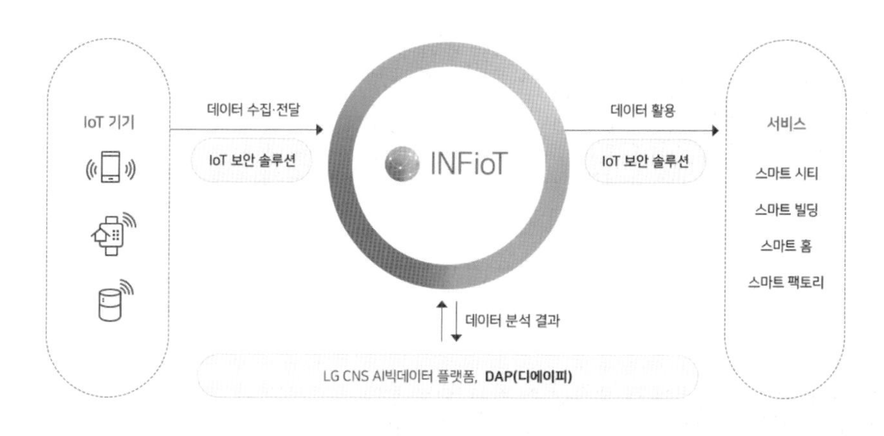

[그림 2-145] LG CNS의 인피오티 플랫폼 구조

출처: LG CNS 홈페이지

3) KT의 IoTMakers

다양한 기기와 센서를 연결하는 IoT 서비스를 손쉽게 구현하도록 지원하는 플랫폼으로, 기가지니 홈 IoT, 에어맵 코리아, 스마트시티, 에너지, 보안 등 주요 플랫폼 사업에 적용하다. 기업용(B2B), 정부기관용(B2G) 등 고객 수요에 맞춰 구축형 또는 클라우드형으로 서비스한다.

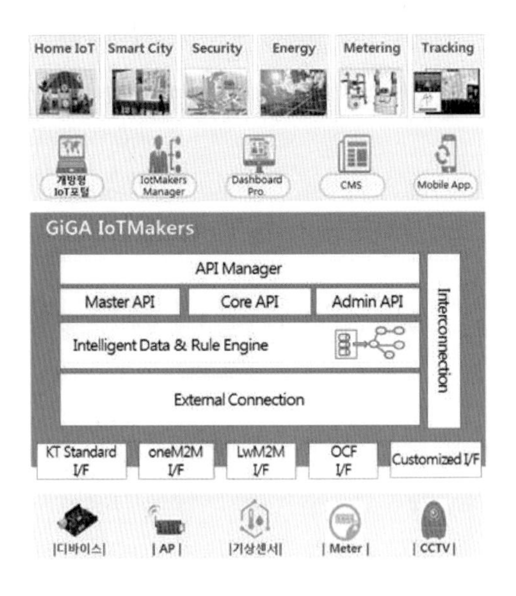

[그림 2-146] KT, IoTMakers 개념도
출처: https://www.etnews.com/20181206000130

4) SKT의 ThingPlug

SKT 인프라와 누적 데이터를 기반으로 IoT 서비스를 지원한다. LoRA 디바이스와 연동 기능을 지원하며 계층별 개발용 리소스, 시각화 도구, 앱 빌딩 솔루션, 데이터 분석 도구를 제공한다

개발자는 ThingPlug 웹 포털에서 제공하는 SDK(Software Development Kit)를 기반으로 마더보드, 센서 등을 구입해 자신만의 사물인터넷 디바이스를 제작할 수 있으며 자신에게 필요한 서비스를 직접 개발할 수 있다.

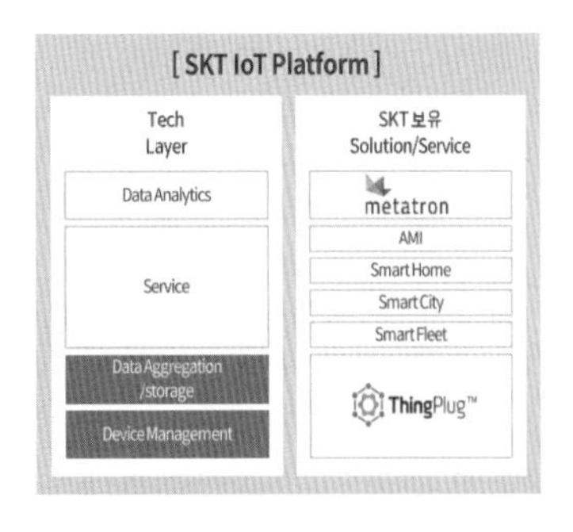

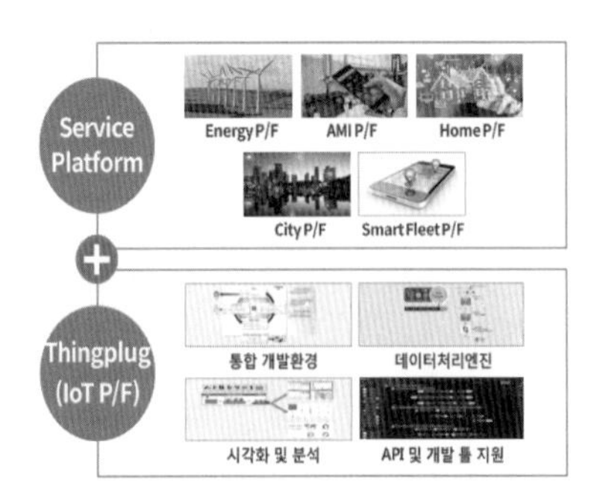

[그림 2-147] SKT의 ThingPlug의 Platform Infra
출처: http://b2b.tworld.co.kr/files/images/solution/conference/T1_S2.pdf, ALL Things Data Conference 2018

4.3.2 국외 업체 중심 사물인터넷 플랫폼

세계 IoT 시장 규모는 2018년 7,255억 달러로 전년 대비 14.9% 성장했으며, 2016~2022년까지 연평균 12.8% 성장하면서 1조 1,933억 달러에 달할 것으로 전망하고 있다.

1) 구글의 Cloud IoT

구글은 자사의 IoT 플랫폼을 구글 클라우드 플랫폼의 최상에 두어 에지와 클라우드를 활용한 데이터를 연결, 처리, 저장, 분석하여 지능형 IoT 서비스를 제공한다. Google Big query를 사용하여 비즈니스 민첩성 및 의사결정 속도를 향상시키고, Google 지도를 활용한 위치 기반의 IoT 솔루션 제공, TensorFlow를 활용한 머신러닝 서비스를 제공한다.

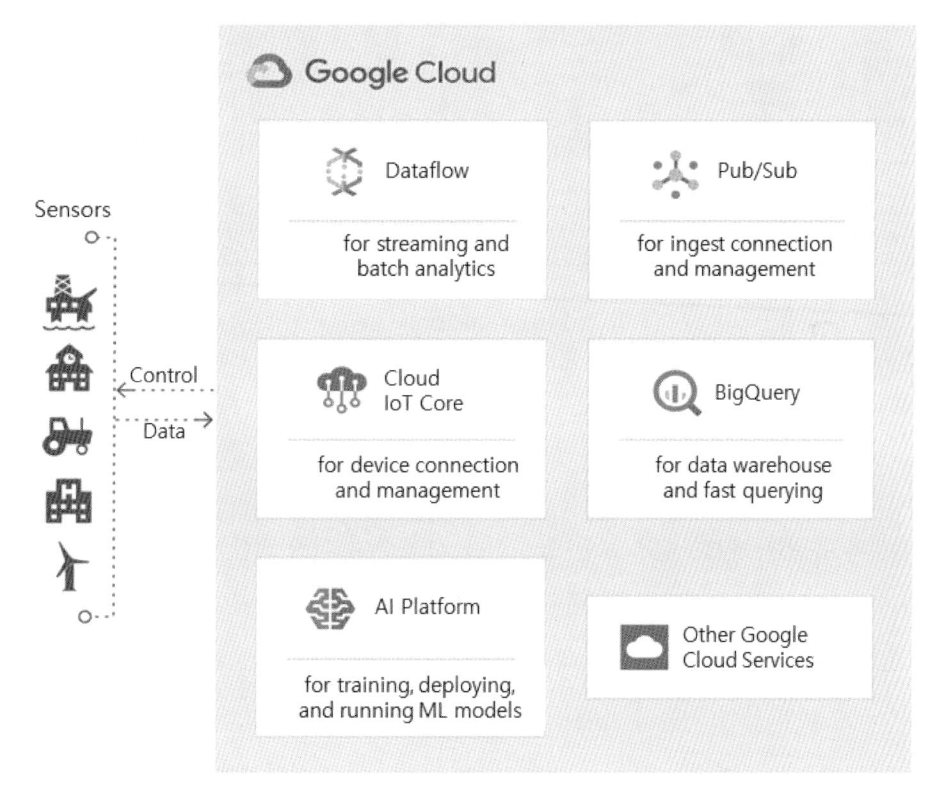

[그림 2-148] 구글의 Cloud IoT

출처: cloud.google.com

2) Amazon의 AWS IoT

AWS IoT Rule 엔진을 활용하여 디바이스 데이터를 저장·분석·예측할 수 있으며 Pub/Sub 모델을 채용하여 낮은 전력, 낮은 대역폭 환경에서의 성능 향상, Amazon CloudWatch, Amazon DynamoDB 등의 아마존에서 제공하는 클라우드 및 DB와 연계한 서비스 제공이 가능하다. 또한, 로컬 이벤트에 신속히 반응할 수 있으며 오프라인 운영이 가능하다.

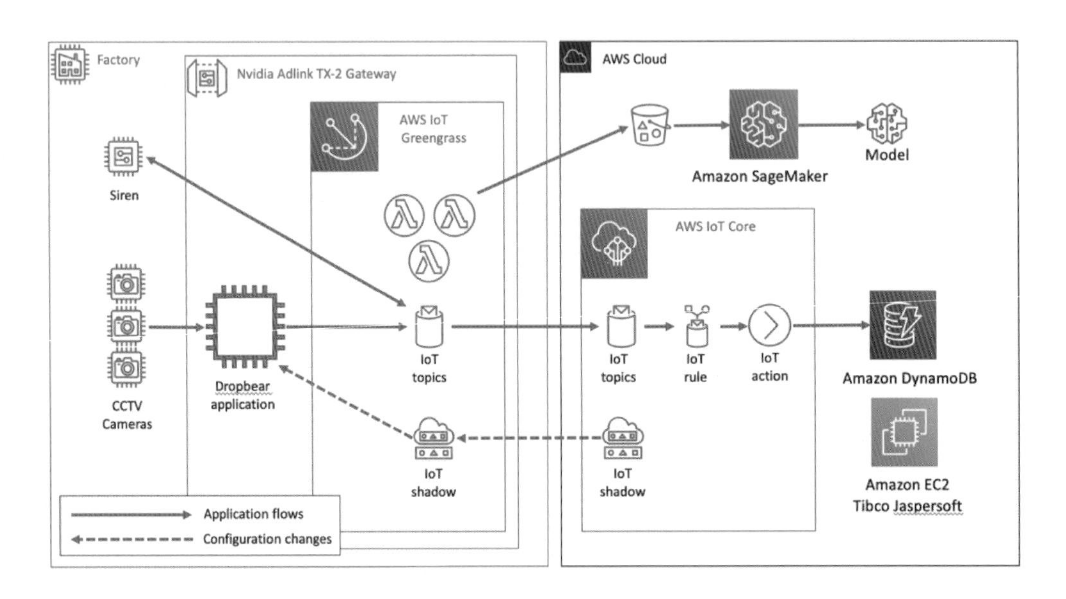

[그림 2-149] Amazon의 AWS IoT

출처: megazone cloud,"AWS IoT Core 및 AWS IoT Greengrass를 통한 산업 안전의 향상",(2019.09.02.)

3) Microsoft의 Asure(애저) IoT

IoT 업계의 유일한 엔드투엔드 보안 솔루션을 사용하여 더 안전한 애플리케이션 빌드 가능하다. 클라우드 플랫폼인 애저는 전 세계의 Microsoft 데이터 센서에서 응용 프로그램을 빌드하고 배포·관리할 수 있으며 기업은 애저를 통해서 PaaS(Plalform as a Service), IaaS(Infra as a Service) 방식으로 다양한 기능의 플랫폼과 인프라를 제공한다. 또한, Azrure IoT Edge를 활용한 에지 디바이스로 데이터를 분산 처리하여 지연 시간을 개선하였으며 에저 머신 런닝을 통해 누구나 효율적인 비용으로 머신러닝을 이용할 수 있도록 하였다.

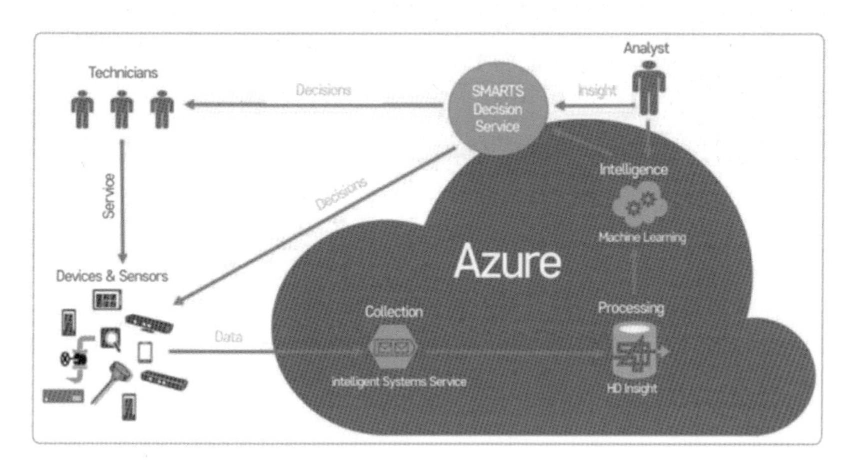

[그림 2-150] MS의 Azure IoT 플랫폼 구성도

출처: Microsoft

4) GE사의 IoT

클라우드 기반의 최초의 개방형 산업인터넷 플랫폼인 '프리딕스(Predix)'를 개발하여 가상과 현실의 연동을 통한 지능화 서비스를 제공하며, 프리딕스를 통해 항공기 엔진이나 철도, 선박 제품에 센서를 부착하여 IoT를 구현하였으며, 디지털 트윈(Digital twin) 개념을 만들어 수집된 데이터를 분석과 제어에 활용하였다.

스마트 제조 엣지에서 예측 분석을 실행시킬 수 있는 프리딕스 엣지를 출시하였다.[40]

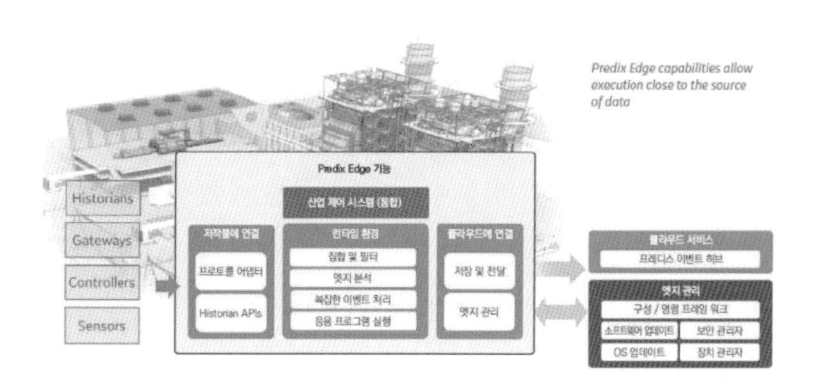

[그림 2-151] GE사의 프리딕스 엣지 기능 및 연동 구조

출처: GE(2019), "https://www.ge.com/digital/iIoT-platform/predix-edge"

40) KISTEP 기술동향브리프(2020.10), "제조용 IoT"

5. 사물인터넷의 스마트 디바이스(Device) 기술

최근 건강, 의료, 운동, 패션, 가구, 가전 등 새로운 서비스를 위한 다양한 IoT 디바이스들이 출시되고 있다.

사물에 부착 또는 내장되는 IoT 디바이스는 센서/액추에이터, 전원 모듈, 디바이스 플랫폼, 통신 모듈, 네트워크 및 상황인식 기반의 지능화 기술로 구성되고 서비스 환경과 사물의 형태에 따라 다양한 성능을 요구하고 있다. 최근에 스마트폰과 연계되는 개인화 서비스를 중심으로 다양한 IoT 디바이스 제품과 개방형 디바이스 플랫폼이 개발되고 있다.

다양한 제품과 산업에서 활용되고 있는 대표적인 디바이스 기술에 대해 알아보자.

5.1 드론(Drone)

드론은 처음에 공군의 미사일 폭격 연습 대상으로 쓰이다가 점차 정찰기와 폭격기 용도로 활용되었다. 오늘날에는 단순 레저·취미용에서 벗어나 촬영, 배송, 교통업, 농업, 방송업 등 다양한 산업 영역에서 활용되고 있다. 하지만 민간용 드론은 허가 제도, 운행 정책 미비 등 제도적인 인프라가 아직 미흡하여 농업 방제 작업, 배송 서비스 등 제한적인 분야에서만 상업용으로 활용되고 있다.

5.1.1 드론의 개요

드론은 무선전파로 조종할 수 있는 무인 항공기이다.

'드론'이란 영어 단어는 원래 벌이 내는 '웅웅'거리는 소리를 뜻하는 것인데, 작은 항공기가 소리를 내며 날아다니는 모습을 보고 이러한 이름을 붙였다. 최근에는 로터(회전 날개) 4개를 이용해 추진하는 멀티콥터와 같은 개념으로 쓰이기도 하며, 카메라를 탑재하여 '헬리캠'이라고도 한다.

드론은 국토교통부 항공법상에서 초경량 비행 장치 중 무인 비행 장치로 분류되며 무게 150kg 이하로 규정되어 있다. 미국, 중국, 일본 등 드론 비행 규제가 우리나라와 유사하게 운영되고 있다고는 하나 서울 대부분은 드론 비행이 금지되거나 제한되는 구역에 속한다. 항공 촬영까지 하려면 비행 허가와는 별도로 촬영 허가까지 필요하다.

구 분	한 국	미 국	중 국	일 본
기체 신고·등록	사업용 또는 자중 12kg 초과	사업용 또는 250g 초과	250g 초과	비행승인 필요시 관련 증빙자료 제출
조종자격	12kg 초과 사업용 기체	사업용 기체	자중 7kg 초과	비행승인 필요시 관련 증빙자료 제출
비행고도 제한	150m 이하	120m 이하	120m 이하	150m 이하
비행구역 제한	서울 일부(9.3km), 공항(반경 9.3km), 원전(반경 19km), 휴전선 일대	워싱턴 주변(24km), 공항(반경 9.3km), *워싱턴 공항(28km) 원전(반경 5.6km), 경기장(반경 5.6km)	베이징 일대, 공항주변, 원전주변 등	도쿄 전역 (인구 4천명/km^2 이상 거주지역), 공항(반경 9km), 원전주변 등
비행속도 제한	제한 없음	161km/h 이하	100km/h 이하	제한 없음
야간, 비가시권, 군중 위 비행	원칙 불허 예외 허용 * 특별승인제 도입 위험한 방식의 비행금지	원칙 불허 예외 허용	원칙 불허 예외 허용 * 클라우드시스템 접속 및 실시간 보고 필요	원칙 불허 예외 허용 * 사람, 차량, 건물 등과 30m 이상 거리 유지
드론 활용 사업범위	제한 없음 (국민의 안전·안보에 위해를 주는 사업 제외)	제한 없음	제한 없음	제한 없음

[표 2-12] 국가별 드론 관련 규제 비교(2018년 기준)
출처: 스마트 드론 서비스 시장 현황 분석 보고서(2018.05)

[그림 2-152] 2018년 평창동계올림픽 군집 드론쇼
출처: 방송화면 사진 갈무리

5.1.2 드론의 활용

드론은 정글이나 오지, 화산 지역, 자연재해 지역, 원자력발전소 사고 지역 등 사람이 접근하기 힘든 곳에서 많이 활용되고 있다.

또한 활용 목적에 따라 대형 비행체의 군사용이나 초소형 드론도 활발하게 개발되고 있다. 최근에는 수송 목적에도 이용하는 등 드론의 활용 범위가 점차 넓어지고 있다.

1) 중국, DJI 팬텀(Phantom) 시리즈

중국은 전 세계 드론 생산의 90% 이상을 차지하고 있을 정도로 압도적 우위를 과시하고 있다. 이중 DJI는 현재(2021년 기준) 전 세계 드론 시장 점유율 70%를 차지하며 글로벌 드론 산업을 독점하고 있다.[41] DJI는 2006년 홍콩과기대의 왕타오가 설립한 회사로, 초기에는 모형 헬리콥터의 비행 조종 시스템을 만들다가 전격적으로 소비자 드론 시장에 뛰어들었다. DJI의 핵심 제품은 소니와 협력하여 개발한 일체형 카메라를 기본으로 장착하고 있는 '팬텀시리즈'이다.

41) https://www.seoul.co.kr/news/newsView.php?id=20210319500205, 서울신문, "고난의 행군 중국 드론업체들" (2021.03.19.)

[그림 2-153] 중국 DJI의 팬텀4 Pro

출처: www.dji.com

[그림 2-154] DJI CEO 왕타오

출처: 바이두

2) 농업용, 생태계 보호 감시 및 관찰, 재난 예방 및 대응용

• 농업용 드론

농작물과 최대한 가까운 높이를 유지하면서 적외선 센서를 이용해 필요한 곳에만 골고루 농약을 살포할 뿐만 아니라 카메라를 통해 특정 지역의 일조량 및 토양 상태 등을 정밀하게 관찰할 수 있다.

• 생태계 보호 감시 및 관찰용 드론

사람이 직접 들어가기 어려운 방사능 유출 지역, 가스 검출 지역 등을 탐사하고 적조현상 감시, 공장의 오염물질 배출 현장 적발 등이나 환경 등을 모니터링하는 수요가 점점 늘면서 활발히 증가하는 분야이다.

[그림 2-155] 농업용 드론

[그림 2-156] 방제작업 및 산불, 산사태 예방 드론

출처: mkorea

[그림 2-157] 생태계 보호 감시 및 관찰용 드론

[그림 2-158] 산불 대응용 드론

3) 촬영용

세계 각국의 스포츠 촬영감독들이 올림픽에서 드론이 맹활약을 했다고 한다. 더 빠른 속도로 더 다양한 앵글의 화면을 시청자들에게 보여 줄 수 있어서 역동적인 화면 구성이 가능하다고 한다.

[그림 2-159] 촬영용 드론

[그림 2-160] 홍보 영상 및 뉴스 중개용 드론

4) 배달용

아마존은 드론을 활용하여 인구밀도가 낮은 지역에 인건비 없이 드론을 활용하여 배달 서비스를 제공하고자 했다. 첫 택배 시범 물건은 2016년 12월 영국 케임브리지에서 '프라임 에어' 앱으로 주문받은 TV 셋톱박스와 팝콘 한 봉지를 13분 만에 고객의 집 잔디 마당에 배달해 주었다고 한다.

[그림 2-161] 구글의 드론 배송업체 '윙(Wing)'의 배달용 드론

출처: Wing

[그림 2-162] 아마존의 택배 드론, 프라임 에어

출처: amazon.com

5) 기타 용도

• 구조용 드론

구조 드론이 환자 옆에 도착하면 카메라와 마이크로 의사의 설명을 들으며 응급 상황에 대처한다.

[그림 2-163] 구조용 드론

[그림 2-164] 자율주행 인명 구조 드론 넷가드

출처: 드론스타팅

• 3D 프린터, 아두이노 프로그램과 드론의 융합

아두이노를 이용하여 저렴한 비용으로 프로그램을 작성하여 제어하고 3D 프린터로 출력하여 다양한 형태의 목적에 맞게 활용할 수 있다.

DJI의 Matrice 600은 하늘을 나는 3D 프린터로 도로를 점검하면서 날아다니다가 망가진 도로에 착륙해서 손실된 도로를 3D 프린터로 보수한다.

[그림 2-165] 아두이노 교육교구, 컵드론(CupDrone)

출처: http://nogoora.com/m/2268

[그림 2-166] DJI Matrice 600, 3D 프린터를 단 드론

출처: www.youtue.com

• VR(Virtual Reality, 가상현실)과 드론의 접목

드론을 날리면서 VR을 연결하면 직접 하늘을 나는 것 같은 생생한 경험을 할 수 있다.

[그림 2-167] VR과 드론의 접목

출처: 파워업

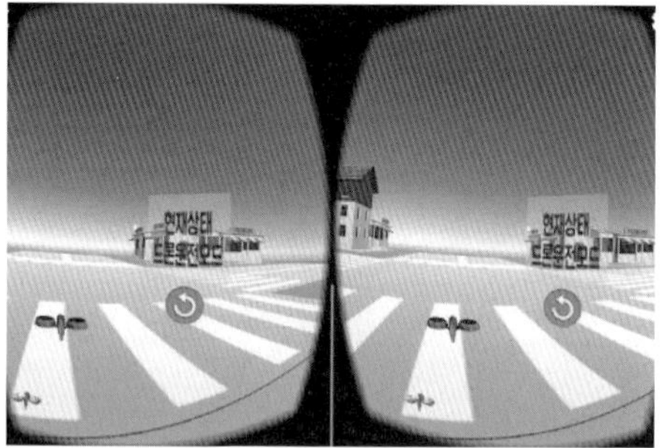

[그림 2-168] 모션 인식 VR 드론 관광

출처: https://androidappsapk.co/

• 뇌파와 드론의 접목

뇌파와 드론을 접목하면 목적지를 상상하는 것만으로 드론을 마음대로 조정할 수 있다.

뇌파 EGG(Electroencephalography)를 분석하고 인공지능과 생물 정보학 센서를 통해 개발된 유드론(UDrone)은 상상만으로 하늘을 날고, 사진을 찍을 수 있다.

[그림 2-169] 뇌-드론 경기

출처: 동영상 캡처

[그림 2-170] 생각으로 조종하는 유드론 (UDrone)

출처: Geek Starter의 블로그(2019.03.14.)

5.2 3D 프린팅(3D Printing)

3D 프린팅은 입체 도형을 적층 제조(Additive Manufacturing; AM) 기법으로 소재를 쌓아 올려 3차원 물체를 제조하는 프로세스로 기술·장비·애플리케이션을 포함하는 개념이다. 3D 프린팅 기술이 관심을 가지게 된 것은 2013년 오바마 美대통령이 "3D 프린팅은 거의 모든 사물을 제조하는 방법을 혁신할 수 있는 잠재력을 가지고 있다."라고 언급하면서부터이다.

5.2.1 3D 프린팅 공정 기술

3D 프린팅 공정 기술은 모델링(modeling), 프린팅(printing), 후처리(finishing) 기술의 3단계로 구성된다.

모델링은 컴퓨터 그래픽 설계 프로그램을 이용해서 출력하고자 하는 물체의 3차원 디지털 도면을 제작하는 기술이고, 프린팅은 모델링 과정에서 제작된 3D 도면을 이용하여 물체를 만드는 단계이며, 마무리 공정인 후처리는 제품의 완성도를 높이기 위해 필요한 작업으로 연마, 염색, 표면재료 증착 등 최종 상품화를 위한 공정의 단계이다.

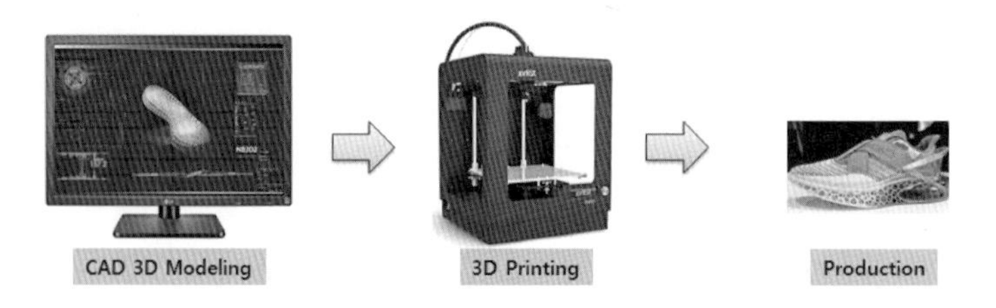

[그림 2-171] 3D 프린팅 공정 기술

[그림 2-172] 3D 프린팅 후 처리-UV 경화 램프에 의한 경화

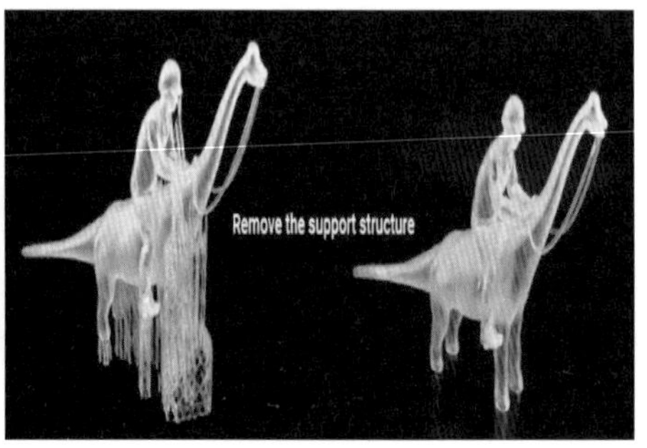

[그림 2-173] 3D 프린팅 후 처리-지지 구조 제거

출처: https://www.jtproto.com/ko/what-is-3d-printing/

3D 프린팅에 사용되는 소재로는 폴리스티렌, 나일론, ABS 등의 합성수지와 티타늄, 스테인리스, 알루미늄, 코발트 등의 금속, 그리고 박막 소재의 종이, 필름 형태의 플라스틱 등과 의료용 특수 소재, 목재, 식재료, 고무 등 매우 다양하나 플라스틱과 금속이 주를 이룬다.

5.2.2 3D 프린팅 방식

프린팅 방식은 재료에 따라 크게 액체·파우더·고체 기반의 3가지 방식으로 구분할 수 있다.

1) 광경화 수지 조형 방식

SLA(Stereo Lithography) 방식은 액체수지를 레이저로 경화하여 프린팅하는 방식으로 고가 장비로 일반인이 사용하기엔 어려움이 있다. 수조에 채워진 레진에 레이저 빛을 조사하여 경화시키면서 얇은 층을 쌓아가는 방식으로 정밀한 디자인의 치공구나 피규어와 같은 모형 제작, 쥬얼리 제작에 적합하다.

2) 선택적 소결 방식

SLS(Selective Laser Sintering) 방식은 분말을 레이저로 소결하여 프린팅하는 방식으로 베드에 도포된 파우더에 선택적으로 레이저를 쏘면 레이저에 맞은 부분의 파우더는 소결, 즉 분말을 가열하여 결합시키는 방식이다. 사용 가능한 재료가 다양하고 강도 측면에서도 장점이 있어나 고가이며 금속 재료 사용 시 표면 공정 과정이 필요한 단점이 있다.

3) 필라멘트 압출 방식

FDM(Fused Deposition Modeling)은 필라멘트형 원료를 녹여 적층 방식으로 프린팅하는 방식으로 가장 보급화된 방식이다. 주로 플라스틱 보빈(Bobbin)에 감은 형태로 사용되며 PLA, ABS가 주로 사용된다. 저렴하고 접근성이 좋아 산업 현장은 물론 교육, DIY 등 개인용으로 주로 사용하는 방식이다.

4) 재료 분사 조형 방식

MJ(Material Jetting)는 일반적으로 사용하는 잉크젯 방식의 프린터와 유사하며 빌드 트레이에 액상 형태의 포토폴리머를 분사함과 동시에 UV 램프를 조사하여 경화시키는 방식이다. 출력 과정에서 복합적인 컬러 구현이 가능하여 Polyjet(Photopolymer Jetting), CJP(Color Jet Printing), MJP(Multi Jet Printing) 등이 있다.

5) 직접적 금속 레이저 소결 조형 방식

DMLS(Direct Metal Laser-Sintering)는 레이저를 전원으로 사용하여 금속 분말을 소결하고 재료를 결합하여 단단한 구조를 만드는 방식이다.

[그림 2-174] FDM에 쓰이는 3D 프린팅 재료 필라멘트

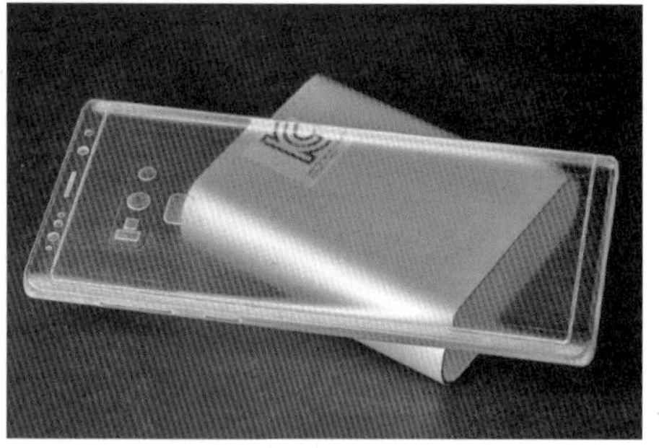

[그림 2-175] MJ 3D 프린팅 재료 초정밀 투명 레진

출처: (주)에이팀벤처스, 2019

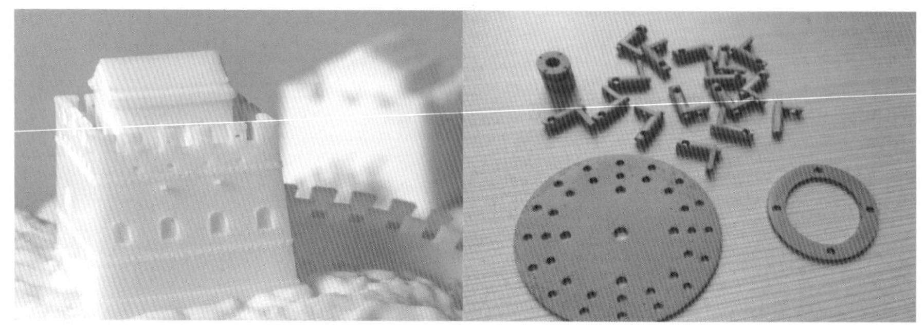

[그림 2-176] SLA 3D 프린팅 재료 일반 레진

[그림 2-177] SLS 3D 프린팅

출처: (주)에이팀벤처스, 2019

[그림 2-178] FDM 3D 프린팅 재료 PLA

[그림 2-179] FDM 3D 프린팅 재료 ABS(고강도)

출처: (주)에이팀벤처스, 2019

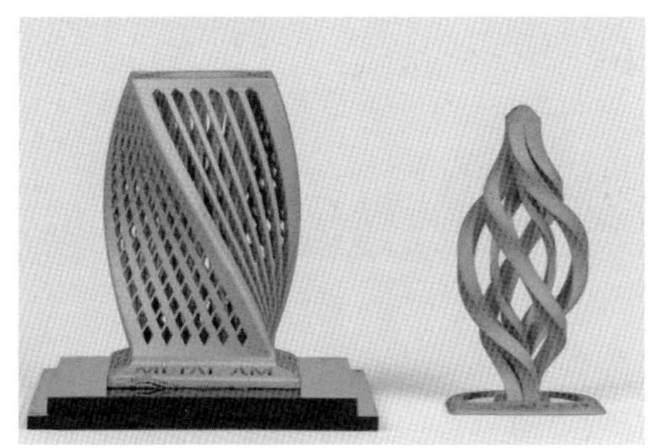

[그림 2-180] DMLS 3D 프린팅 재료 알루미늄

[그림 2-181] DMLS 3D 프린팅 재료 스테인리스

출처: (주)에이팀벤처스, 2019

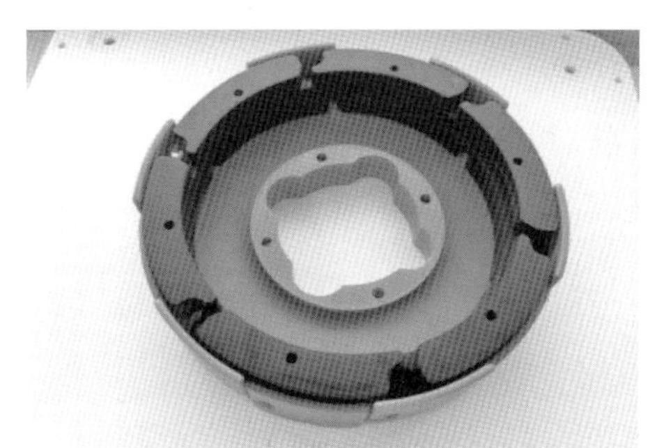

[그림 2-182] Polyjet 출력물

출처: https://bon-systems.com/newsletter&num=10

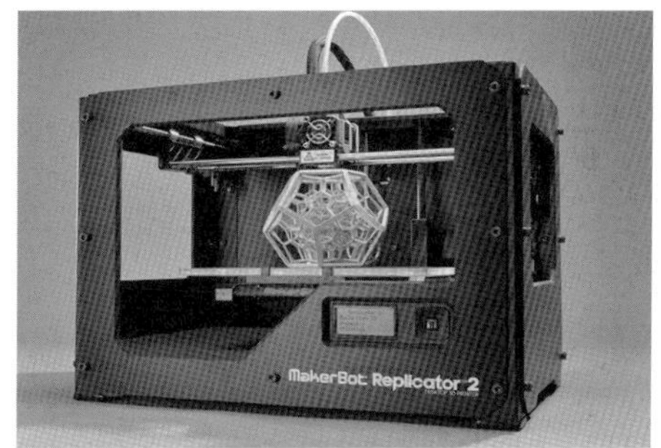

[그림 2-183] 메이크봇(Makerbot)의 FDM 방식의 3D 프린터 제품

출처: http://bizion.mk.co.kr/bbs/board.php?bo_table=trend&wr_id=114

응용 분야를 보면 다품종 소량 생산과 제품 주기가 짧아짐에 따라 설계 변경이 잦은 산업체 등에서 목형 제작이나 금형, 복제 등 제품 개발 프로세스에 적용되고 있다. 제조업 분야 외에도 생활용품, 바이오·의료, 자동차, 항공·우주(군사용), 생활 소재로 확장 추세에 있고, 공정 혁신, 제조업 생태계 변화, 디자인 혁신 등의 혁신 요소를 가진다고 하였다.

[그림 2-184] 스마트팩토리의 한 분야로 자리 잡은 3D 프린팅

출처: utoimage

[그림 2-185] 로컬 모터스, 세계 최초의 3D 프린팅 전기자동차 '스트라티(Strati)'

출처: Local Motors

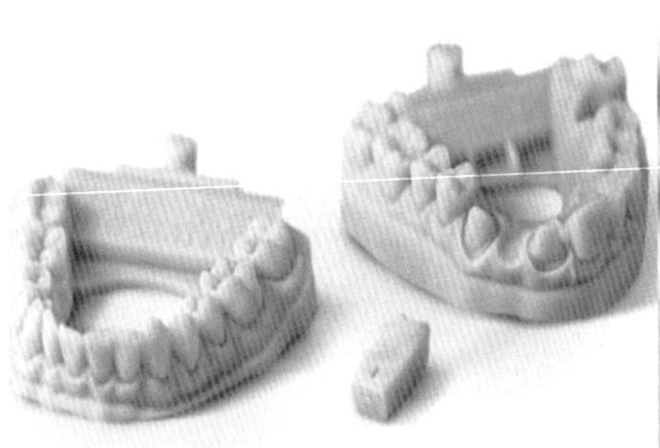

[그림 2-186] 3D 프린팅 제품 인공 치아

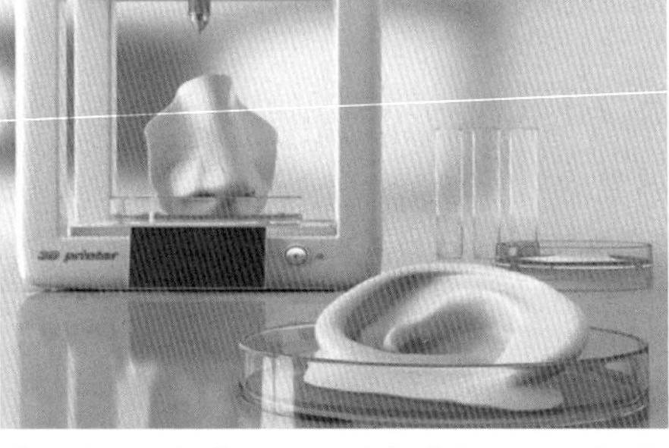

[그림 2-187] 3D 프린팅 제품 인공코와 귀

출처: 전자과학, 2018.04.03

[그림 2-188] 3D 프린팅으로 제작한 아이언맨의 슈트

출처: 한국정보문화콘텐츠기술원 공식 블로그

[그림 2-189] SLM 3D프리터로 출력된 풀리 휠 부품을 장착한 자전거

출처: FusionTech

[그림 2-190] 블랙팬서에서 3D 프린팅으로 만든 왕관과 망토

출처: 3dtalk

[그림 2-191] 3D 프린팅으로 만든 식물성 스테이크

출처: Redefine Meat

[그림 2-192] 두바이에 완공된 세계 최대 규모 3D 프린팅 건축물

출처: Apis Cor.

5.3 지능형 로봇(Intelligent Robots)

로봇(Robot)은 사람과 유사한 모습과 기능을 가진 기계, 또는 무엇인가 스스로 작업하는 능력을 가진 기계를 의미한다.

제조 공장에서 조립, 용접, 핸들링 등을 수행하는 자동화된 로봇을 산업용 로봇이라 하고, 외부 환경을 인식(Perception)하고 스스로 판단(Cognition)하여 자율적으로 동작(Mobility &

Manipulation)하는 기능을 가진 로봇을 지능형 로봇이라 한다.

	기술내용
물체인식	• 로봇내부 또는 클라우드에 저장된 학습정보를 바탕으로 물체의 영상, 물체의 종류, 크기, 방향, 위치 등 3D 공간정보를 실시간으로 파악하는 기술
위치인식	• 로봇이 스스로 공간 지각능력을 갖도록 하는 기술
조작제어	• 물건을 잡고 자유롭게 원하는 형태로 움직이는 기술
자율이동	• 외부 장애물에 관계없이 자유롭게 이동하는 기술(바퀴, 2족/4족)
Actuator	• 초소형 모터, 인공피부/근육 등 다양한 소재와 기계공학을 통해 움직임을 제어하는 기술

[표 2-13] 지능형 로봇에 사용되는 주요 기술

출처: 위키피디아 '지능형 로봇' 설명자료

5.3.1 지능형 로봇의 구성

지능형 로봇의 구성은 외부 환경 인식, 판단 및 자율 동작을 위한 지능 기술과 SW와 오감 감지, 처리 및 제어를 위한 기구·부품 기술 및 플랫폼 기술 그리고 이를 응용·서비스하는 기술로 구성된다.[42]

중분류	설명
로봇지능 기술	• 인식과 판단을 위한 인공지능, 제어 및 알고리즘, 휴먼인터페이스 등과 동작을 위한 구동 메커니즘 드을 포함
기구 및 부품 기술	• 감지, 조작, 이동, 보행 등을 위한 센서 및 엑츄에이터 등 • 시스템통합과 네트워크 환경 처리 등 플랫폼 기술
로봇 응용 및 서비스 기술	• 가사지원, 헬스케어, 교육용, 농·축산, 건설, 교통, 수중, 제조 로봇 등 다양한 로봇 응용기술

42) IITP, 4차 산업혁명 도래에 대비한 데이터 기반 기술수준 평가 및 수준향상 방안 최종보고서(2018.01.26)

5.3.2 지능형 로봇의 활용 분야

지능형 로봇은 제조업 분야에서 사용되는 산업용 로봇과 그 외 분야로 확장된 개념으로 서비스용 로봇으로 구분된다.

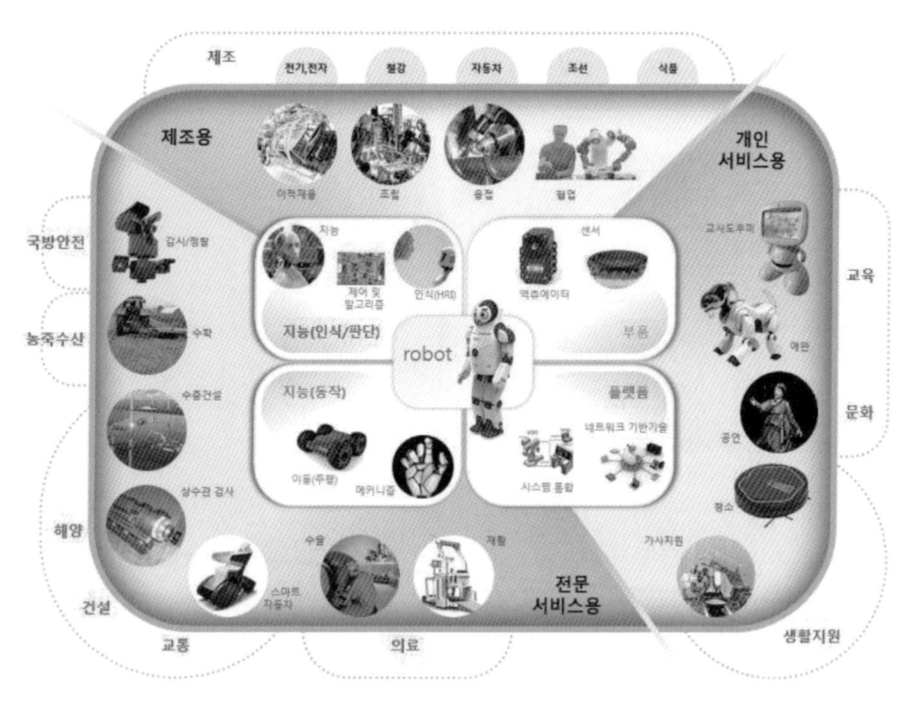

[그림 2-193] 지능형 로봇의 다양한 산업 응용

출처: 2017년 산업기술 R&BD 전략(지능형로봇분야), KEIT, 2016

1) 지능형 공장을 위한 산업용 제조 로봇

다품종 변량 생산으로 변화하는 추세에 생산 시스템의 유연성이 중요해지고 있다. 따라서 제조업 현장에서 용접, 물건 이송 등 단순 활용 단계를 넘어 사람과 협업하는 '코봇(CoBot, Collaboration Robot)' 활용이 증가했다.

로봇은 인간 대신 위험한 작업을 할 수 있으며 방호복을 입지 않고 유독 화학 물질을 취급할 수 있다.

[그림 2-194] 에이비비(ABB)의 협동 로봇

[그림 2-195] 에이비비(ABB)의 산업용 로봇

출처: motioncontrol.co.kr, 2018.12

[그림 2-196] 현대자동차 인도 공장, 산업용 협동 로봇

출처: 현대자동차

2) 가정용 · 개인용 로봇

현재 서비스 로봇 시장 중 가장 대중화되고 규모가 큰 시장으로 가정 내에 로봇이 가사를 돕기 위해 사용되고 있고 육체적인 장애를 가진 사람을 돌보는 일에도 이용된다.

진공 청소 로봇은 현재 대부분의 가전 업체들이 출시하고 있어, 서비스 로봇 중에 가장 대중화되고 성공한 분야이다.

고령화에 따른 간병인 부족 문제에 대응할 수 있는 돌봄 로봇(Care Robot)은 환자, 노인, 어린이, 1인 가구 등의 사회적 증가로 인해 수요 확대가 증가할 것이다.

신체 지원 로봇, 생활 지원 로봇, 정서 지원 로봇, 반려 로봇(캠패니언 로봇) 등 다양하게 지원하는 로봇이 상용화되고 있다.

또한 AI와 IoT 기반 기술 융합으로 감정을 공유하는 휴머노이드 소셜 로봇이 대세이며 5G 기반 클라우드 서비스로 기술을 발전시켜 나가고 있다.

[그림 2-197] 유비테크코리아, 돌봄 로봇 '알파 비타'

출처: 로봇신문, 2020.10.13.

[그림 2-198] 누와 로보틱스의 Kebbi Air 로봇

출처: http://www.aitimes.kr/news/articleView.html?idxno=17751

2019년 LG전자는 멀티 모달 감성지능을 갖춘 감성 로봇 '클로이'는 표정과 음성으로 즐거움, 슬픔 등을 표현 가능하며 아이컨택과 호출 시 몸체를 회전하는 등 기본적인 감정 인식과 표현이 가능하다.

[그림 2-199] LG전자 감성 로봇, 클로이

출처: https://live.lge.co.kr/sxsw_review02/

[그림 2-200] 휴머노이드 로봇 소피아

출처: 로이터 연합뉴스(2021.01.26.)

3) 의료용 로봇

인구 고령화가 심화되면서 현재 의료 로봇의 활용이 헬스케어의 범위로까지 확대된 의료 서비스가 환자 편의를 위한 기능 보조나 DB 활용, 케어 서비스가 가능한 의료 전문 로봇이 전 세계적으로 관심이 커지고 있다.

의료 로봇은 크게 수술 로봇, 재활 로봇, 약국 로봇, 기타 로봇으로 분류되며, 수술 로봇이 가장 큰 비중을 차지할 것이라 전망한다.[43)]

의료 로봇의 경우 고도의 정밀도와 안전성을 보장해야 하는 의료기기이기 때문에 개발부터 임상실험-승인-판매까지 오랜 시간이 소요된다.

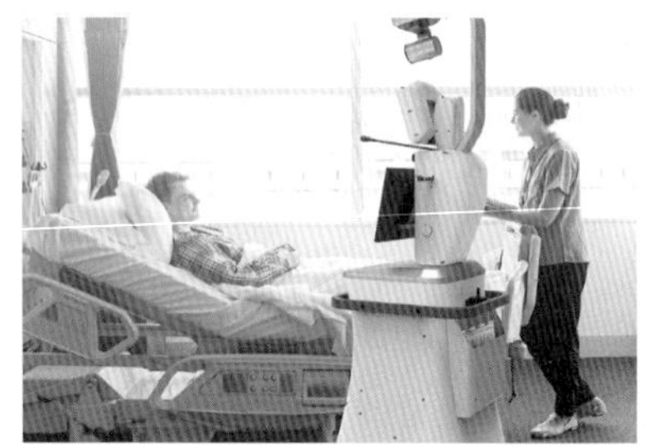

[그림 2-201] 퓨처 로봇, 환자 케어와 원격 진료가 가능한 협진 로봇 '퓨로-M'(FURO-M)

출처: medicaltimes.com, 2018.06.22.

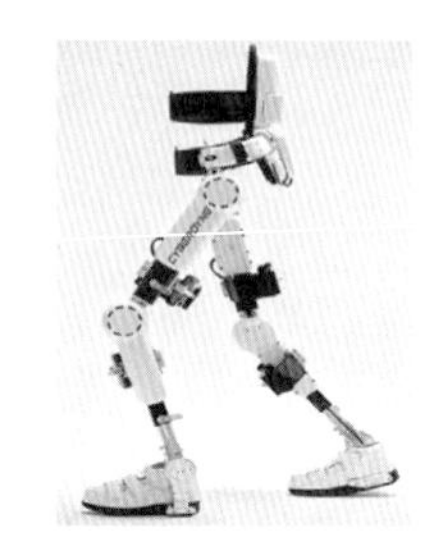

[그림 2-202] 보행보조 로봇

출처: Cyberdyne

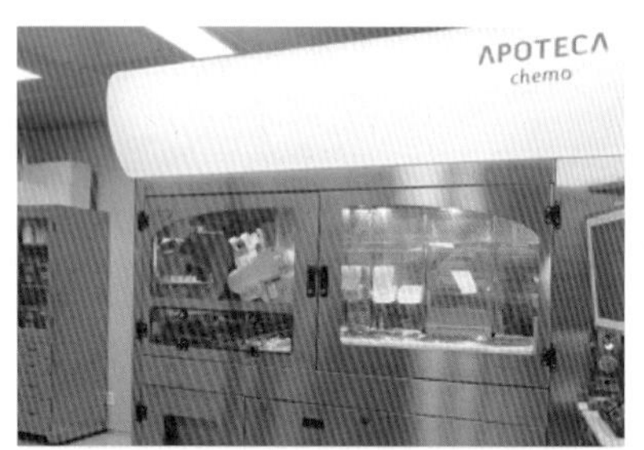

[그림 2-203] 삼성서울병원, 항암제 조제 로봇

출처: 병원약사회 홈페이지

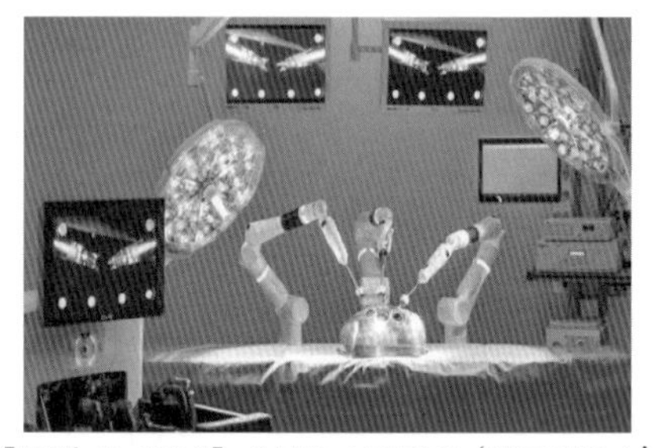

[그림 2-204] CMR 서지컬의 '베르시우스' 수술 로봇

출처: 로봇신문(2018.09.05.)

43) ICT SPOT ISSUE, The Next Big Thing, 서비스 로봇 동향과 시사점, www.iitp.kr, S17-06

4) 군사 및 탐사용 로봇

군사용 로봇은 인간을 대신하거나 보조하며, 군사작전을 수행하는 지능형 로봇이다. 기온차가 큰 야외 환경이나, 폭탄이 터지는 가혹한 환경에서 주로 작동해야 하므로 부품 내구성과 높은 신뢰성 기술을 필요로 한다. 특히 험준한 지형에서 이동해야 하므로 자율 이동 기술에 대한 높은 수준의 연구가 필요하다.

군사용 로봇은 직접 전투에 참가하는 전투용 로봇과 지뢰 제거작업과 같은 지뢰 제거 로봇, 물품의 수송을 맡는 견마 로봇(빅독등이 유명), 감시 경계 임무를 수행하는 감시 경계 로봇 등으로 분류된다.[44]

탐사용 로봇의 연구는 유럽우주항공국(ESA)은 2017년 11월 스위스 취리히 공대와 함께 공중으로 뛰어오를 수 있는 로봇 '스페이스복'을 개발했다. 이 로봇은 화성이나 달처럼 암석이 많고 운석 충돌구 때문에 바닥이 고르지 않은 지형에서 점프하며 이동, 자율주행 기능을 갖추고 있다. 지형에 따라 뛰는 높이와 보폭과 이동 속도를 조절한다.[45]

미국 샌디에이고대학은 오징어와 같은 원리로 수영하는 로봇을 개발했다. 로봇 겉면은 탄성이 있는 부드러운 재질로 늘어나면서 많은 물을 로봇 안에 저장할 수 있다. 물이 빠지면 다시 수축한다. 옆구리에는 갈비뼈 역할을 하는 유연한 구조물이 설치됐다. 스프링처럼 수축과 이완을 반복하면서 로봇이 앞으로 나아갈 수 있도록 한다. 로봇에 부착된 노즐로는 방향을 조절할 수 있다. 카메라와 센서가 설치돼 수중 탐사에 활용될 전망이다.[46]

[그림 2-205] 사족보행 전쟁 로봇, Big dog

출처: 경향신문(2021.07.04.)

[그림 2-206] 러시아의 다임무 전투 로봇, 우란(Uran)-9

출처: Rosoboronexport

44) 위키백과

45) biz.chosun.com, '우주에 뜬 증기선, 점핑하는 탐사 로봇', 2019.01.17

46) 조선에듀, 물 내뿜으며 자유자재 헤엄...수중 탐사용 '오징어 로봇' 개발, 2020.10.13.

[그림 2-207] 유럽우주항공국, 점프하는 로봇 스페이스복(SpaceBok)

출처: biz.chosun.com(2019.01.17.)

[그림 2-208] 샌디에이고대학, 오징어 로봇

출처: 조선에듀(2020.10.13.)

5) 엔터테인먼트 로봇

엔터테인먼트 로봇이란 인간과의 상호작용을 통해 인간에게 즐거움을 제공해 줄 수 있는 로봇으로, 그 중에서 소셜 로봇(Social Robot)이란 로봇이 인지 능력과 사회적 교감 능력을 바탕으로 인간과 상호작용함으로써 사회적 기능을 수행하도록 하는 감성 중심의 로봇을 의미한다.

서비스 로봇 중 가장 큰 시장으로 전망되고 있으며 현재까지는 교육 · 연구용 로봇이나 취미 · 완구용 로봇의 비중이 높았으나 앞으로는 소셜 로봇의 비중이 빠르게 확대될 것으로 기대하고 있다.

엔터테인먼트 로봇은 오락성 이상의 가능성을 지니고 있다. 예를 들어 주인을 대신해서 이메일을 확인해 줄 수도 있고 독거노인의 상태나 안부를 확인할 수 있는 역할을 할 수도 있다. 애완 로봇으로 정서적 역할, 정신적 치유 효과도 기대해 볼 수 있다.

[그림 2-209] 엔터테인먼트 로봇, unibo

출처: 로봇신문(2018.01.12.)

[그림 2-210] 소셜 로봇 지보

출처: 머니투데이(2018.09.13.)

[그림 2-211] 안키(Anki)사의 엔터테인먼트 소셜 로봇 '코즈모'

[그림 2-212] 인천공항, 안내용 소셜 로봇 '에어스타(AIRSTAR)'

출처: 연합뉴스

[그림 2-213] 중국, 서빙하는 로봇 종업원

출처: 매일경제(2021.09.15.)

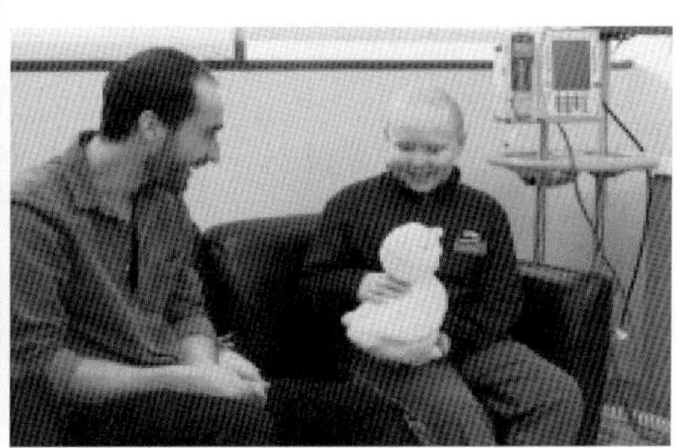

[그림 2-214] 미국, 소아암 환자를 돕기 위한 소셜 로봇 '애플렉 오리'

출처: 브랜드브리프(2021.02.13.)

[그림 2-215] 미국 라스베이거스 가전·IT박람회 CES, 로봇 폴 댄싱 무대

출처: 연합뉴스(2018.01.11.)

지능형 로봇의 활용도를 살펴본 결과 결국은 지능형 로봇은 인간을 위한 '생산성 향상'과 '삶의 질 향상'이 로봇 도입의 가장 중요한 목적이다.

5.4 신소재(advanced materials)

금속 · 무기 · 유기 원료 및 이들을 조합한 원료를 새로운 제조 기술로 제조하여 종래에 없던 새로운 성능 용도를 가지게 된 소재로서 신금속 재료, 비금속 무기 재료, 신고분자 재료, 복합 재료 등으로 분류할 수 있다.

반도체나 디스플레이 등의 제품들을 만들기 위해서는 '나노 신소재' 재료가 사용된다. 대표적인 3가지 신소재는 그래핀(Graphene), 에어로겔(Aerogels), 발포 알루미늄(Aluminum Foam)이 있다.

1) **그래핀**(Graphene)

2004년 영국 멘체스터대 교수 가임과 노보셀로프 연구팀이 스카치테이프로 최초로 그래핀을 분리해 내어 2010년 노벨 물리학상을 받았다.

탄소 원자로 이뤄진 육각형 구조의 그래핀은 강철보다 100배 강하고, 반도체의 주재료인 실리콘보다 100배가량 전자의 이동성이 빠르다. 열전도도는 구리의 100배가 넘고 빛의 90% 이상을 투과할 정도로 투명한 성질을 가지고 있으며 신축성 또한 뛰어나다. 그래핀은 독자적인 제품으로 사용되는 것보다 다양한 합성으로 활용하여 그 물성을 더 강화시켜 주는 부스터가 된다.

높은 탄성의 스포츠용품, 뛰어난 강도와 경량 특성은 항공 우주 산업, 휘어지는 디스플레이, 접을 수 있는 전자 종이 등으로 활용 범위가 넓다.

천연 흑연을 그래핀으로 만드는 기술이 어려워서 그동안 인조합성 그래핀을 만들어 연구가 진행됐으나 그 생산량과 응용 기술 또한 만만치 않고 기대에 미치지 못하고 있다.

세계에서 유일한 천연 그래핀 대량 생산 설비를 갖추고 있는 우리나라의 스탠다드 그래핀은 연간 1.1톤의 고품질 그래핀을 안정적으로 생산하는 기술력을 보유하고 있어 단연 우리나라가 그래핀 산업에서 월등하다고 평가한다.

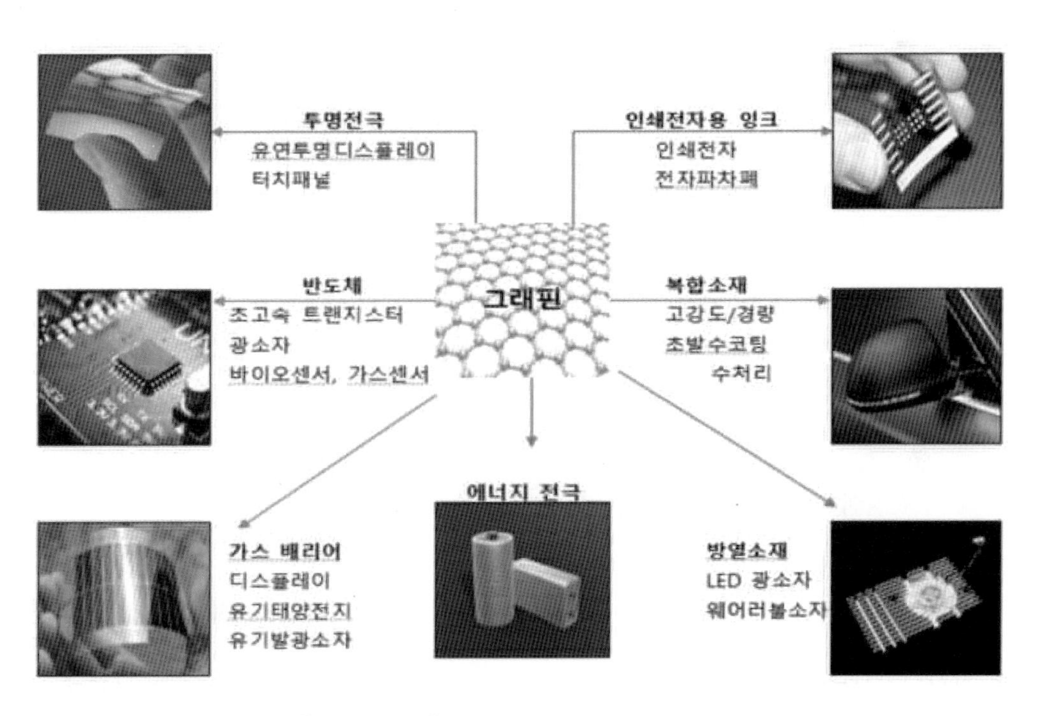

[그림 2-216] 플레이크 그래핀의 응용 분야

출처: ZDNet Korea(2020.09.13.)

[그림 2-217] 세계 유일 천연 그래핀 생산 설비를 갖춘 스탠다드 그래핀

출처: STANDARD GRAPHENE

[그림 2-218] 그래핀의 원재료인 흑연

출처: wikimedia

[그림 2-219] 탄소섬유를 사용해 더욱 가볍고 견고해진 전기차

출처: Moto "Club4AG" Miwa

[그림 2-220] 휘어지는 디스플레이 그래핀

출처: 동아닷컴(2018.07.20.)

2) 에어로겔(Aerogels)

1931년 스티븐 크리슬러가 최초 발견한 에어로겔은 이산화규소(SiO2)로 이루어진 물질로 머리카락의 1만분의 1 굵기인 SiO2실이 부직포처럼 성글게 얽혀 이루어진 구조이다. 실과 실 사이에 공기 분자들이 들어 있으며 전체 부피의 98%를 공기가 차지하고 있다. 2002년 기네스북에 지구상에서 가장 가벼운 고체로 등재되었다.

기존 플라스틱의 강도와 섭씨 1,400℃의 고온을 견디는 내구성, 공기 무게의 3배 정도인 초경량, 단열성, 방음성을 가진 물질이다.

과학자들은 에어로겔의 절연 특성을 이용해 얇고 가벼운 단연재를 만들 수 있을 것으로 내다보고 있다. 나사는 우주복이나 우주항공 기술에 사용하기 위해 에어로겔을 이용해 플렉시블 에어로를 개발했다.

[그림 2-221] 불타지 않는 에어로겔 위의 성냥

출처:pl.wikipedia.org/wiki/Aerozel

[그림 2-222] 에어로겔

출처: imgur

3) 발포 알루미늄(Aluminum Foam)

일반 알루미늄을 열로 완전히 용해시켜 액화된 상태에서 점도를 유지하기 위해 칼슘(Ca)을 첨가한다. 여기에 공기구멍을 만들기 위한 발포제 티타늄 하이드라이드(TiH2)를 첨가하면 발포제에서 가스가 나와 빵처럼 금속이 부풀어 오르면서 수많은 구멍이 뚫린 초경량 발포 알루미늄이 만들어진다.

발포 알루미늄(Aluminum Foam)이란 일반 알루미늄을 10배 이상 발포해서 만든 친환경 신소재로 내충격, 흡진, 전자파 차단 등의 효과가 뛰어나 지하철, 공연장, 라디오 방송국 등에 사용되며 밀도가 낮고 가벼워서 물에 뜨며 눌러도 가라앉지 않는 특성이 강점으로 꼽힌다.

100% 금속소재로 불이 붙어도 유독가스가 나지 않아 난연 소재로 활용하거나, 소음을 흡수하는 성질을 이용해 공해가 심한 공항이나 공사장 등에서 쓰일 수 있다.

또한 내구성이 뛰어나 충격 흡수량이 커서 자동차 범퍼에 이용한다. 아울러 100% 재활용이 가능하다는 점이 가장 큰 장점으로 꼽힌다. 하지만 제조 기술이 복잡하고 어려운 탓에 비싼 비용으로 다양한 응용이 힘들었으나, 시장 참여자가 늘어나면서 점차 해소되었다.

[그림 2-223] 발포 알루미늄

출처: wikimedia

[그림 2-224] 라이엇 게임즈 e스포츠 경기장

출처: EUTOPPOS

5.5 배터리(Battery)

휴대전화부터 스마트폰, 태블릿, 노트북, 휴대용 선풍기뿐 아니라 산업용 설비 작동, 하이브리드 자동차, 전기 자동차 등의 충전이 가능한 모든 것들은 배터리가 필요하다. 이제는 배터리 없는 일상은 상상조차하기 힘든 세상이 되었다.

1) 리튬이온 배터리(lithium-ion battery)

리튬이온 배터리는 현재 2차 전지 시장에서 가장 널리 활용되는 배터리로 전기차 시장이 급성장하며 핵심 부품인 배터리의 중요성도 높아지고 있다.

리튬이온 배터리는 만들 수 있는 전압이 높고 에너지 밀도가 크며 이온 이동 속도도 빨라 배터리 성능이 높다. 또한 배터리 성능에 따라 주행 가능 거리, 수명, 안전성 등이 결정되기 때문에 미국 자동차기업 테슬라가 호주에 건설한 '세계 최대의 배터리'인 에너지 저장 시설(ESS)까지 모두 리튬이온 배터리를 쓴다. 배터리 충전 용량과 속도는 이들 전자기기의 성능을 좌우하는 가장 중요한 요소로 꼽힌다.

[그림 2-225] 테슬라가 호주 남부 애들레이드 근처에 리튬이온 배터리를 이용해 건설한 혼스데일 전력 저장 시설
출처: 호주재생에너지청

전기차 배터리는 셀(Cell), 모듈(Module), 팩(Pack)으로 구성된다. 배터리 셀을 안전하고 효율적으로 관리하기 위해 여러 개 묶어 모듈을 만들고 모듈을 여러 개 묶어 팩을 만든다. 전기차에는 최종적으로 하나의 팩 형태로 들어간다. 전기차 BMW i3에는 총 96개의 셀, 즉 셀 12개를 하나의 모듈로 묶고 8개 모듈을 하나의 팩 형태로 만들어 넣는다.[47]

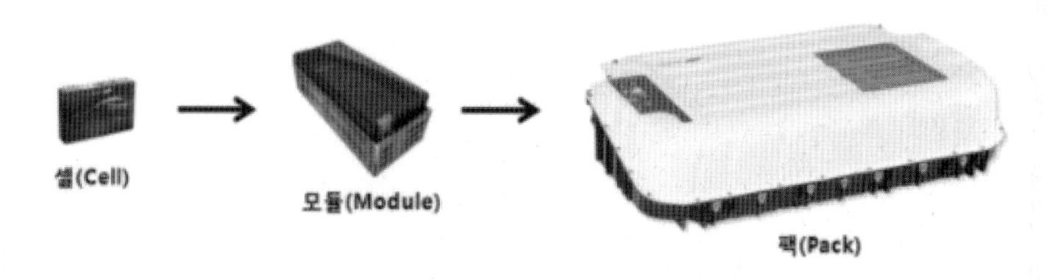

[그림 2-226] 삼성SDI 전기차용 배터리 셀, 모듈, 팩
출처: 삼성SDI 홈페이지

[그림 2-227] BMW i3 하부에 탑재된 배터리 팩 (모듈 8개, 셀 96개로 구성)
출처: 삼성SDI 공식 블로그

47) 뉴스핌 https://www.newspim.com/news/view/20200623000686, 2020.06.30.검색

2) 전고체 배터리(All-Solid-State Battery)

전고체 배터리란 배터리 음극 소재로 '리튬금속(Li metal)'이 사용되는데 기존의 리튬이온 배터리에 비해 에너지 밀도가 높은 전지를 말한다. 전해질이 고체이기 때문에 충격에 의한 누액 위험이 없고, 인화성 물질이 포함되지 않아 폭발이나 화재의 위험성이 상대적으로 적기 때문에 배터리에 안정성을 키우는 부품 수를 줄일 수 있고, 그만큼 확보한 공간은 배터리 자체 용량을 키우는 데 사용할 수 있다.

삼성전자는 리튬 덴드라이트[48] 문제를 해결하기 위해 '석출형 리튬음극 기술'을 세계 최초로 개발했는데 이 기술은 전고체 배터리의 안전성과 수명을 증가시키는 동시에 기존보다 배터리 음극 두께를 얇게 만들어 크기도 리튬이온 배터리의 절반 수준으로 줄어든다. 배터리 1회 충전에 800km 주행하고 1,000회 이상 재충전이 가능해 전기차 주행 거리를 획기적으로 늘릴 것으로 기대된다.

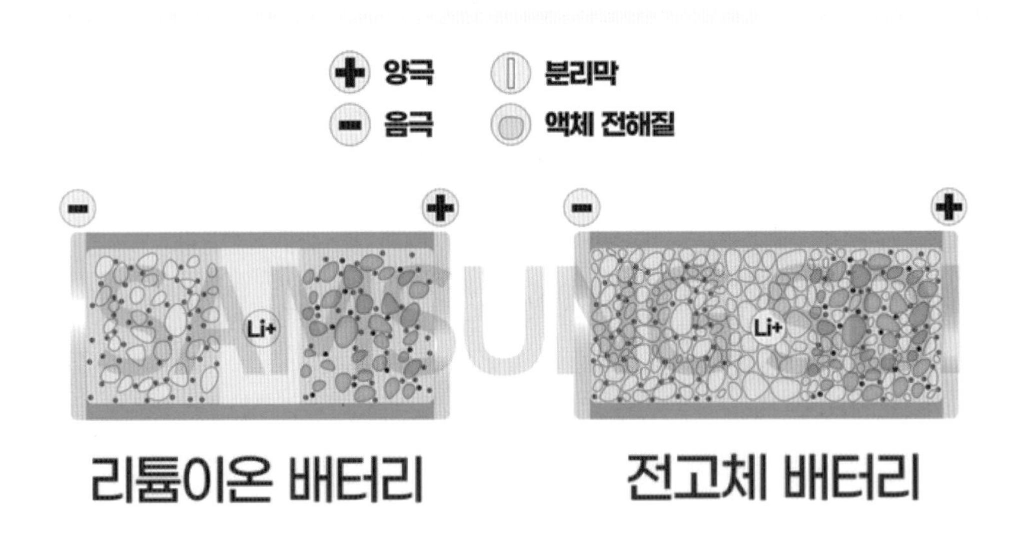

[그림 2-228] 리튬이온 배터리와 전고체 배터리의 구조
출처: 삼성SDI 공식블로그

48) 리튬 덴드라이트(lithium dendrite): 리튬 이온 전지를 사용할 때 생기는 나뭇가지 모양의 결정. 수지상 결정이라고 하며, 내부 전기저항이 급격히 올라가 열이 발생하여 화재의 원인이 되기도 한다. 위키백과

제3부
사물인터넷(IoT)의 스마트 기술 응용

1. IoT 디바이스(Device) 응용 사례

IoT 디바이스는 지능화된 사물들이 인터넷에 연결되어 네트워크를 통해 사람과 사물, 사물과 사물 간에 상호 소통하고 상황 인식 기반의 지식이 결합되어 지능적인 서비스를 제공한다.

1.1 스마트 가전(Smart appliance)

2021년 1월 삼성전자와 LG전자는 '올-디지털(All-Digital)'을 주제로 개최된 CES 2021 행사에서 홈코노미(Homeconomy)[1]의 수요가 증가하는 만큼 5G 통신을 바탕으로 인공지능, 사물인터넷을 활용한 스마트 가전 부분에서 대결하였다.

삼성전자는 '모두를 위한 보다 나은 일상(Better Normal for All)'을 LG전자는 'LG와 함께 홈라이프를 편안하게 누리세요(Life is ON-Make youself@Home)'라는 주제로 참여했다.

삼성전자가 스마트홈 사업 강화를 위해 카카오엔터프라이즈의 인공지능 플랫폼 '카카오 i'와 자사 AI 플랫폼 '빅스비' 서비스를 함께 제공해 가정 내 모든 스마트 가전을 융합해 이용할 수 있게 할 전망이다. 스마트폰과 TV에 각각 탑재된 스마트싱스 앱이 연동돼 스마트폰과 TV를 오가며 집안의 스마트홈 기기들을 자유자재로 제어할 수 있다. 현재 스마트싱스를 허브로 연결, 제어할 수 있는 기기는 200여 개 기업 2500여 개 제품이다.

1) 코로나19의 영향으로 언택트 문화가 확산하면서 집이 단순한 주거 공간을 넘어 문화생활, 체육과 건강, 업무 등 다양한 경제 활동을 하는 공간으로 확대된 것을 의미, 출처: NewQuest(2021.01.11.)

스마트TV는 TV에 빅스비를 통해 음성 명령만으로 스마트TV의 모든 기능을 사용할 수 있으며, 인터넷 기능을 결합해 검색, VOD 시청, SNS, 게임 등의 다양한 기능을 활용할 수 있는 다기능 TV이다.

[그림 3-1] 삼성의 스마트 가전과 카카오엔터프라이즈 스마트 스피커

출처: 삼성전자

[그림 3-2] 스마트싱스 쿠킹

출처: samsung newsroom(2021.01.13.)

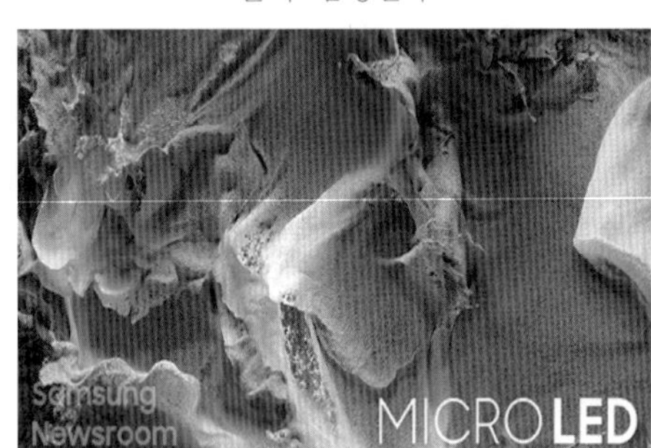

[그림 3-3] 110형 마이크로 LED

출처: samsung newsroom(2021.01.13.)

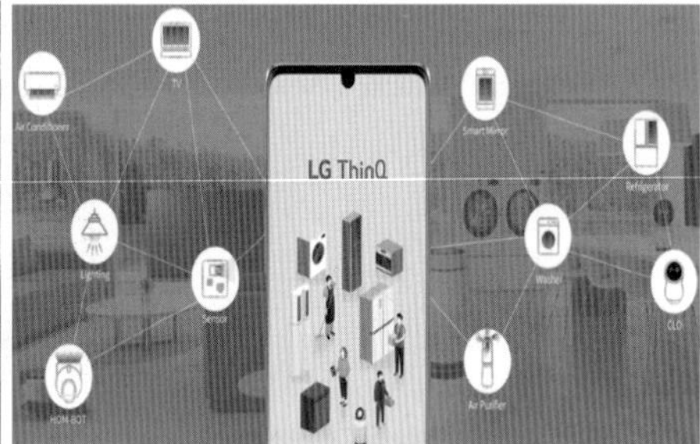

[그림 3-4] LG ThinQ

출처: Live LG(2021.01.12.)

1.2 제로클라이언트(Zero Client) 단말

제로클라이언트는 하나의 고성능 서버에 분산 컴퓨팅 기술을 기반으로 RDS(Remote Desktop Service)를 구현하여 서버에 접속된 다수의 터미널 단말기가 독립적인 컴퓨팅이 가능하도록 서버 1대에 여러 대의 클라이언트를 연결하는 방식이다. CPU, 메모리 등 기본적인 부품이 내장되어 있지 않기 때문에 모든 작업을 중앙집중식으로 서버에서 처리한다. 따라서 개별적으로 운영체제에서부터 응용 프로그램 및 드라이버를 설치하거나 패치 관리가 필요하지 않으며, 단순히 호스트 PC에 한번 설치하는 것으로 모든 프로그램을 개별적으로 동시에 사용할 수 있다.

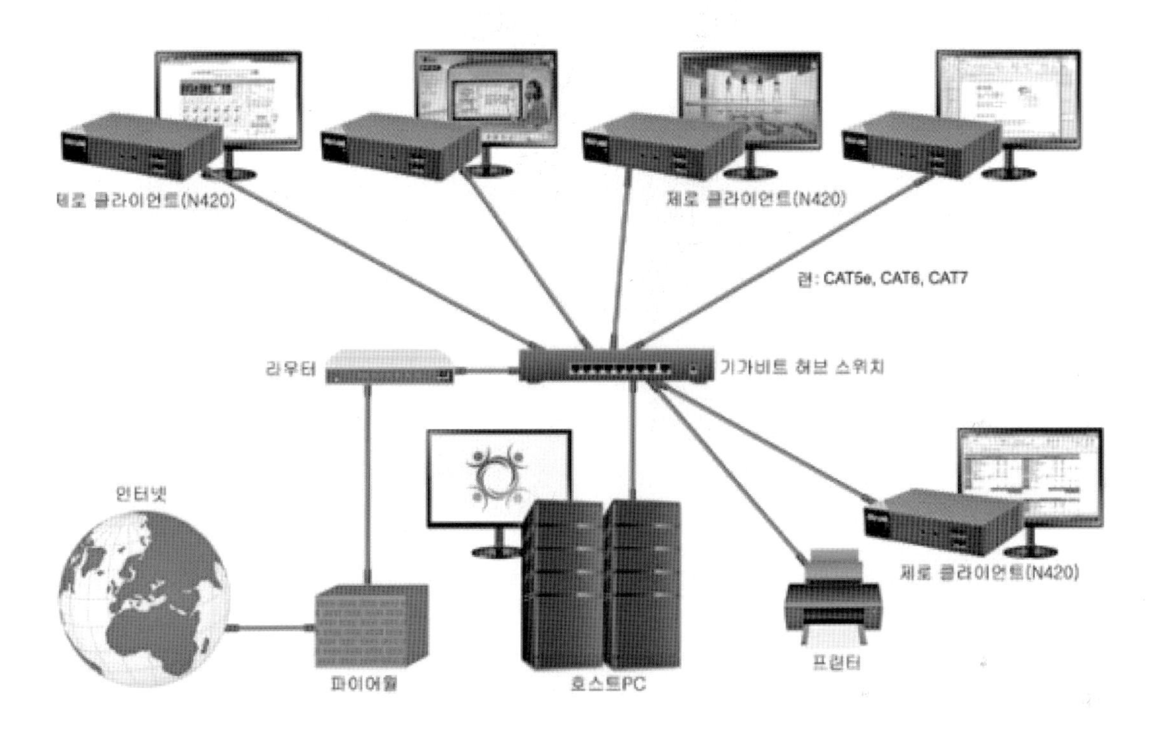

1.3 투명 디스플레이(Transparent Display)

화면이 투과도를 가지고 있어서 화면 뒷면이 보이는 특징이 있으며 건물 창이나 자동차 유리 등을 필요할 때마다 컴퓨터 모니터, TV 수신 장치, 영상 전화기의 화면으로 쓰는 기술이다.

중국의 선전(深圳) 지하철에 객실 윈도우용으로 LG디스플레이의 투명 OLED(Organic Light-

Emitting Diodes)를 공급, 실시간 운행 정보, 항공편 정보, 일기예보, 뉴스 등 생활 정보까지 확인할 수 있다.

투명 디스플레이의 활용 분야는 고급 매장 쇼윈도, 옥외 공고용 사이니지, 자율주행차, 미래형 항공기 스마트 객실 등 일상 곳곳에 활용되며 한국 디스플레이 산업의 중요한 미래 먹거리 산업 중 하나로 성장할 것이다.

[그림 3-5] 중국 선전 지하철에 설치된 LG디스플레이 55인치 투명 OLED에 표기된 지하철 노선도

출처: HelloT(2020.08.21.)

[그림 3-6] 영국 해롯백화점의 쇼윈도

출처:LG Display Newsroom(2019.10.22.)

[그림 3-7] 침대와 투명 OLED가 결합된 'Smart Bed'

출처:LG디스플레이 디스퀘어 블로그(2021.01.12.)

[그림 3-8] 자율주행차용 투명 OLED

출처: LiVE LG(2020.07.30.)

1.4 디지털 사이니지(Digital Signage) 단말

신호 체계를 의미하는 사이니지(Signage)에 디지털(Digital)이 접목된 용어로 디지털 정보 디스플레이(DID, Digital Information Display)를 이용한 옥외 광고를 뜻한다.

네트워크에 연결된 시각적 매체를 이용하여 정보를 전달하는 것을 의미하며 일반적으로 TV, 인터넷, 모바일에 이어 제4의 미디어로 각광받고 있는 디지털 광고 미디어 체계이다.

[그림 3-9] 삼성 LED 사이니지를 통해 선보인 디스트릭트사의 디지털 미디어 콘텐츠
출처: 삼성전자

[그림 3-10] 부산 서면의 디지털 사이니지 설치 시뮬레이션 모습
출처: 중소기업투데이(2021.03.01.)

2. 웨어러블 디바이스(Wearable Device) 응용 사례

웨어러블 장비(Wearable Device)는 '신체에 착용하거나 부착하는 형태로 정보 입·출력과 처리 기능을 지원하는 스마트 기기'를 의미한다. 대체로 몸에 부착하는 정보통신기술(ICT) 기기를 통칭한다.

초기에는 단순히 심박수나 심전도, 만보기 정도의 기본 기능을 갖추고 신체에서 얻은 정보를 스마트폰에 전달하는 역할만 했다. 5G, 인공지능, 사물인터넷 기술이 접목되면서 양방향으로 정보를 주고받으며 관련 기술이 급속히 발전하고 있고, 이러한 추세는 헬스케어, 화학, 소재 등 더 넓은 분야로 확대되어 나가고 있다.

구분		2019	2020	2021	2022	2023
웨어러블 디바이스	서비스	웨어러블 헬스케어 서비스	웨어러블 엣지 클라우드 연동 유합 서비스	경량형 웨어러블 데이터 분석 서비스	치매환자 위험행동 방지/교정 서비스	사용자 의도 인지기반 행동교정 서비스
	제품	체내 이식 가능한 플렉서블 소재	24h/7days 웨어러블 센서	강성 가변형 프로젝트 슈트	24h/7days 웨어러블 집적 센서	슈트형 근력증강 시스템

[그림 3-11] IITP, ICT RnD 기술 로드맵 2030, 2018.12.13

2.1 웨어러블 디바이스(Wearable Device) 분류

웨어러블 디바이스는 크게 휴대형, 부착형, 이식형으로 나눌 수 있으며 형태와 목적에 따라 고유의 기능을 가지고 있다.

2.1.1 휴대형(Portable)

스마트폰처럼 간편하게 휴대(portable)할 수 있는 형태의 제품으로 안경, 밴드, 시계, 반지 등과 같은 액세서리 형과 센서나 발광, 배터리 등을 섬유·화학소재로 구현하는 직물조합형 제품이 있다. 고성능, 저전력, 저비용, 저면적 제조가 가능한 MEMS(Micro Electro Mechanical Systems)로 제작된다.

1) 손목시계/밴드형

시중에 출시된 헬스케어 웨어러블 디바이스의 65% 이상으로 피트니스 및 웰빙을 주요 기능으로 한다.

수면 패턴, 섭취나 소모한 칼로리의 양, 이동거리 등을 기록하고 스마트폰 앱과의 연동을 통해 정보를 저장하고 공유할 수 있다.

• 휴이노의 MEMO Watch

국내 최초 웨어러블 심전도 장치 KFDA 승인 획득을 한 제품으로 사용자들이 손목시계 모양의 의료기기를 차기만 해도 심전도를 측정이 가능한 장치다. 언제 어디서나 심전도를 측정 및 저장 후 의사에게 제공함으로써 환자는 불필요한 내원을 크게 줄일 수 있고 의사는 환자가 불편을 느끼는 당시 심장 상태를 빠르게 파악할 수 있다는 것이 장점이다.[2)]

2) 출처: 히트뉴스(http://www.hitnews.co.kr)

[그림 3-12] 휴이노의 MEMO Watch

출처: HiT NEWS(2020.05.20.)

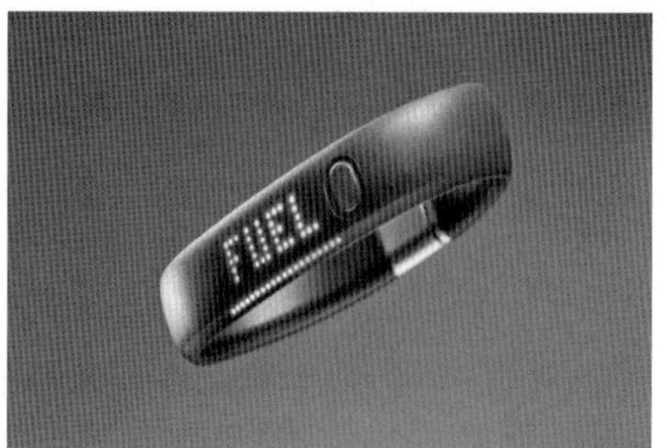

[그림 3-13] 나이키 플러스 퓨얼밴드

출처: Nike

신종 코로나바이러스 감염증(코로나19) 이후 건강에 대한 관심은 더욱 고조되고 있다. 대면 접촉을 줄이는 일상이 생활화되면서 웨어러블 기기의 도움에 힘입어 사람들은 집이나 개인 공간에서 다양한 콘텐츠를 활용해 운동하는 경험을 쌓아가고 있다.

2) 구글 글래스(Google Glass)

스마트 글래스의 대표적인 제품으로 안경 형태에 증강현실(Augmented Realty)이 접목된 제품으로 음성 인식을 통해 다양한 정보를 눈앞에서 얻을 수 있다. 수술 과정 녹화, 환자 및 의료진 교육, 응급 환자 상태 정송 등 다양한 분야에서 활용할 수 있다.

구글 미트 온 글래스 엔터프라이즈 에디션2에는 영상회의 기능을 추가한 구글 미트(Google Meet)를 서비스를 제공한다.

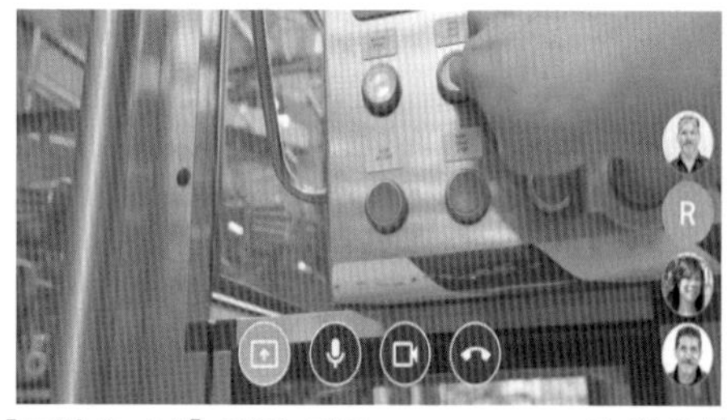

[그림 3-14] 구글 미트(Google Meet)를 활용한 영상 회의

출처: Google

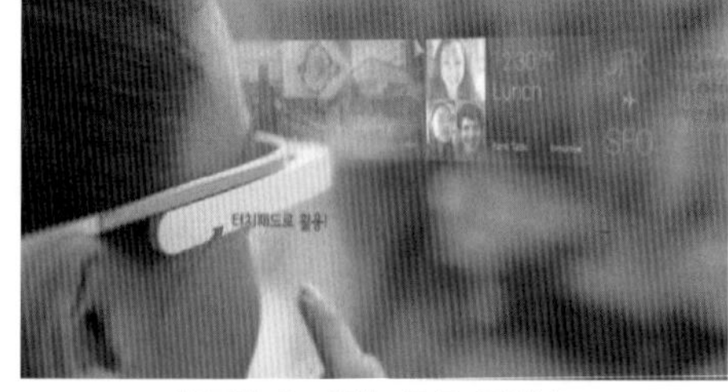

[그림 3-15] 구글 글래스

3) 액세사리형 디바이스

웨어러블 디바이스는 몸에 착용하는 디지털 기기인 만큼 심미성도 고려한 제품이어야 한다. 스마트밴드 제품으로 유명한 핏비트(Fitbit)과 토리 버치(Tory Burch)가 콜라보한 제품도 선보이며 팔찌형 웨어러블이 멋진 패션 팔찌처럼 보인다.

[그림 3-16] fitbit, Tory Burch

출처: Fitbit

[그림 3-17] 미스핏+스와로브스키

2.1.2 신체 부착형(attachable)

부착형이란 피부 등에 부착하는 상처 치료 밴드와 같은 형태로 인간의 신체에 직접 부착할 수 있는 디바이스를 의미한다.

초기에는 인간의 감각을 모방하는 인공피부(artificial skin)를 개발하려는 로봇 분야의 연구로 출발하였으며 이후 전자 피부, 스마트 피부와 같이 피부에 부착할 수 있는 디바이스 기술로 이어가고 있다.

피부에 직접 부착하여 사용해야 하기 때문에 유연성과 신축성을 가져야 하며, 생체 자극이 거의 없는 탈부착 기능을 제공하고 생체 친화적 소재를 사용해야 한다. 또한, 스마트폰으로 연결하여 신체 정보를 24시간 클라우드 서버에 저장할 수도 있으며 지속적인 관리가 필수적인 영유아와 독거노인 등 다양한 응급 상황에 신속한 대처가 가능하도록 해준다.

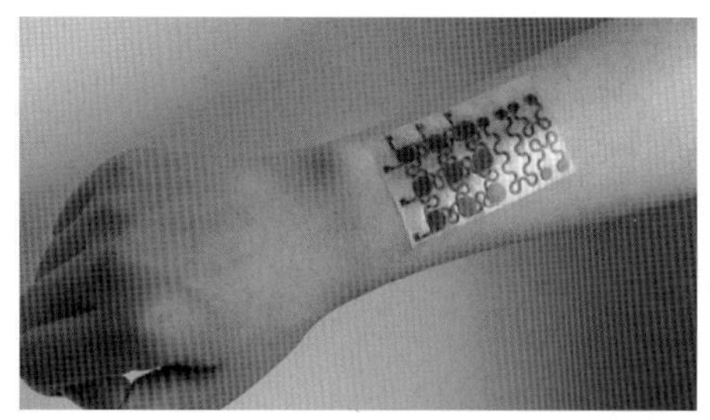

[그림 3-18] 부착형 전자피부

출처: University of Colorado Bouder, 삼성디스플레이 뉴스룸(2020.03.04.)

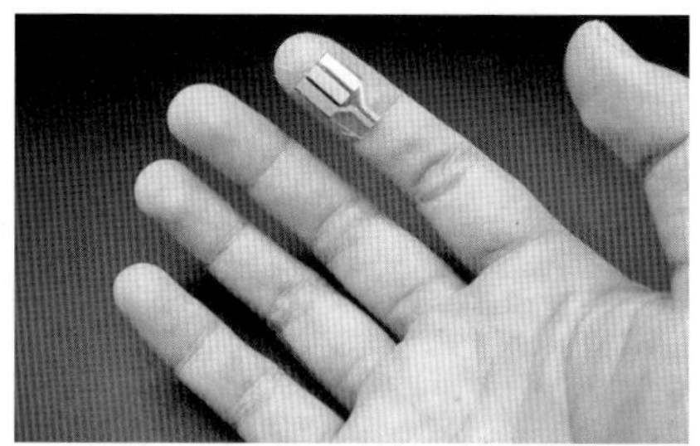

[그림 3-19] 부착형 웨어러블 발전기

출처: 캘리포니아대학교 홈페이지, sputnik.kr/news/view/4367(2021.07.18.)

2.1.3 이식형(attachable)/복용형(eatable)

인체에 직접 이식하거나 복용할 수 있게 연결된 디바이스 수단으로 사용된다.

생체 친화적 회로를 활용한 '생체이식형'에서 몸 안에 내장된 디바이스를 통해 생체 내의 다양한 활동이 모니터링 가능한 '생체내장형'으로 변화될 것으로 예상되고 있다.

구글의 스마트 렌즈는 눈물의 당 수치로도 측정이 가능하다는 원리를 이용하여 스마트 콘택트렌즈가 눈물에서 직접 당 수치를 센싱하여 결과를 무선으로 전송한다.

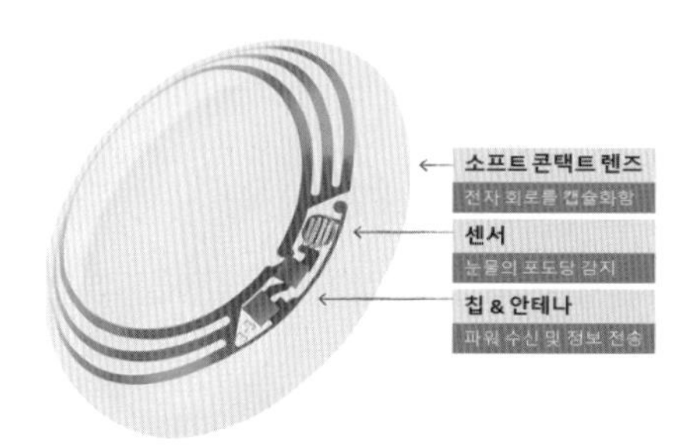

[그림 3-20] 구글의 스마트 렌즈

출처: google

[그림 3-21] 바디캡의 스마트 알약 e-셀시우스

출처: CNXSoftware

스마트 알약은 사람 몸의 생리적 변화를 모니터링하는 의료 서비스로, 질병 치료나 예방을 목적으로 소형 스마트 기기가 들어 있는 약을 말한다.

스마트 알약을 복용한 뒤 환자 몸의 생리 효과와 반응을 실시간으로 측정하여 내장된 블루

투스 시스템으로 외부 수신기와 연동하여 심부체온의 변화를 실시간 모니터링하는 기술이다.[3)]

2.2 스마트 의류(Smart clothing)

기존의 섬유산업에 바이오센서를 의복에 내재화하거나 LED(light emitting diode), EL(electroluminescence) 등의 광원 또는 디스플레이 소자를 섬유 기술과 접목시켜 의류와 일체화하는 smart textile 관련 기술이다. 특수 산업용 의류나 군사용 의류, 패션 제품, 그리고 스포츠용품 등에 다양하게 적용이 가능하다.

중국 푸단대학 고분자학과에서 디스플레이로 변신하는 옷을 개발하였다. 스스로 빛을 내는 발광성 섬유이고, 투명한 전도성 고분자 섬유이다.

이 섬유로 씨실과 날실로 엮어 전기발광점을 형성하여 직물형 디스플레이를 만들었다.

편직 설비를 이용해 약 50만 개의 픽셀을 포함한 디스플레이 기능이 있으며, 세탁에도 견딜 수 있는 내구성을 갖고 있다.

[그림 3-22] 발광성 스마트 의류

출처: 신화망

[그림 3-23] 블랙야크 야크온H, 스마트 재킷

출처: www.blackyak.com

3) 사이언스올

이외에도 블랙야크가 출시한 야크온H는 스마트폰으로 온도와 습도를 조절할 수 있고 힙실론(Heapsylon)의 센서리아(Sensoria)는 양말과 발찌에 센서가 내장되어 사용자의 활동량을 수집 · 기록하고 지면에 닿는 발의 위치, 체중, 걸음걸이 등을 기록 분석한다. 코오롱 스포츠의 라이프텍은 산행에서 조난을 당하거나 극한 상황에 처했을 때 착용자의 생명을 구할 수 있도록 설계된 옷이다.

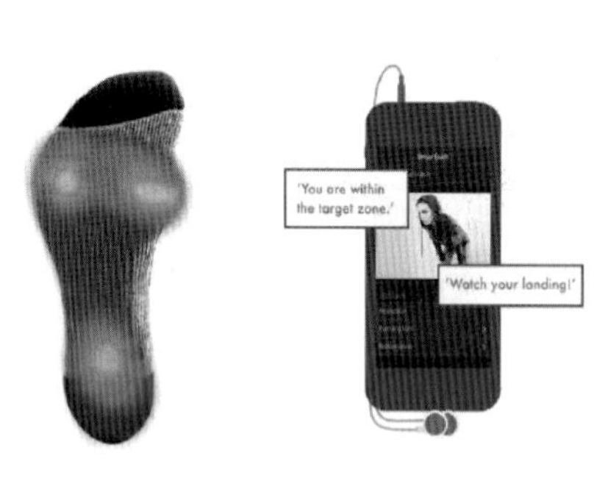

[그림 3-24] 센시리아의 스마트 양말

출처: www.sensoriafitness.com

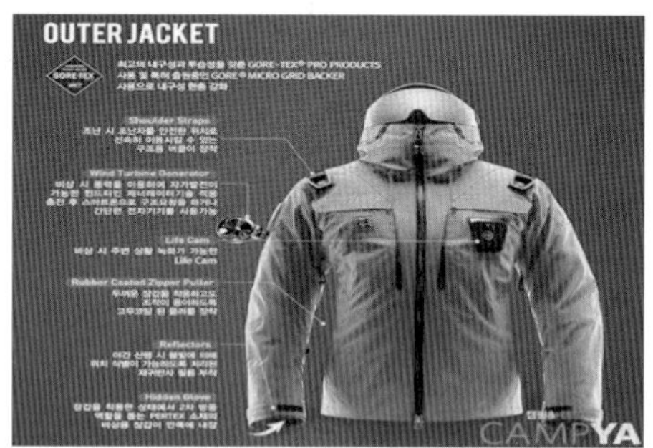

[그림 3-25] 코오롱의 라이프텍

스마트 의류의 종류로는 생체 신호, 환경 신호, 운동량의 측정 의류, 광섬유 기반 의류, 무전기 기능 의류, 발광 의류 등이 있다.

스마트 섬유는 산업용 부품 소재, 전자 패션으로의 적용을 통한 고부가가치화 가능성과 응용 애플리케이션이 풍부하여 다양한 산업 분야에서 IT 융합이 적극 도입되어 적용 범위가 지속 확대될 전망이다.

3. IoT 융합 서비스(Service) 기술 응용 사례

공공안전, 헬스케어, 농업·환경 및 지역 분야에 지능정보 기술 등 ICT 융합 기술 적용·확산을 통해 미래를 대비한 사회 이슈 대응 및 산업 경쟁력 강화 기반의 사람 중심의 신 융합 서비스 실현을 목표로 한다.

3.1 스마트시티(Smart City)

최초의 스마트시티는 1994년 사이버로 구축된 암스테르담의 디지털 도시 '디 디지털 슈타트(DDS: De Digital Stad)'로 300여 명의 시민들로 구성된 사이버 공간으로 지자체에서 지원하여 출범하였다.

스마트도시에 대한 정의는 국가별 여건에 따라 매우 다양하지만, 도시의 경쟁력과 삶의 질의 향상을 위하여 사물인터넷, 빅데이터, 인공지능 등 첨단 정보통신 기술을 융·복합하여 각종 도시문제를 해결하고, 건설된 도시 기반 시설을 바탕으로 다양한 도시 서비스를 제공하는 지속 가능한 도시를 말한다.[4)]

대한민국 국가시범도시로 세종, 부산을 스마트시티 선도 모델로 조성하는 사업을 추진 중이다. 세종 5-1 생활권은 인공지능·데이터·블록체인 기반으로 시민의 일상을 바꾸는 스마트시

4) 스마트도시 조성 및 산업진흥 등에 관한 법률 제2조 제1항

티 조성을 목표로 최적화된 모빌리티 서비스를 제공할 수 있도록 자율주행 · 공유 기반의 첨단 교통수단 전용도로와 개인 소유 차량 진입 제한 구역 등이 실현될 예정이다.[5]

[그림 3-26] 스마트시트 개념도

사진출처: 정보통신신문, 2018.03.29.

로스앤젤레스는 스마트시티 구축을 위해 IoT를 활용한 대표적인 예다. 여기에 데이터 과학, 지속 가능한 자원을 통합 활용했다. 습득되는 데이터를 통해 교통이 혼잡한 지역을 탐지하고, 오염과 물 낭비를 추적하며, 지진과 폭풍과 같은 자연재해를 예방하는 서비스를 제공하고 있다. 특히 지진 등 지리적인 위험도를 감안해 특화된 애플리케이션을 적용함으로써 스마트 서비스의 고도화를 꾀하고 있다.

네덜란드 암스테르담은 교통과 교통 데이터 활용이 최적화돼 연계성이 좋은 도시로 핵심 교통 및 교통 시스템에 대한 데이터를 추적하고 분석하는 애플리케이션은 유럽에서 첫 번째로 시도됐으며 그 결과 자전거 등 탄소 제로 대체 교통수단이 가장 완벽하고 정착된 곳으로 인정받은 도시다.

교통량 흐름을 효율적으로 운영하기 위한 그린 웨이브(green wave)[6] 교통 시스템을 갖춰 도

---

5) NIA, AI•데이터가 만드는 도시 데이터 기반 스마트도시

6) 그린웨이브(green wave): 차량이 목적지까지 이동하면서 빨간 신호등에 멈추지 않고 계속 녹색 신호등을 지나칠 수 있게 하는 교통 시스템

로에 설치된 카메라를 통해 교통량 데이터를 수집하고 분석하여 스마트 신호등에 적용하여 교통 흐름을 원활하게 하고 연료 소비 및 배기가스 감소 효과를 가져왔다.

[그림 3-27] 암스테르담 그린웨이브 동작 모습

출처: NIA, AI • 데이터가 만드는 도시 데이터 기반 스마트도시

암스테르담의 '스마트루프 2.0'은 건물 옥상에 빗물을 저장한 후, 센서를 통해 자동으로 식물에 물을 주는 프로젝트로 기후 적응형 도시를 만들기 위한 노력이며, 기후 변화로 인한 홍수, 폭염에 대응하기 위해 57개 센서를 통해 어떤 식물이 적합한지를 실험하고 있다.

[그림 3-28] 암스테르담의 스마트루프 2.0 설치 그림

사진출처:NIA, AI • 데이터가 만드는 도시 데이터 기반 스마트도시

2021년에 사우디의 모하메드 빈 살만 왕세자는 스마트시티 네옴과 연계해 170km 길이의 선형 도시인 '더 라인(The Line)'을 발표했다. 초연결 AI 네트워크로 연결된 도시 배치와 대중교통을 통해 도시를 건설한다.

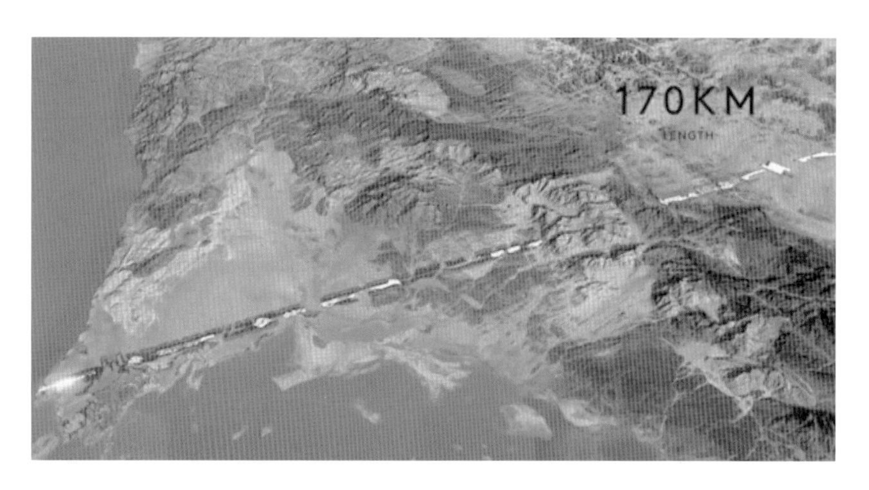

[그림 3-29] 사우디의 스마트시티 네옴의 '더 라인(The Line)'
출처 : 네옴 유튜브

스마트시티는 정부, 지자체, 기업, 시민이 참여하여 도시 관리를 추구하며, 스마트시티 개발의 주체들은 정부의 재정 부담 저감, 도시 경쟁력 강화, 민간의 혁신적 기술력을 통한 도시의 창의성 향상을 기대할 수 있다.

3.2 스마트 헬스케어(Smart Healthcare)

정밀 의료, 의료 지능, 유헬스/모바일헬스를 포함하고 여기에 환자의 건강관리, 영양, 운동 처방, 교육 등을 포함하는 디지털화된 지능형 건강관리 플랫폼을 의미하며, 인간의 삶의 질을 향상하기 위한 근본적인 건강 추구에 대한 요구를 개인 맞춤화, 지능화, 일상화 형태로 구현된 건강 수명 향상을 위한 서비스의 총칭을 의미한다.

센서 기술, 빅데이터 분석 기술과 IoT와 빅데이터 수집 기술을 통합하여, 노화 관련 질병, 유전체 정보 분석 기술, 정신 건강 예측 모델, 감성 인지를 통한 소통 기술 등으로부터 의료 및 헬스케어 시장의 급격한 가속한 전망이 예상된다. 특히 인구 고령화와 만성질환(성인병, 고혈압, 당뇨)의 증가로 의료 서비스 패러다임은 전통적인 질환 치료 중심에서 저비용·고효율로 평가되는 예방·관리 중심의 헬스케어 서비스로 전환될 것이다.

홈 헬스케어, 웨어러블 헬스케어, 생체이식 헬스케어 등 다양한 형태의 제품이 활발하게 출시되고 있다.

[그림 3-30] 다양한 형태의 스마트 헬스케어 제품들
출처: 각사 홈페이지

[그림 3-31] GE 헬스케어 뮤럴 구동 모습
출처: GE 헬스케어, 디지털조선일보(2021.08.12.)

3.3 스마트팜(Smart Farm)

스마트팜 기술은 기존의 농산업에 첨단 ICT 기술을 융합하여 생산에서부터 유통·소비 등 농산업 전체에 생산성, 효율성, 품질 향상 등과 같은 고부가 가치 창출을 추구하는 기술이다.

ICT, IoT, Big Data, Cloud, AI 등의 신기술을 농작물이나 가축의 생육·환경에 접목하여 농장의 상태에 따라 요구되는 환경 제어를 원격으로 가능하게 하고 다양하게 필요한 작업을 스스로 수행할 수 있게 되는 것이다.

일반적으로 농업용 IoT 시스템은 센서, 신호 컨디셔닝, 프로세싱&보안, 전력 관리, 커넥티비티, 포지셔닝의 6개 블록으로 구성된다.

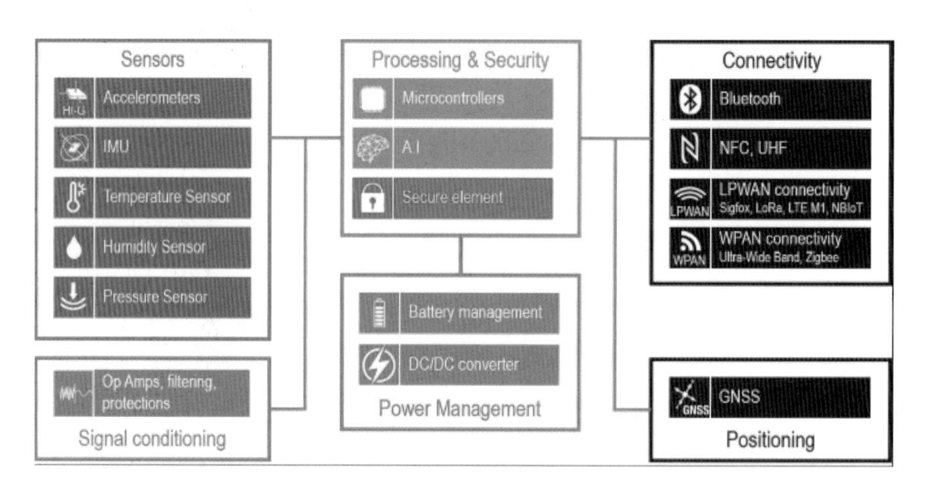

[그림 3-32] IoT 기반 스마트 농업을 위한 아키텍처

출처: 테크월드, "농업분야의 IoT 기술", (2021.05.25)

스마트팜에 ICT 핵심 기술과 드론, 농업용 로봇, 자율주행 트랙터 등과 같은 응용 기술을 다양하게 적용함으로써 미래 산업 먹거리의 주요 분야의 하나로 변화하고 있다.

[그림 3-33] 경주 토마토 스마트팜
출처: 경주시 시정뉴스, 2019.02.27.

3.3.1 스마트 원예(Smart Horticulture)

원예 농가의 유리온실이나 비닐하우스에 ICT 기술을 접목해 PC나 모바일로 온·습도, 이산화탄소 등을 모니터링하고 창문 개폐, 환기팬 작동, 수분 조절, 영양분 공급 등을 원격 자동으로 제어한다. 이를 통해 작물의 최적 생장 환경을 유지 관리하며 생산성과 고부가가치를 향상시켜 주게 된다.

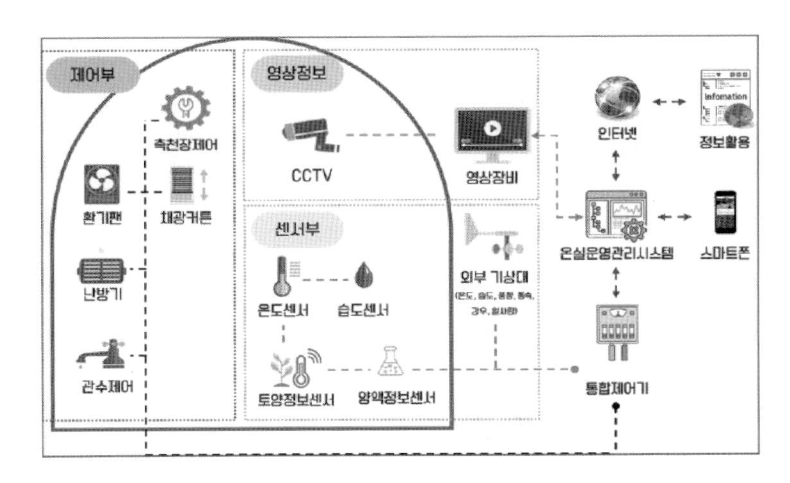

[그림 3-34] 스마트 원예 구성도
사진출처: 삼성디스플레이 뉴스룸

[그림 3-35] 여수시 스마트팜의 원예작물 분야

3.3.2 스마트 축산(Smart Livestock)

가축의 사육 과정에 ICT 기술을 융·복합하여 축사의 환경과 가축을 모니터링하고, 사료 및 물 공급 시기와 양을 원격으로 제어하여 노동력을 절감하고 생산성 향상을 위한 기술이다.

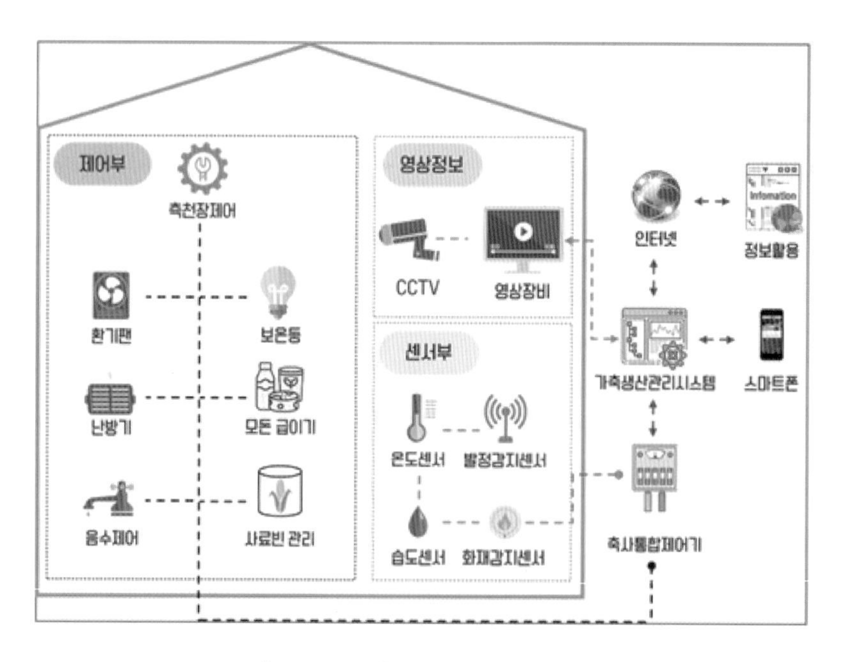

[그림 3-36] 스마트 축산 구성도
사진출처: 삼성디스플레이 뉴스룸

[그림 3-37] 경기 평택시 스마트 축사 '로즈팜'
출처: NBS투데이, 2020.09.22.

3.3.2 스마트 노지(Smart Field Cultivation)

국내 농경지 면적의 95%는 비닐하우스와 같은 시설이 아닌 노지로, 노지에서 쉽게 적용할 수 있는 스마트 노지 기술이 필요하다.

농산물의 생산 과정에 ICT 기술을 접목해 노지와 시설 구분 없이 농작물 재배지 환경에 대한 조도, 온도, 습도, 지온, 지습, 전기전도도, 토양 산성도 등 환경 정보를 실시간 센싱하여 분석한 뒤 모니터링하고 원격으로 관수(농작물이 침수되는 상태), 병해충 관리 등을 한다.

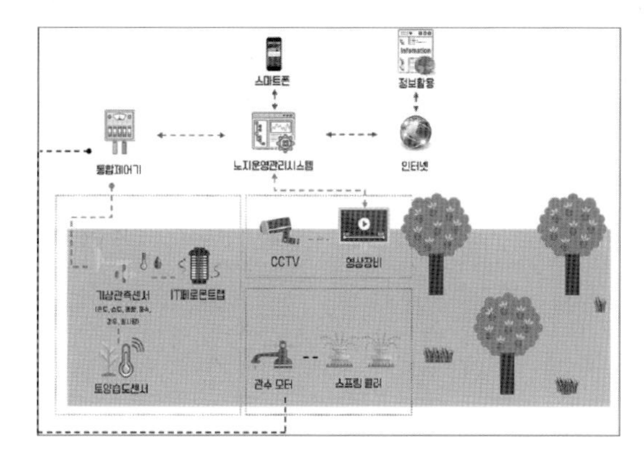

[그림 3-38] 스마트 노지 구성도
출처: 삼성디스플레이 뉴스룸

[그림 3-39] 스마트 노지 시스템
출처: 농기자재신문, 2020.01.16.

세계적인 농기계 업체인 존디어(John Deere)는 농기계에 달린 센서와 IoT 기술을 접목하여 정밀농업(Precision Agriculture)을 추구하고 있다. 원격 상태 모니터링을 목적으로 개발된 스마트 트랙터는 농지의 기후, 토질, 농작물 발육 등 정보를 센싱하여 관리 시스템으로 전송한다.[7)]

[그림 3-40] 쟁기 작업 중인 스마트 트랙터 존디어
출처: 국제종합기계TV, 2019.06.20

세계 인구는 증가하는데 도시화로 인해 농작물 재배 면적은 줄어들고, 생산 현장의 농업인은 고령화되고 있는 농촌 문제 해결 방안으로 스마트팜의 확대 보급은 생산성을 극대화하고 가용 자원을 최적으로 사용하는 방안이 될 수 있으므로 전 세계적으로 주목을 받고 있는 분야이다.

7) 삼성디스플레이 뉴스룸, https://news.samsungdisplay.com/16707,2018.10.24

3.4 스마트홈(Smart Home)

스마트홈, 스마트하우스는 자동화를 지원하는 개인 주택을 말한다. 집 안의 모든 가전제품을 비롯해 정보기기, 보안기기 등이 유·무선 네트워크로 연결되어 시간과 장소에 구애받지 않고 다양한 서비스를 제공받을 수 있게 한다. 스마트폰이나 인공지능 스피커가 사용자의 음성을 인식해 집안의 다양한 사물인터넷(IoT) 기기를 연결하고 정보기기들 사이에 기능과 데이터를 공유해 모바일로 바깥에서 원격 제어 등을 할 수 있다.

국내외에서 스마트홈 플랫폼 개발에 많은 투자를 하고 있으며, 대표적으로 삼성 SDS의 스마트홈 기술은 방문객 영상 통화, 홈 디바이스 제어, 가족 출입 안심, 안전 및 비상 알림, 에너지 절감, 공동주택 생활 편의 등의 기능을 제공한다.

[그림 3-41] 방문객 영상 통화

출처:https://smarthome.samsungsds.com/solution/smarthome?locale=ko

단순 제어로 시작한 스마트홈의 IoT는 기술 향상을 거듭하며 인공지능(AI)과 사물인터넷 기술을 결합하는 형태로 AI 기반의 자율제어 기술이 생활공간의 스마트화를 넘어 인텔리전트 홈으로 변모시키는 과정으로 진화하고 있다.

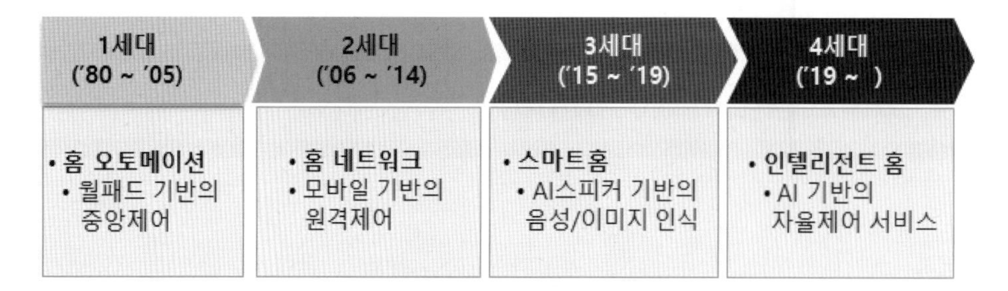

[그림 3-42] 스마트홈의 변화 모습

출처: 에스코어

삼성물산 건설부문은 인공지능과 사물인터넷 기술을 결합한 진보한 형태의 '래미안 A.IoT 플랫폼'을 개발했다.

삼성SDS와 협업해 홈 IoT 플랫폼에 인공지능 시스템을 연결한 것으로 입주민의 생활 패턴을 분석하여 맞춤형 환경을 제안하거나 자동으로 실행해 줄 수 있다.

만약 가전제품의 전원을 끄지 않고 외출했을 때 기존의 스마트홈 시스템의 경우는 외부에서 스마트폰을 이용해 제어할 수 있었다면 A.IoT는 스스로 전원을 차단한다.

하지만 스마트홈 IoT 서비스를 위해 모든 개인 정보가 연결되어 사용되기 때문에 보안 리스크를 해결하는 것이 그 무엇보다도 중요하다.

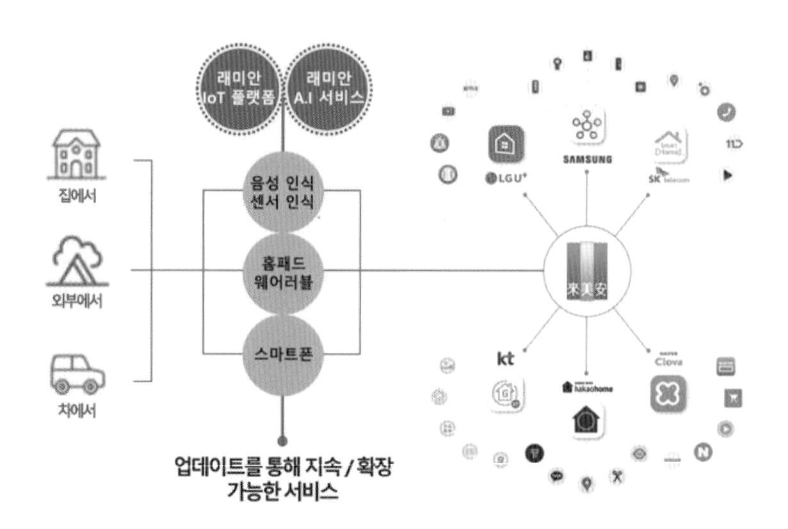

[그림 3-43] 래미안 A.IoT 플랫폼의 개념도

출처: 삼성물산

4. 사물인터넷과 빅데이터(BigData) 응용 사례

스마트기기의 보급과 소셜 네트워크 서비스(SNS)의 확대, 사물인터넷 등으로 엄청난 데이터가 폭발적으로 쏟아지고 있다.

빅데이터는 디지털 공간에서 생성되는 데이터로 규모가 방대하고, 생성주기도 짧고, 데이터의 형태도 수치 데이터뿐만 아니라 문자, 영상 등을 포함하는 대규모의 데이터를 말한다.

4.1 빅데이터(Big Data)

4.1.1 빅데이터의 정의

맥킨지(2011년)는 '일반적인 데이터베이스 관리 시스템(DBMS : Daba Base Management System)으로 저장 · 관리 · 분석할 수 있는 범위를 초과하는 대규모 데이터'라고 하였다.

가트너(2012년)는 '대용량 · 빠른 속도 · 다양성 높은 정보 자산'이라 했고, 삼성경제연구소에서는 '기존의 관리 및 분석 체계로는 감당할 수 없을 정도의 거대한 데이터의 집합을 지칭하고 대규모 데이터와 관계된 기술 및 도구를 포함'한다고 했다.

2016년에는 "빅데이터란 Volume, Velocity, Variety로 특징지을 수 있는 정보 자원이며, 이를 활용하여 기술 및 분석 방법에서의 가치를 얻을 수 있어야 한다."

2018년에는 "빅데이터는 그것을 다루기 위해 병렬 컴퓨팅 툴이 필요할 정도의 데이터를 말한다."라고 정의했다.

빅데이터의 정의는 시대에 따라 달라지며 해석하는 사람, 분야에 따라 다양한 정의와 해석을 갖지만 공통적인 점은 '기존의 일반적인 기술로는 다루기 힘든 대용량의 데이터'이다.

4.1.2 빅데이터의 속성

빅데이터는 단지 데이터의 규모만을 이야기하는 것이 아니라 데이터의 다양성과 데이터 처리를 위한 속도까지도 고려하여야 한다.

가트너는 빅데이터의 속성을 3V, 즉 데이터의 양(Volume), 형태의 다양성(Variety), 속도(Velocity) 등 세 가지로 정의하고 있으며, 최근에는 정확성(Veracity)과 가치(Value)를 포함하여 5V로 정의된다.

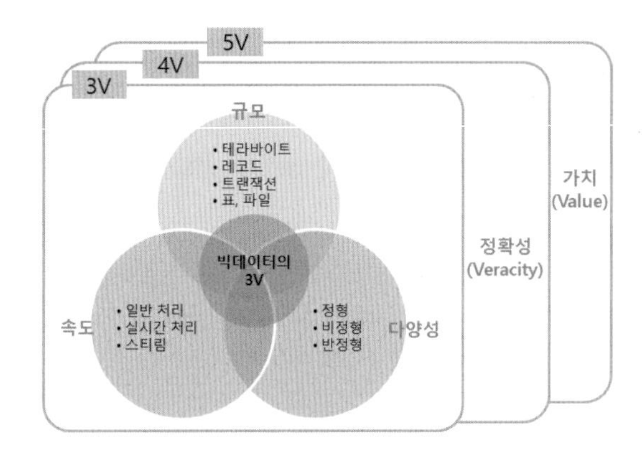

[그림 3-44] 빅데이터의 속성

1) 규모(Volume)

처리해야 데이터의 크기를 말하는 것으로 보통 테라바이트(Terabyte, TB)급 이상의 데이터 군으로서 최근에는 요타바이트(Yottabyte, YB)까지를 빅데이터로 통칭한다.

2) 다양성(Variety)

처리해야 할 데이터의 유형이 다양함을 말하는 속성으로서 형식이 정해져 있는 정형 데이터뿐만 아니라 각종 동영상, 웹사이트에 올리는 사진, SNS에 올리는 메시지, 주변에 설치된 센서에서 발생하는 센서 값 등 다양한 비정형 데이터도 포함된다.

데이터를 정형화 정도에 따라 정형(structured), 반정형(semi-structured), 비정형(unstructured)로 분류한다.

• 정형 데이터(structured data)

일정한 규칙에 따라 고정된 필드에 체계적으로 정리한 데이터로 그 자체로도 의미 해석이 가능하며, 바로 활용이 가능한 데이를 포함한다.

대표적으로 관계형 데이터베이스, 스프레드시트가 있으며 회계정보시스템, ERP시스템 등과 같은 시스템에서 생성되는 데이터도 포함한다.

• 반정형 데이터(semi-structured data)

한글이나 MS워드 등으로 작성한 데이터로서 고정된 필드에 저장되어 있지는 않지만, 메타데이터나 스키마 등을 포함하는 데이터로 HTML, XML, 웹로그, 센서 및 장치 데이터, e-mail 데이터, 페이스북, 트위터, 카카오톡 등 소셜 네트워크 서비스 사용자가 생성하는 데이터 등이 있다.

• 비정형 데이터(unstructured data)

고정된 필드에 저장되어 있지 않은 데이터로서 형태와 구조가 복잡한 데이터로 스마트 기기로 생성하는 소셜 데이터 외에도 이미지, 동영상, 비디오 등 멀티미디어 데이터가 포함된 데이터이다.

향후 10년 동안 생성하는 양은 전체 데이터의 90%에 달할 것이라고 전망하고 있다.

3) 속도(Velocity)

대용량의 데이터를 빠르게 처리하고 분석할 수 있는 속성을 말하며 데이터 유형, 크기, 발생 빈도 주기, 분석 주기 등을 기준으로 다양한 방식을 적용한다. 데이터의 생성 속도가 실시간 처리, 스트림 처리, 일반 처리 등 유통 채널의 다변화로 속도가 빨라졌으며, 이는 처리 속도의 가속화를 요구한다.

4) **정확성**(Veracity)

데이터에 부여할 수 있는 신뢰 수준을 말하며, 최적의 데이터 정제(data cleansing) 기법을 사용하여 높은 데이터 품질을 유지하는 것은 빅데이터의 중요한 요구 사항이자 어려운 과제이다.

소셜 네트워크 같은 환경에서 생산되는 데이터는 본질적으로 신뢰하기가 어렵고, 미래의 예측이나 보이지 않는 시장의 힘 등이 빅데이터의 다양한 불확실성 형태로 나타난다.

5) **가치**(Value)

빅데이터는 가치 있는 정보가 되어야 의미가 있다는 것을 말하며 빅데이터를 수집하기 전에 수집한 데이터로 어떤 가치 있는 정보를 만들 것인지 설계해야 한다. 저장하려고 시간이 지남에 따라 가치의 중요성이 떨어지지 않아야 한다.

즉 빅데이터 만으로는 아무런 가치를 획득할 수 없고 빅데이터 분석 전문가와 처리 기술 등이 확보되어야만 원하는 가치를 얻을 수 있다.

4.1.3 빅데이터 기술 응용

빅데이터의 패러다임과 함께 데이터의 활용과 이를 통한 기업 운영 혁신이 새롭게 주목받고 있다. 소셜 미디어 분석이나 고객 마케팅 분석 등과 같은 분야에서 빅데이터 분석의 활용 사례가 속속히 소개되고 있다.

1) **덴마크의 베스타스 윈드 시스템**

공해를 발생시키는 화석연료 대신 무한 청정에너지 자원인 바람을 이용하여 에너지를 생성하는 풍력발전으로 터빈(동력장치)의 관리 및 배치를 위해 데이터 분석 시스템을 이용하였다. 바람의 방향 및 높이에 따른 변화 요소, 이력 등의 주요 정보와 날씨, 조수 간만의 차, 위성 이미지, 지리 데이터, 날씨 모델링 조사 등의 데이터를 이용하였다. 이러한 빅데이터 분석 솔루션을 활용한 효과로는 대용량 데이터 자료 분석 시간을 수 주에서 1시간 이내로 단축하였으며, 터빈의 설치 위치를 어디에 해야 충분한 전력을 얻을 수 있는지 파악하여 전기료를 절약하는 에너지 효율성 증대, 이산화탄소 방출량 감소 등의 효과를 얻었다.

[그림 3-45] 인도네시아 남부 술라웨시에 설치한 베스타스 윈드 시스템
출처: 이코노미 조선, 2017.07.31.

2) FBI, 유전자 색인 시스템을 활용한 범인 검거 체계

빅데이터 수사 기법은 수많은 정보를 데이터로 만들어 그 안에서 패턴, 알고리즘 등을 발견해 범인의 결정적인 단서를 찾는다.

FBI 유전자 색인 시스템은 유전자 분석표를 대조함으로써 사건을 해결하는 방식으로 미제 사건 용의자 및 실종자에 대한 DNA 정보를 포함한 범죄자 DNA 정보를 분석하여 1시간 내에 범인 DNA 분석을 위한 주정부 데이터베이스 연계 및 빅데이터 실시간 분석 솔루션을 확보하고 있다.

영화 〈마이너리티 리포트〉에서 미래 범죄를 미리 예측해서 찾아내는 첨단 시스템인 프리크라임 시대는 이미 현실이 되고 있다.

영국 런던경시청은 범죄를 일으킬 것 같은 사람이나 범죄 단체를 대상으로 범죄 데이터뿐만 아니라 날짜, 장소, 범인의 행동과 SNS 게시물에 남긴 말, 조직 내 다른 멤버를 욕하는 듯한 발언까지 세세하게 수집하여 빅데이터를 분석해 범죄 예측 소프트웨어를 사용하고 있으며 IBM도 날씨 패턴과 범죄 기록, 모니터링 시스템을 통해 수집한 데이터를 바탕으로 범죄를 예측하는 시스템 크러시(Crush)를 개발하였다.

[그림 3-46] 미래 범죄 예측 영화 마이너리티 리포트(Minority Report)

3) 파리바게트 날씨 마케팅

파리바케트는 날씨 예측을 통해 판매 수요 예측 및 생산 관리를 하고 있다. 날씨별로 판매가 높은 빵을 파악하여, 점포 단말기로 주문량 권장 가능하여 매장의 계산대 단말기 화면에는 '일별 날씨 판매지수 최대 변동'이라는 항목에 제품 이름이 표기되어 있다.

날씨 지수를 도입한지 한 달 만에 조리 빵의 매출이 30% 증가하였다.

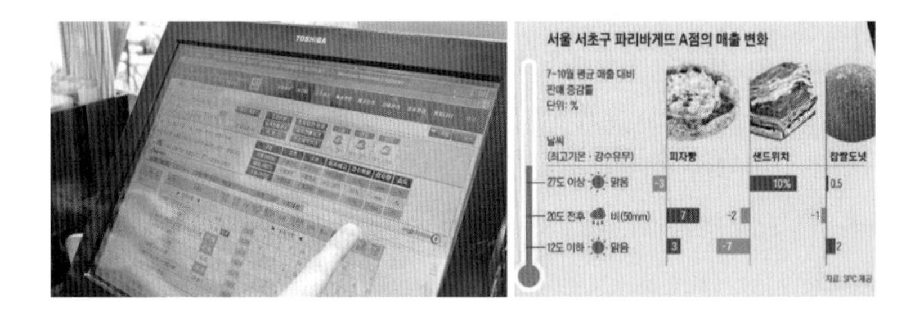

4) 아마존(amazon)[8]

빅데이터를 성공적으로 활용하는 기업으로 고객들의 쇼핑 경험을 향상시키는 데 빅데이터를 적극 활용하고 있다.

---

8) subinne.tistory.com/391(2020.01.09.)

고객의 나이, 성별, 취미, 연봉, 지역 등의 정보를 이용하여 고객이 어떤 상품을 좋아할지 예측하여 추천 상품을 배너 형태로 공개한다.

또한 경쟁 업체의 가격, 주문 내역, 예상 이익률, 웹사이트에서의 활동 등 방대한 데이터를 수집해 가격을 10분마다 최적화하여 관리한 결과 매년 25%의 수익을 올린다고 한다.

5) 스타벅스

스타벅스는 매장을 내기 전에 빅데이터를 기반으로 상권을 철저히 분석하여 최상의 입점 위치를 찾아내기 때문에 150m 안에 두세 곳이 있어도 망하지 않는다고 한다. 물론 이 분석을 통해 신규 스타벅스 매장에 의해 기존 매장이 얼마나 타격을 입게 될지도 예측해 낸다고 한다.

자체 애플리케이션을 통해 소비자의 정보를 수집한 후, 고객의 커피 취향, 방문 예상 시간까지 알아내어 고객의 취향에 맞는 신 메뉴를 추천해 주는 서비스도 제공하고 있다.

6) 제조업 분야의 활용

전 세계 많은 제조업 분야의 기업이 빅데이터 관련 분석을 공장과 제조 공정 프로세스 개선에 적용해 뛰어난 성과를 내고 있다.

공정 차원에서 도입해 수율을 높이고 제조 시간과 비용을 줄이는 방법으로 많이 활용하고 있다. 생산 효율성을 측정하기 위해서는 제조 영업 데이터, 고객 데이터 등을 바탕으로 제조 요청일과 다양한 시장 데이터가 필요하고 이를 바탕으로 제조 전반에 운영되는 제조 실행 시스템(Manufacturing Execution Data : MES)과 전사적 자원 관리 시스템(Enterprise Resource Planning : ERP)상의 운영 결제 정보, 그리고 물류 흐름을 파악하는 SCM(Supply Chain Management) 데이터가 함께 복합적으로 분석되어야 한다.

제조업과 빅데이터의 융복합 모델은 전 공정 과정과 설비에 도입해 스마트팩토리화하는 것과 디지털트윈으로 시뮬레이션 모델을 만드는 방식이다. 상세한 내용은 뒤쪽에서 다룰 것이다. 여기서는 응용 사례에 대해서만 알아보기로 한다.

독일 지멘스의 암베르크 공장에서는 전자부품이 빅데이터를 활용해 로봇들에 의하여 생산되고 있다[9]. 디지털트윈으로 사이버 공간에 현실 공장의 쌍둥이(트윈)를 만들어 실제로 발생할 수 있는 상황을 시뮬레이션하고 미래를 예상한다.

이곳에서는 물류 흐름이 복잡한 혼류 생산 체계에서도 85%의 자동화 수준을 보이고 있다. 1,000여 종의 제품을 연간 1,200만 개가량 생산하며, 하루에 최대 300번 넘게 생산 시스템을 자유롭게 바꾸면서도 시스템을 바꾸는 데 들이는 시간을 줄일 수 있다.

모든 설비를 1,000여 개의 사물인터넷 센서로 연결해 불량품 발생 시 바로 부품을 바꿀 수 있는데다, 99.7%의 제품을 설계·주문 변경에도 24시간 안에 만들 수 있다. 특히 하루에 182억 건의 데이터 분석을 통해 100만 개당 결함 빈도를 11개 이하(불량률 0.0012%)로 관리하는 무결점 품질을 유지하고 있다.

[그림 3-47] 지멘스 암베르크 스마트팩토리의 내부 모습
출처: 지멘스(http://www.simens.com), 테크월드(2021.04.07.)

9) 박영희, “사물인터넷의 빅데이터 개론”, 2017.02

지멘스는 매일 쌓이는 5천만 건의 데이터를 분석해 기계 가동 시점과 멈추는 시점 등 최적의 공정은 무엇인지를 판단했다. 이러한 과정을 거쳐 오래 시간 작동을 안 해도 좋다고 판단한 기계의 전원은 자동으로 꺼지고, 컴퓨터가 재가공한 정보는 제품 개발 부서에 통보해 제품 개발 과정을 개선했다.

이렇게 제품이 기획 및 설계되는 단계부터 판매 이후까지 모든 정보를 모아 제조와 생산 효율을 높이는 데 활용했다.

반면 국내 산업에서 제조업이 차지하는 비중과 가치에 비해 빅데이터의 제조업에 대한 응용에 관한 연구나 관련 문헌은 타 산업이나 응용 분야에 비해 미약한 편이다.

한국데이터산업진흥원이 발표한 『2018 데이터산업현황조사』에 따르면 제조 기업의 빅데이터 도입률은 12.6%이다. 인력(39.9%)과 시장(35.8%)에 관한 정보가 부족하다는 게 큰 이유이다.

해외만큼 활발하진 않지만, 최근 삼성SDS 스마트공장 솔루션 넥스플랜트(NexPlant)는 제조 공정 전반을 인공지능(AI)과 블록체인 기술을 접속했다. 설비에 부착된 IoT 센서로 제조 공정 데이터를 수집하고 분석 · 예측하여 공정률과 결함 분류 정확도를 높여 품질과 수율 향상을 이끌어 내고 있다. 언론에 따르면 삼성 관계사뿐만 아니라 코스메틱, 식음료 산업 등에 도입되며 지난해 대비 46%의 매출 증가를 이뤘다고 한다.[10)]

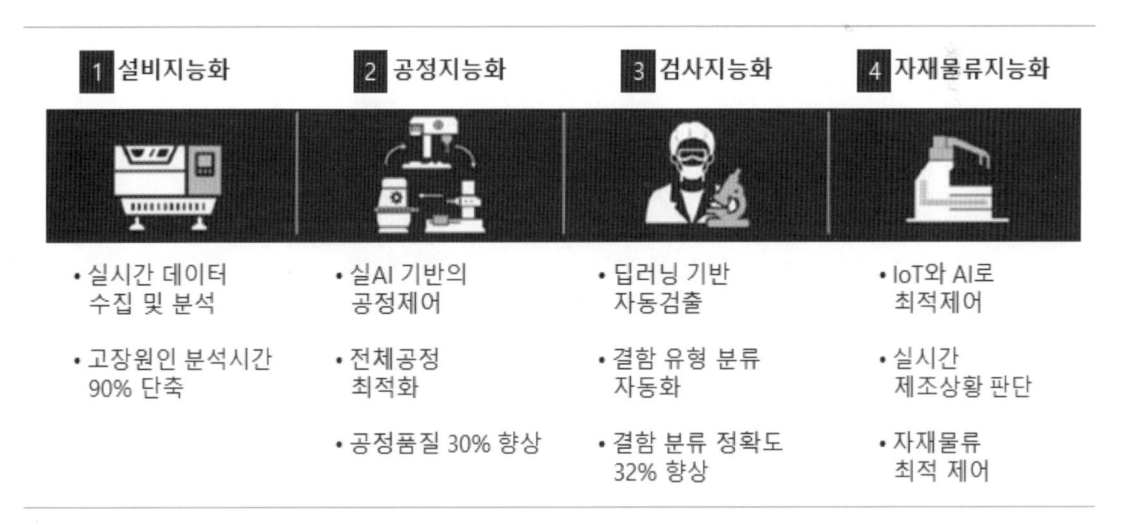

[그림 3-48] 삼성SDS의 인텔리전트 팩토리 플랫폼 '넥스플랜트'
출처: 아시아경제, 2018.08.28.

10) SK(주)C&C DT, 2019.06.25

7) 기타 서비스 분야 활용

질병 예방, 만성질환 관리, 건강 증진 등에 관심을 가지면서 의료나 요양과 관련된 서비스에 대한 수요가 늘어나는 등 사회 전반적인 분야에서 빅데이터 활용 분야의 연구는 활발히 진행 중이다.

한국 정부와 서울시도 보유 공공 데이터베이스 개방 등 적극 추진 중이다.

행정자치부에서 공공정보 제공 지침을 고시하여[11] 공공정보를 활용하여 2차 저작물을 만들 수 있도록 허용하였고 정보화전략위원회에서는 1,068건의 공공 데이터베이스 중 351종 공개를 추진하였다.

[그림 3-49] 행정자치부와 서울특별시 홈페이지

출처:http://www.moi.go.kr/frt/a01/frtMain.do,
http://www.seoul.go.kr/main/index.html

서비스명	주요 기능	개발내용
만성질환 닥터케어 서비스*	• 빅데이터 분석을 통해 5대 만성질환을 질병수치로 통해 관리 • 빅데이터 분석을 통해 사용자에게 위험상황에 대한 알림 서비스 제공 • 지역 방문의료 시스템을 연동하여 직접 병원을 가지 않고도 의사들이 방문을 통해 진료	
교통 빅데이터 분석 서비스	• 각 버스노선 및 정류장의 시간대별, 요일별, 월별 이용객 및 운행 소요 시간 파악 • 주요 혼잡도로 통행량, 속도 분석 및 주요 정체구간 파악 • 시각화 기술을 활용하여 도로 소통 및 교통량 분석 결과를 제공	
재난안전지도 서비스(기상)	• 실시간 기상 정보를 수집하여 제공하고 사용자가 작성한 메시지 분석을 통해 실시간 기상 변화 제공 • 재난 관련 위험 요소(홍수, 호우 등)가 발생 시에는 이를 사용자에게 경고 • 과거 기상 변화 분석을 통해 홍수, 태풍, 가뭄 등에 대한 피해 정보 제공	
치매노인 모니터링 서비스	• 환자의 일상 생활 패턴을 탐지하여 이상 징후 조기 발견 가능 • 일상 생활 패턴을 통한 환자들의 이상패턴 및 사고를 조기에 탐지 • 모니터링과 위험상황 알림을 동시에 활용하여 즉각적인 사고 대처 서비스	

* 만성질환 닥터케어 서비스 [12]

---

11) 2010년 7월
12) 류가애 외 4, "만성질환 환자들을 위한 빅데이터 기반 질환 관리 서비스"(한국콘텐츠학회 2016 춘계종합학술대회

4.2 인공지능(Artificial Intelligence)

지능(Intelligence, 知能)은 무언가를 이해하고 배우는 능력으로, 인간의 지능은 인간을 인간답게 하는 핵심 요소로 인간의 지능을 이해하는 것은 인간에 대한 근본적 이해를 가능하게 하는 것이다.

인공지능은 지능이 필요한 곳에서 인간을 대신하여 활용될 수 있으며 인간의 지적 노동을 대체하고, 인간을 초월하는 능력으로 다양한 문제를 해결한다. 궁극적으로 인공지능을 통해 인간 지능을 증강하기 위한 기술적 진보를 추구함과 동시에 인간 존재의 근본적 이해를 위한 기본 토대를 제공한다.[13)]

4.2.1 인공지능의 정의

영국의 앨런 튜링(Alan Mathison Turing, 1912~1954, 수학자, 암호학자)은 컴퓨터가 사람처럼 생각할 수 있다고 제시하여, 가려진 방에서 대화를 나누고 상대방이 컴퓨터인지 사람인지 구별할 수 없다면 그 컴퓨터는 사고할 수 있는 것이라고 간주해야 한다고 주장하였다. 이 튜링 이론은 지금까지 인공지능 분야의 기반이 되었으며, 튜링 테스트(Turing Test)라는 이름으로 인공지능을 판별하는 기준으로 활용되고 있다.

1956년 존 매카시 박사가 미국 다트머스 학회에서 처음으로 인공지능이란 "기계를 인간 행동의 지식에서와 같이 행동하게 만드는 것"이라는 정의를 내려 1971년 튜링상을 수상하였다.

조금씩 다른 정의도 있지만 Wikipedia에서는 인공지능이란 "인간의 학습 능력, 추론 능력, 지각 능력, 그 외에 인공적으로 구현한 컴퓨터 프로그램 또는 이를 포함한 컴퓨터 시스템"이라고 정의한다.

---

13) IITP, 인공지능 기술청사진(2030),2020.12

중분류	설명
추론 및 기계학습	• 인간의 사고능력을 모방하는 기술들
지식표현 및 언어기능	• 사람이 사용하는 자연어 이해를 기반으로 사람과 상호작용하는 기술들
청각기능	• 음성/음향/음악을 분석, 인식, 합성, 검색하는 기술들
시각기능	• 사물의 위치, 종류, 움직임, 주변과의 관계 등 시각 이해를 기반으로 지능화된 기능을 제공하는 기술들
복합기능	• 시공간, 촉각, 후각 등 주변의 상황을 인지, 예측하고, 상황에 적합한 대응을 제공하는 기술들
지능형 에니전트	• 개인비서, 챗봇 등 가상공간 환경에 위치하여 특별한 응용 프로그램을 다루는 사용자를 도울 목적으로 반복적인 작업들을 자동화시켜 주는 기술
인간-기계 협업	• 인간의 감성이나 의도를 이해하고 인간의 뇌활동에 기계가 연동되어 작동하게 해주는 기술들
AI기반 HW	• 초고속 지능정보처리를 구현하게 지원해주는 HW들

[표 3-1] 인공지능의 구성의 구현 기능

출처: IITP, 4차 산업혁명을 선도하는 주요 기술대상(2018.03)

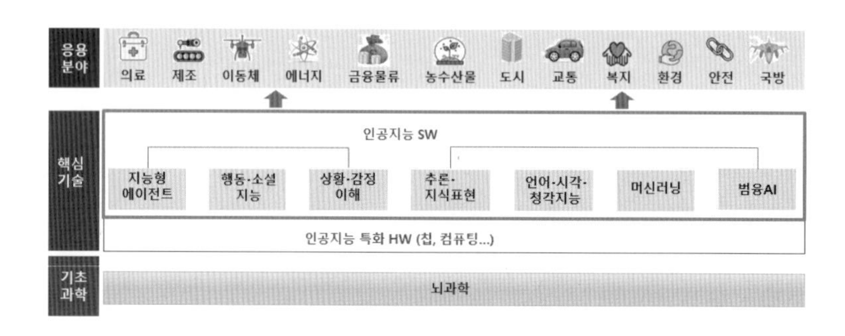

[그림 3-50] 인공지능 개념도

출처: IITP, 4차 산업혁명을 선도하는 주요 기술대상(2018.03)

개념적으로는 강한 인공지능(Strong AI)과 약한 인공지능(Weak AI)로 구분되는데, 강한 인공지능이란 사람처럼 자유로운 사고가 가능한 인공지능을 말하고, 약한 인공지능이란 자의식이 없이 특정 분야의 문제를 해결하기 위해 개발된 인공지능을 말한다. DeepMind 사의 알파고나 IBM의 왓슨(Watson) 등이 약한 인공지능의 대표적인 예이다.

인공지능과 함께 자주 언급되는 머신러닝과 딥러닝의 하위 영역도 포괄하고 있다. 초기의 체스 프로그램은 프로그래머가 만든 하드코딩된 규칙만 가지고 있었고 머신러닝으로 인정받지 못했다.

명시적인 규칙을 충분하게 많이 만들어 지식을 다루면 인간 수준의 인공지능을 만들 수 있다고 믿었는데 이런 접근 방법을 심볼릭 AI라고 한다.

심볼릭 AI가 해결하기 어려운 이미지 분류, 음성 인식, 언어 번역 같은 복잡하고 불분명한 문제를 해결하기 위한 명확한 규칙을 찾는 것은 아주 어려웠고 이를 해결하기 위한 방법이 머신러닝이다.

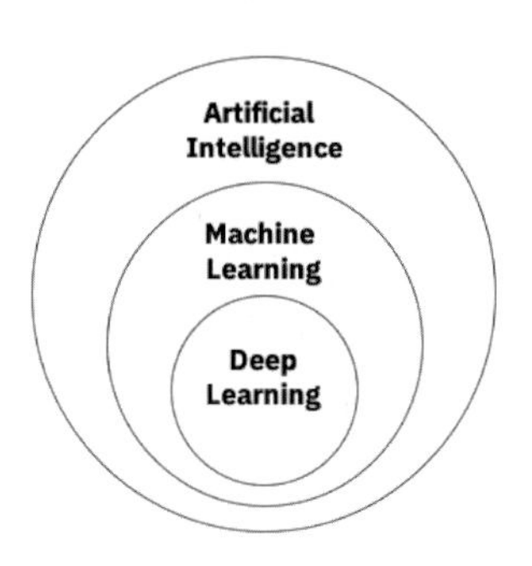

1) 머신러닝(Machine Learning, 기계학습)

머신러닝은 AI의 한 분야로 누적된 경험을 통해서 컴퓨터가 스스로 학습할 수 있게 하는 알고리즘이다.

어떤 다양한 규칙들을 데이터를 기반으로 해서 분석 및 학습하고, 학습한 내용을 기반으로 어떠한 결정을 판단하거나 예측한다. 스스로 학습을 통해서 얻은 결과로 향후 성능을 더 정확하게 수행한다.

심볼릭 AI의 패러다임에서는 규칙(프로그램)과 데이터를 입력하면 해답이 출력된다면 머신러닝에서는 데이터와 이 데이터에서 예상되는 해답을 입력하면 규칙이 출력되는 된다.[14]

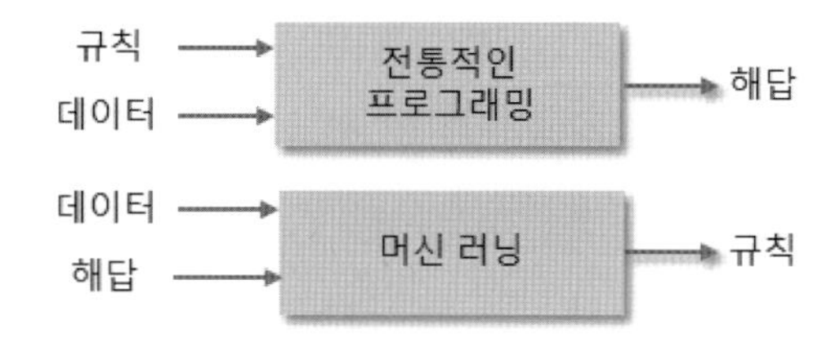

[그림 3-51] 심볼릭 AI와 머신러닝의 패러다임 비교
출처: Gilbut Inc.

14) Gilbut Inc.

머신러닝에는 크게 지도학습, 비지도학습, 강화학습의 3가지 분야로 나뉜다.

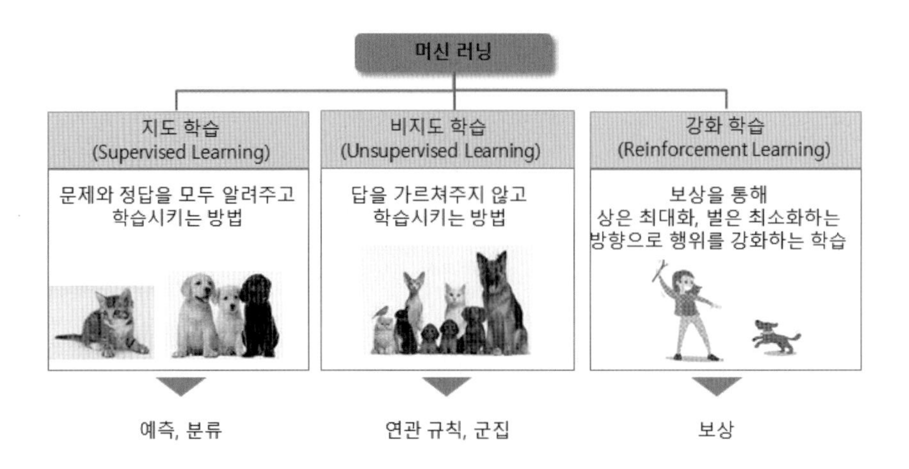

[그림 3-52] 머신러닝의 분류
출처: 한빛아카데미, 서지영, 난생처음 인공지능 입문 재구성

· 지도학습(Supervised Learning)

컴퓨터에 문제와 정답을 모두 알려주고 학습시키는 방법으로써 올바른 답을 예측시키는 학습 방법이다. 지도학습에서 사용하는 모델로는 예측과 분류가 있다.

· 비지도학습(Unsupervised Learning)

답을 가르쳐주지 않고 학습시키는 방법으로 학습에 사용된 데이터들의 특징을 분석해 그 특징별로 그룹을 나누는 방식이다. 사용하는 모델로는 연관 규칙과 군집(Clustering)이 있다.

· 강화학습(Reinforcement Learning)

자신이 한 행동에 대해 보상(Reward)을 받으며 학습하는 것으로 상은 최대화하고 벌은 최소화하는 방향으로 행위를 강화하는 학습 방법이다.

2) **딥러닝**(Deep Learning)

머신러닝의 한 기법으로 사람의 뇌에서 신경세포(뉴런)를 따라한 학습법에서 출발하였고 심층 신경망에서 발전한 형태이다. 주로 기계가 특징을 자동으로 정의한다.

인공신경망(ANN, Artificial Neural Network)[15]에 대한 훈련을 의미하는데 학습하고자 하는 데이터를 입력층(Input Layer)에 넣은 후 여러 단계의 은닉층(Hidden Layer)을 지나면서 처리가 이루어져 출력층(Output Layer)을 통해 최종 결과가 나온다. 은닉층을 여러 개 갖는 구조를 심층 신경망(DNN, Deep Neural Network)이라고 하며 이를 활용한 머신러닝 학습을 딥러닝이라고 한다.[16]

인간이 물체를 인식하는 데 사용하는 신경망이 10~15층 정도라면, 이세돌과의 바둑대국에 쓰인 알파고는 이미 48층 높이의 신경망을 사용한 것으로 알려져 있고, 현재 최신 딥러닝의 층수는 152층까지 발전하였다고 한다.

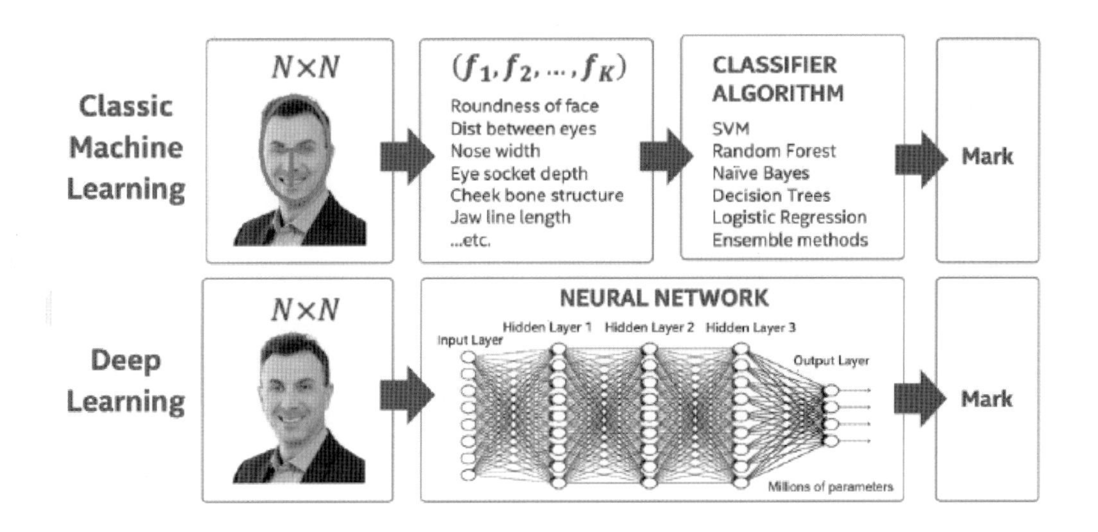

[그림 3-53] 머신러닝과 딥러닝의 비교

출처: https://www.intel.com/content/www/us/en/artificial-intelligence/posts/difference-between-ai-machine-learning-deep-learning.html

15) 여러 뉴런이 서로 연결되어 있는 구조의 네트워크

16) 한빛아카데미, 난생처음 인공지능 입문, 서지영

4.2.2 인공지능의 역사

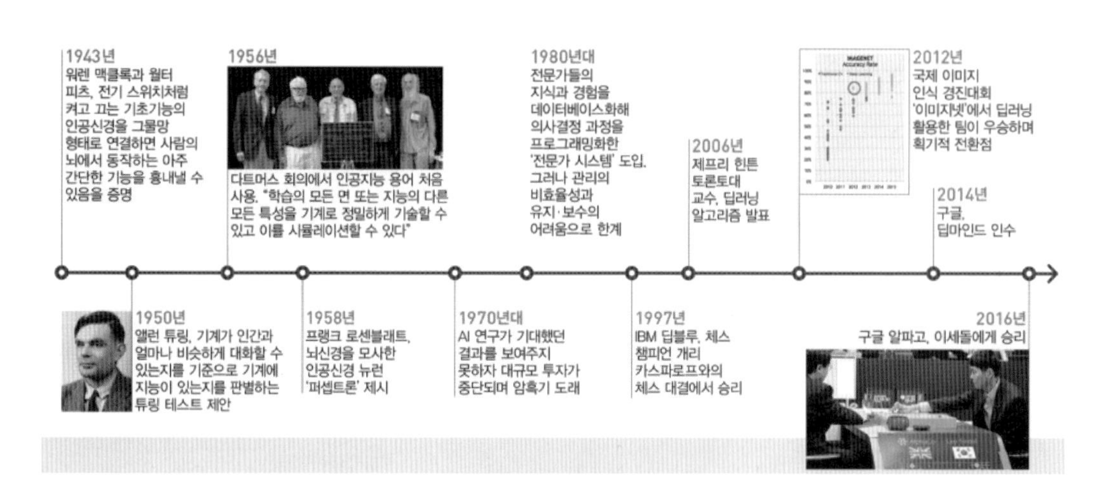

[그림 3-54] 인공지능의 역사

출처: 주간경향 2019.04.29.

1) **인공지능의 시작**(1943년~1956년)

초기의 신경 시스템 모델은 1943년 워렌 맥클록(Warren McCulloch)과 월터 피츠(Walter Pitts)에 의해 제안된 인간의 두뇌를 논리적 서술을 구현하는 이진 원소들의 집합으로 추측했는데, 이진 원소인 뉴런은 on이나 off 상태를 나타낸다. [17] 인공 신경을 그물망 형태로 연결하면 사람의 뇌에서 동작하는 아주 간단한 기능을 흉내낼 수 있음을 증명하였다.

1949년 캐나다의 심리학자인 도널드 헵(Donald Hebb)은 두 개의 뉴런이 서로 반복적이고 지속적으로 점화(firing)하여 어떤 변화를 야기한다면 뉴런들 사이의 학습효과가 있음을 주장하였다.

1950년 앨런 튜링(Alan Turing)의 튜링 테스트(Turing Test)는 사람 평가자가 기계와 사람을 구분하지 못하면 이 기계는 튜링 테스트를 통과한 것이므로 기계의 지능이 사람과 같은 것이라고 간주한다.

17) 김대수, 처음 만나는 인공지능, 생능출판사(2020.)

Vol. lix. No. 236.] [October, 1950

MIND

A QUARTERLY REVIEW

OF

PSYCHOLOGY AND PHILOSOPHY

I.—COMPUTING MACHINERY AND INTELLIGENCE

By A. M. Turing

1. *The Imitation Game.*

I propose to consider the question, 'Can machines think?' This should begin with definitions of the meaning of the terms 'machine' and 'think'. The definitions might be framed so as to reflect so far as possible the normal use of the words, but this attitude is dangerous. If the meaning of the words 'machine' and 'think' are to be found by examining how they are commonly

[그림 3-55] 앨런 튜링, 계산 기계와 지능, 1950.

[그림 3-56] 영화, The Imitation Game

최근에는 캡차(CAPTCHA)로 로봇은 구별하기 난해한 문자를 제시하여 이를 맞추면 사람으로 인정하는 튜링 테스트를 많이 사용한다.

[그림 3-57] 앨런 튜링(Alan Turing)

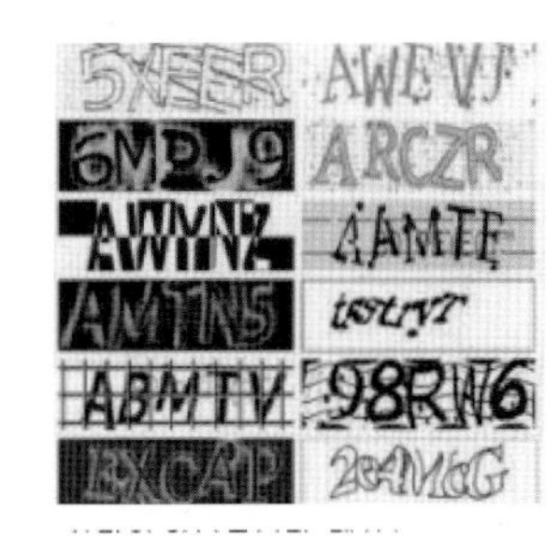

[그림 3-58] 캡차(CAPTCHA) 테스트

2) 인공지능의 본격적인 등장(1956~1974년)

인공지능(AI: Artificial Intelligence)라는 용어는 1956년 '다트머스 컨퍼런스'에 참여했던 10명의 학자들에 의해서였다.

존 맥카시는 '생각하는 컴퓨터'를 '인공지능'이라고 부르기를 제안하였으며 이후 인공지능이란 용어가 사용되고 있다.

**1956 Dartmouth Conference:
The Founding Fathers of AI**

John MacCarthy

Marvin Minsky

Claude Shannon

Ray Solomonoff

Alan Newell

Herbert Simon

Arthur Samuel

Oliver Selfridge

Nathaniel Rochester

Trenchard More

[그림 3-59] 인공지능의 창시자
출처: scienceabc.com제공

1957년 미국의 로젠블럿(Frank Rosenblatt)에 의해 개발된 '마크 I퍼셉트론'이라는 신경망 모델은 A, B, C와 같은 문자를 인식할 수 있었다.

1962년에 메카시는 최초의 인공지능 프로그래밍 언어인 LISP을 개발하여, 지식을 처리하는 규칙 기반 인공지능 프로그래밍에 크게 기여하고 있다.

1965년 분자 구조 파악 프로그램 덴드럴(DENDRAL)이 개발되었다.

[그림 3-60] 퍼셉트론 이미지 입력장치 마크1

출처 : wikipedia　　출처: 매거진한경

3) 인공지능의 첫 번째 겨울(1974~1980년)

연구자들은 1980년까지 인간 규모의 기반 지식을 가진 범용 지능형 기계를 만들고 2000년에는 인간의 지능을 넘어서게 하겠다고 약속하였다. 하지만 현실의 벽은 너무 높았다. 주어진 문제를 컴퓨터로 얼마나 빨리 풀 수 있는지를 다루는 'P-NP' 문제로 이 추론에 따르면 어떤 문제는 입력 데이터의 크기가 증가할수록 계산에 필요한 시간이 지수적으로 증가하기 때문에 영원히 계산을 마칠 수 없다. 즉 '인공지능이 필요한 복잡한 문제에서는 정작 인공지능이 무용지물'이라고 발표했다.

이에 낙관적인 인공지능은 비판의 대상이 되었고 미국, 영국 정부도 AI 연구에 대한 지원을 중단했다. 인공지능의 첫 번째 겨울(First AI Winter)이 시작되었다.

4) 인공지능의 발전기(1980~1987년)

1980년대에 들어서자 '전문가 시스템(Expert System)'의 등장으로 제2차 인공지능의 전성기 시작되었다.

전문가 시스템은 '전문가가 가지고 있는 지식을 인위적으로 컴퓨터에게 부여하여 비전문가도 전문가의 지식을 이용하여 결과를 도출해 낼 수 있도록 지원하는 자문형 정보 시스템'이다. 전문가 시스템은 규칙 기반 모델을 이용하는 추론 엔진에 기반하고 있으며 파이겐바움 교수의 DENDRAL(1971년)이 초기 전문가 시스템이며, 이 가운데 가장 잘 알려진 시스템은 미국 스탠퍼드대학에서 개발한 MYCIN으로 Dendral에서 파생되었다.

마이신은 환자의 전염성 혈액 질환을 진단한 후 투약해야 하는 항생제, 투약량 등을 처방하도록 디자인되었으며 당시 69%의 확률로 적합한 처방을 할 수 있었다고 한다.

5) 인공지능의 두 번째 겨울(1987~1993년)

전문가 시스템도 '지식 추출의 병목 현상'이라는 문제가 발생했다.

전문가 시스템을 유지하기 위해 문제 영역이 점차 확대되고 복잡해짐에 따라 해당 분야에 통달한 전문가를 찾기가 어려워지고, 지식 획득에 장기간에 걸쳐 많은 비용을 투자해야 하는 문제가 생겼다.

그뿐만 아니라 누적된 시행착오를 통해서 문제 영역을 더 자세히 이해하게 할 수는 없었다. 즉 경험을 통해서 배울 수 있는 능력이 없었으며, 동시에 전문가 시스템이 내놓은 답을 검증하고 유효성을 입증하기도 어려워져 사람들은 의구심을 가졌다. 이로 인해 인공지능의 두 번째 겨울(Second AI Winter)이 시작되었다.

6) 인공지능의 안정기(1993~2011년)

검색엔진이 출현하면서 방대한 양의 데이터 수집이 가능해지자, 1990년대 인공지능은 다시 부활하기 시작했다. 빅데이터와 머신러닝, 딥러닝 기술로 발전하는 계기를 마련했다.

인공지능 연구에 등장한 또 하나의 큰 흐름은 바로 '연결주의'이다. 인간의 두뇌는 수많은 뉴런들이 시냅스를 통해 연결된 신경망이다. 이런 구조를 컴퓨터 프로그램을 통해서 탄생한 것이 인공신경망(Artificial Neural Network)이다. 인공신경망은 입력층, 은닉층, 출력층으로 구분되며 시냅스를 통해 자극이 있을 때만 다음 층으로 전달된다. 이때 은닉층을 2개 이상 구성하면서 복잡한 문제를 해결할 수 있다.

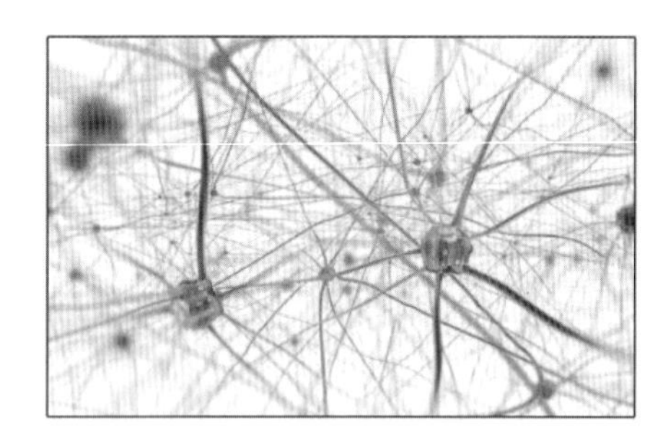

[그림 3-61] 인간의 신경망

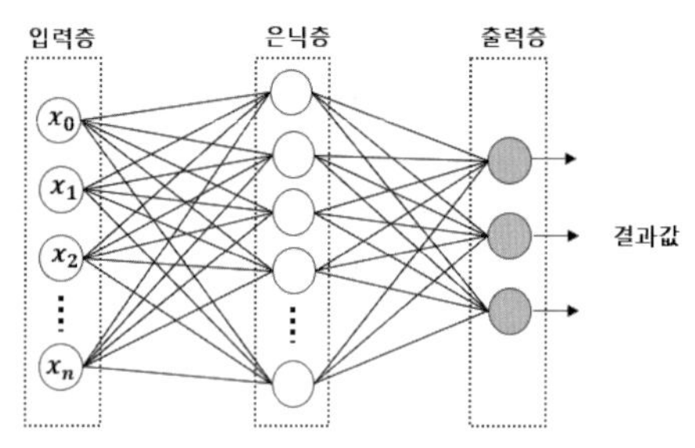

[그림 3-62] 인공신경망의 구조

7) 인공지능의 전성기(2011년 ~ 현재)

2016년 3월 알파고(AlphaGo)와 이세돌 9단의 바둑 대결은 전 세계인의 관심 속에서 4대 1로 알파고가 승리했다. 이로써 인공지능에 대한 기대와 관심이 폭발적으로 증가되었고 구글, 페이스북 등에서 딥러닝 기술을 적용시킨 알고리즘들이 개발되었으며 병렬연산에 최적화된 GPU가 등장하면서 신경망의 연산 속도가 획기적으로 가속화되어 딥러닝 기술 발전에 일조하고 있다

[그림 3-63] 딥러닝 발전의 공로자들(왼쪽부터 Yoshua Bengio, Geoffery Hinton, Yann LeCun)

4.2.3 인공지능 활용 분야

인공지능 기술의 확산은 금융 · 의료 · 인공지능 비서 서비스 분야에 빠르게 정착하며 여러 가지 혁신 서비스를 제공하고 있다.

1) 인공지능 비서 서비스

인공지능 비서는 사용자의 음성 명령을 인식해 음악을 재생하고, 음식을 주문하고, 차량 공유 서비스 기사를 부르는 등 다양한 업무를 수행한다.

영화 <'아이언맨'>에 등장한 AI 비서 자비스를 개개인 모두가 스마트폰과 AI 스피커를 통해 고용할 수 있는 시대가 온 것이다.

아마존 · 구글 · 애플 등 대형 IT 기업을 중심으로 인공지능 스피커 형태의 제품과 서비스가 빠르게 확산되고 있으며, 보다 자연스러운 AI-휴먼 인터랙션에 대한 기술 개발이 진행 중이다.

구글은 인공지능이 전화를 걸어 상대방과 자연스러운 대화를 통해 예약을 수행할 수 있는 '구글 듀플렉스'(Google Duplex)라는 기능을 공개했다.[18]

18) Daniel E. O'Leary, "GOOGLE'S Duplex: Pretending to be human", Intelligent Systems, v. 26, pp. 46-53, 2019

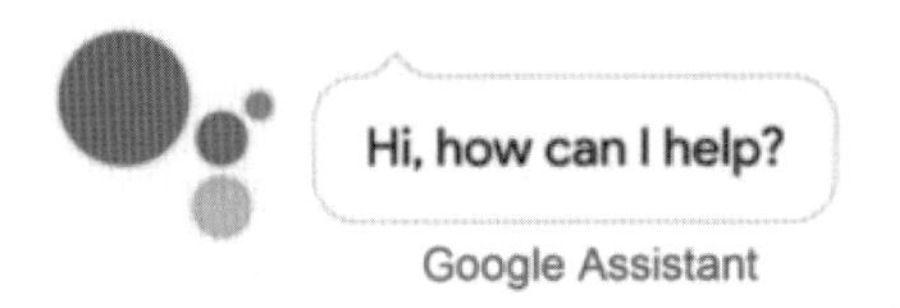

[그림 3-64] 구글 듀플렉스 인공지능 도우미

미국 아마존은 인공지능 비서 기반 기술인 '알렉사'를 출시해 자사의 스마트 스피커 '에코(Ehco)'에 탑재했다. 알레사를 바탕으로 가정용 로봇 '베스타'를 개발 중이다. 베스타(Vesta)는 스마트홈 서비스를 위한 로봇으로 로마신화에 나오는 가정(Hearth)의 여신인 베스타에서 따온 이름이라고 한다.

국내에서는 SK텔레콤의 경우 '누구(NUGU)'를 출시, KT는 2017년 세계 최초로 IPTV와 연계가 가능한 스마트 스피커 '기가지니'를 출시했다.

삼성전자의 '빅스비'와 LG전자의 'Q보이스'의 음성인식 AI 서비스를 스마트폰과 PC, 스마트TV, 냉장고 등 신형 가전제품에 탑재하고 있다.

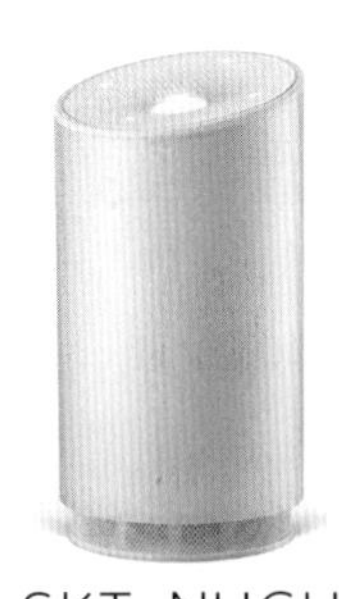

아마존의 알렉사　　SKT, NUGU　　KT, 기가지니

[그림 3-65] 기업별 인공지능 비서 제품
출처: 각 사 홈페이지

삼성은 '20년 인간의 모습을 한 디지털 아바타 Neon을 공개했다. 물리적인 하드웨어는 없으나, 딥러닝을 기반으로 가상공간 내에서 인간과 매우 흡사한 아바타를 구현하여 인간처럼 자연스럽게 대화를 나누고 감정과 지능을 표현 가능한 수준이다. 기존의 AI 음성비서와는 다르게 인간처럼 자연스럽게 대화를 나누고 행동하도록 설계되었다. 특정 업무, 예를 들면 교사, 은행원, TV 앵커 역할에 도움이 되도록 개인화할 수도 있다.[19)]

[그림 3-66] 삼성이 개발한 디지털 아바타 Neon
출처: 스타랩

2) 금융 서비스

'보험은 데이터 산업이므로 인간보다 데이터를 읽는 속도가 빠른 AI의 역할은 점점 커질 수 밖에 없다'고 보험업계 관계자는 말했다. AI 기술을 적극 도입하고 있는 보험사 중 DB손해보험은 인공지능 전문 기업인 '셀바스AI'와 손잡고 자사의 '프로미AI 건강케어 365' 상품에 인공지능 질병 예측 솔루션 '셀비 체크업(Selvy Checkup)' 서비스를 제공하고 있다. 국내 최초 인공지능 헬스케어 암보험 상품으로 질병 예측 서비스를 제공해 정기적인 건강검진을 유도하고, 질병 위험도를 제공함으로써 실질적인 건강 증진을 지원한다.

19) http://it.chosun.com/site/data/html_dir/2020/01/07/2020010703348.html, 2020.01.07

국내에서 인공지능 추론 기술을 보유한 솔트룩스는 디지털 휴먼, 챗봇, 콜봇 등으로 성과를 내고 있으며 인공지능 추론 기술은 인공지능 대화 처리 기술과 접목하여 인적 자원 관리 분야인 인사, 총무, 채용 심사 등에 활용 가능하며, 고객센터에서 상담 업무를 지원하는 등 소비자 접점을 확대하는 중이다.

메타버스의 핵심인 인공지능 가상인간 '메타휴먼'을 이미 2년 전부터 상용화해 서울시, 광주시, LG유플러스 등에 제공해 왔다.

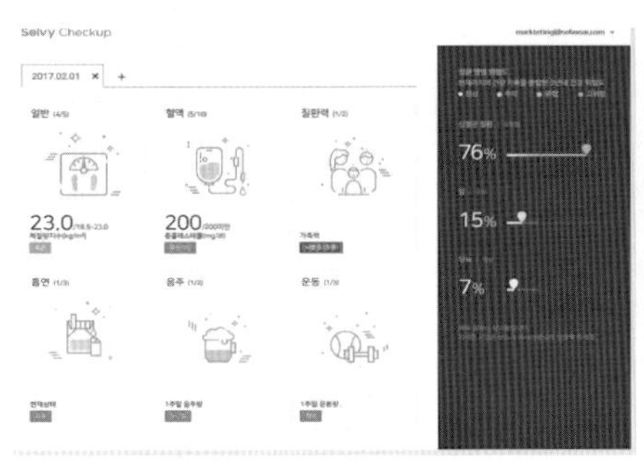

[그림 3-67] 셀비 체크업

출처: selvas, 2018.01.30.

[그림 3-68] 솔트룩스 신한 라이프 광고영상에 등장한 메타휴먼 로지

출처: 솔트룩스 블로그(2021.07.23.)

3) 의학 서비스

전 세계 수많은 병원들이 인공지능 기술을 적극 도입해 스마트 병원으로 변화하고자 노력하고 있다.

의료 현장에서 미래에 대한 인공지능 비전은 인공지능 의사(AI Doctor)를 원하는 것이 아니다. 모든 의료 서비스 제공자가 초기 단계에서부터 환자의 질병을 예방하고 가장 효율적이고 신속·정확하게 진단하고 치료하기 위한 필요한 도구를 갖는 것이다. 인공지능은 의료 현장에서 진단과 치료 효율을 높이고 의료비용은 절감하고 스마트한 의료 환경을 구현하는 데 가장 기여할 것으로 예상된다.

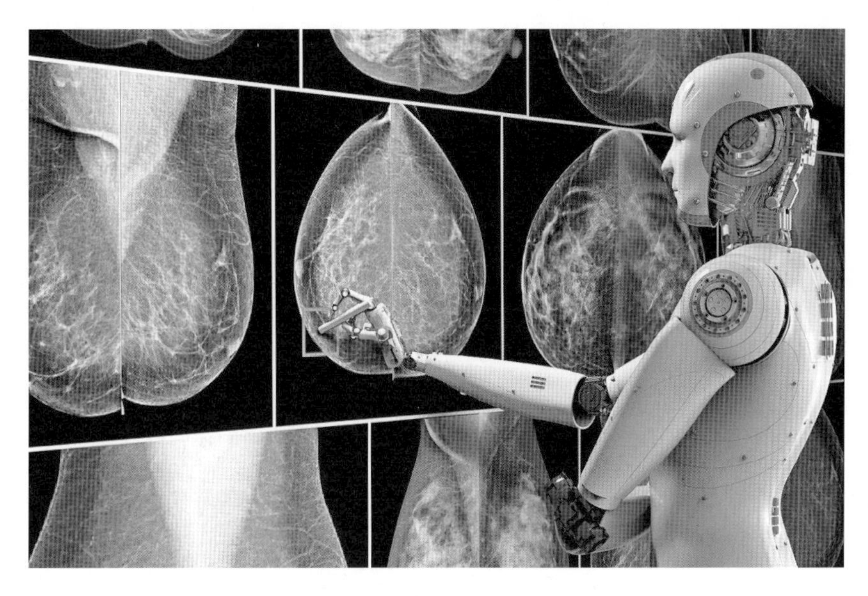

출처: 인공지능신문(http://www.aitimes.kr)

4) 인공지능 분야의 다양한 구현 기술 발전 시도

인공지능이 매번 반복된 학습을 통해 새로운 태스크에 적응하는 단계에서 벗어나, 기존의 학습된 경험을 바탕으로 태스크 간의 관계 학습 또는 자가 판단이 가능한 연구가 이루어지고 있다.

토론토대학 연구진은 다양한 도메인에서의 이미지 분류 학습 경험은 있지만 새로운 도메인에 관해 적은 데이터만 주어진 상황에서 모델의 학습 역량을 측정할 수 있는 벤치마크 데이터세트를 제안했다.

10가지 이종 도메인의 이미지 데이터세트를 통합하고 학습 모델이 마주칠 수 있는 평가용 데이터 추출 방법을 제시함으로써 모델의 적응적 학습 역량을 측정하는 방법을 제시하였다. [20]

또한, 전통적 지도학습은 학습된 부류만 다룬다는 폐쇄 세계를 대상으로 하여, 실제로는 항상 새로운 것을 마주치기 때문에 개방적이고 동적인 환경에서는 적합하지 않았다. 개방 세계 학습(Open-World Learning)은 이렇게 경험하지 못한 부류도 다루게 되는 상황을 고려하기 때문에 새로운 부류를 감지할 수 있으며, 새 부류를 점진적으로 학습하는 것을 목표로 한다. [21]

---

20) Eleni Triantafillou, Tyler Zhu, Vincent Dumoulin, Pascal Lamblin, Utku Evci ,Kelvin Xu, Ross Goroshin, Carles Gelada, Kevin Swersky, Pierre-Antoine Manzagol & Hugo Larochelle. META-DATASET: A DATASET OF DATASETS FOR LEARNING TO LEARN FROM FEW EXAMPLES. In ICLR 2020

21) Bendale, Abhijit and T. Boult. "Towards Open World Recognition." 2015 IEEE Conference on Computer Vision and Pattern Recognition (CVPR): 1893-1902. 2015

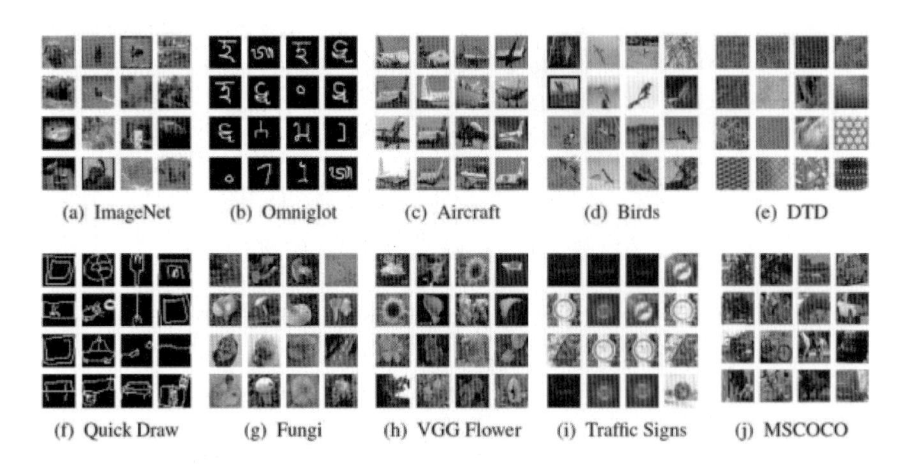

[그림 3-69] 이종 도메인의 이미지 데이터을 통한 모델의 학습 평가(토론토대학)

[그림 3-70] 개방적 세계 학습(Open-World Learning) 개념

인공지능은 과학 · 산업 기술의 성장을 가속화하는 혁신의 조력자이자 타 산업의 지능형 융합 견인에 필수적인 기술로 농업, 제조업 등 1 · 2차 산업에서도 인공지능 도입 필요성이 제기되고 있다.

현재 인공지능은 범국가적 재난, 도심 사고예방 · 치안 등 사회문제 해결을 통해 수없이 다양한 영역의 사회문제를 해결할 수 있는 기술로 주목받고 있는 만큼 인류 삶의 질을 높이기 위해서는 인공지능이 실생활 깊숙이 들어와야 가능하며 이를 위해서는 독자적인 우리나라 인공지능 생태계 구축이 필요하다.

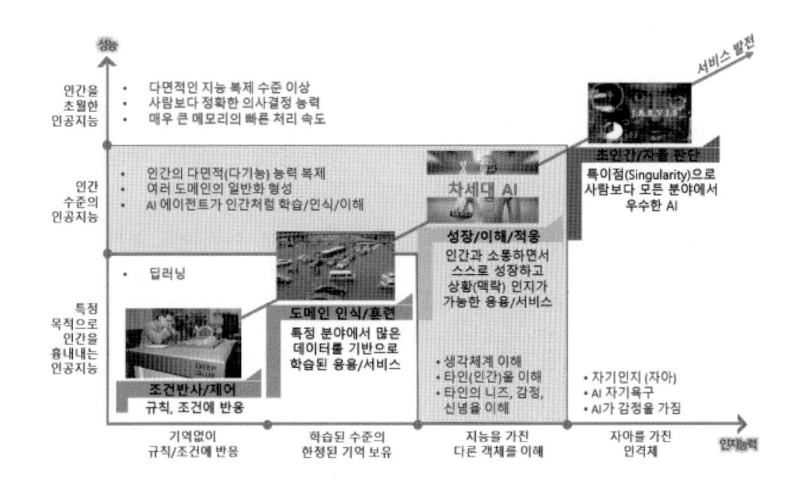

[그림 3-71] 인공지능의 발전 방향

출처: IITP, 인공지능 기술 청사진(2030)

분야	이슈
게임	• 로직이 AI로 대체되고, 퍼블리셔 운영비용의 하락과 개발비 감소로 점차 확대
교육	• 시·공간 제약이 없으며, 학습 큐레이션 시스템의 개발, 코칭 봇, 신경과학 기반의 맞춤형 교육 모형의 개발 등 보다 고도화된 에듀테크 교육체계 마련
국방	• 상업용 AI 기술을 국방 분야의 목적에 맞게 다양하게 접목
금융	• UX기반의 투자 및 자산관리 서비스에 대한 소비자 니즈의 다양한 유형 도출·반영
농업	• 생산량의 조절 및 예측과 안전성과 신선함을 유지할 수 있는 관리체계 확대
드론·항공	• 자율비행 시 비상상황에 대한 대처능력 향상과 인명/대물 피해 최소화, 안전비행을 위한 도심의 복잡한 구조물 계산 등 AI 기술 접목
로봇	• 생산성 및 원가 절감에 기여하고, 안전기능 강화, 인간과 커뮤니케이션 기술개발이 주요이슈
법률	• 경험적 지식을 근거로 상황의 이해 및 이론적으로 추론이 가능한 인공지능 활용
스마트홈·가전	• 영상·음성인식 기술의 발전으로 피아식별을 통해 보안강화와 평상시 생활패턴 분석과 알림 등으로 다양한 편의기능 점차 확대
에너지	• 에너지관리(소비 예측과 거주자의 생활습관을 학습하여 선제적 에너지 기기 제어로 자율적으로 운전) • 에너지 시설·설비 안전진단(데이터기반 상시 모니터링·진단으로 변환감지, 조기 대처)
유통·물류	• 배송드론, 서비스로봇, 무인점포, 챗봇, 옴니채널, 배송공유, 스마트카트, 간편결제 등에 관한 개발 • AI기반의 운영시스템과 로봇이 필수 접목되어 상하역, 피킹, 이송, Sorter 등 각 단계별 기술개발
의료·헬스케어	• 의료/헬스케어는 사람의 건강과 직결되는 민감한 분야로, 표준 부합성에 기반하는 성능과 윤리적 이슈도 함께 포함(검출, 분할, 정규화, 추론엔진, 내용기반 질의)
자동차·교통	• 운전자 모니터링과 차량 고장 진단 및 예측에 대응하고, 교통관련 모든 사물과 커넥티드 정보시스템 구현
제조	• 제조 산업에 CPS(모든 사물을 연결하는 IoT와 데이터를 통합적으로 수집하는 플랫폼) 도입으로 자율적인 의사결정 지원과 실시간 제어 등으로 생산의 효율성, 안전성, 품질향상을 가져옴
지식재산	• 정확하게 정제된 Data & Knowledge Base의 제공이 가능해지고, 지식재산을 이용한 정보서비스 고도화

[표 3-2] 산업별 인공지능 기술 적용 이슈

출처: IITP, 인공지능 기술 청사진(2030)

4.3 디지털트윈(Digital Twin)

제조 빅데이터를 활용해 디지털트윈을 구현한 독일의 제조 기업들은 실제 공정과 똑같은 시뮬레이션 프로그램으로 제품 완성도를 높이고 불량률을 낮추고 있다. 또한, 데이터 분석을 통한 공정 효율화로 생산성을 증가시키고 있다. 제조업과 빅데이터의 융복합 모델을 전 공정 과정과 설비에 도입해 스마트팩토리화하고 디지털트윈으로 시뮬레이션 모델을 만드는 방식으로 제조 방식을 혁신적으로 이끌어가고 있다.

사회 전반에 거친 디지털 전환(Digital Transformation)은 현실 세계에 존재하는 것을 디지털로 옮기는 변화이다. 디지털트윈도 그 변화의 움직임 중 하나이다.

디지털트윈(Digital Twin)은 가트너 선정 10대 기술에 선정된 최신 기술로 4차 산업혁명에서 다양한 기술들이 융합한 형태로 구현되는 가상 물리 시스템(CPS : Cyber Physical System)의 대표적인 사례로 볼 수 있다.

미국 제너럴 일렉트릭(GE)이 'MINDS + MACHINES 2016'에서 주창한 개념으로, 자사 디지털트윈 기술을 공개함으로써 알려졌다.

[그림 3-72] 지멘스의 스마트팩토리와 디지털트윈

참고 : siemens.com

4.3.1 디지털트윈(Digital Twin)의 개요 및 정의

다양한 관점에서 서술되고 있으나 공통적으로 사용된 기술적 용어의 의미는 "물리적 대상과 이를 모사한 디지털 대상을 (준)실시간으로 동기화하고, 다양한 목적에 따라 상황을 분석하고 모의결과를 기반으로 예측하여 물리적 대상을 최적화하기 위한 지능형 기술 플랫폼"이다.[22]

물리적 세계의 실물과 디지털 세계의 트윈 모델(Twin model)이 사물인터넷 클라우드 플랫폼을 통해 상호 연동되면서 1：1로 매칭되어 시뮬레이션을 한다. 단순히 데이터를 1：1로 저장하는 디지털화 및 가상 모델과 달리 디지털트윈은 하나의 모델을 생성하고 시뮬레이션한 결과로 N개의 지식과 솔루션을 만들고 자산의 최적화를 위해 실시간으로 피드백까지 하는 동적인 모델을 말한다.

이를 통해 실제 물리적인 자산의 특성(현재 상태, 생산성, 동작 시나리오 등)에 대한 정보를 얻을 수 있다. 분석 결과를 이용하여 산업 장비나 자산의 수명주기를 예측하고, 더 좋은 사업적 성과를 도출하기 위해 어떻게 운용되어야 하는지 그 방안을 제시한다. 설계자들은 이 데이터를 반영해서 공정 프로세스를 최적화할 수 있다.

2016년 미국의 제너럴 일렉트릭이 세계 최초의 산업용 클라우드 기반 오픈 플랫폼인 '프레딕스(Predix)'를 발표[23]하였으며, 독일의 지멘스(Siemens)는 클라우드 기반 개방형 IoT 운영 시스템은 '마인드스피어(MindSphere)'와 클라우드 기반 솔루션인 'Omneo'를 발표[24]하여 제조업 측면에서 혁신의 수단으로 디지털트윈이 주목을 받기 시작했다.

디지털트윈의 도입은 제조업에서부터 시작했지만 현재 항공, 교통, 도시, 의료 등 ICT 기술이 적용되는 대부분의 분야에서 적용된다.

22) 정보통신기획평가원, 주간기술동향 2021.2.10
23) GE, "IIoT-platform, Predix," (www.ge.com)
24) SIEMENS, "MindSphere," (www.zkg.de)

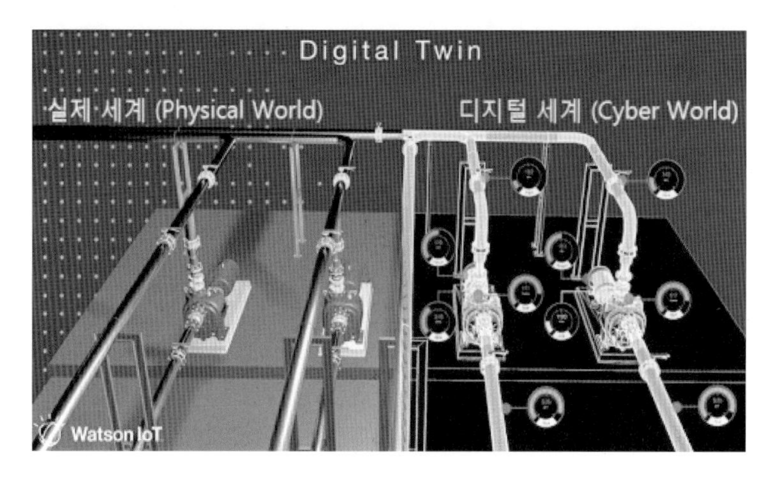

[그림 3-73] 디지털트윈의 개념도
출처: IBM

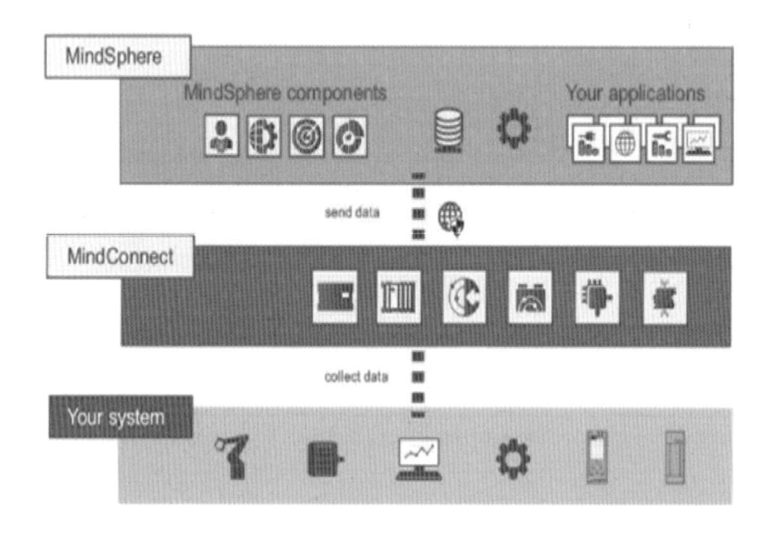

[그림 3-74] 지멘스 마인드스피어 IoT 운영 시스템 개념도
출처: Siemens, 2018

4.3.2 디지털트윈의 구성 요소

디지털트윈은 크게 3가지의 구성으로 이루어져 있다.

물리적 제품, 가상의 제품 그리고 이 둘을 연결하는 데이터이다.

• 물리적 제품 : 현실 사물, 현실 세계에 존재하는 물리적 제품·대상
• 가상 제품 : 디지털트윈, 사이버상에 물리적 대상을 쌍둥이처럼 똑같이 구현한 가상 모델
• 데이터 연결 : 분석 시스템, 물리적 대상과 가상의 대상 간 데이터를 실시간 연결하여 분석하는 시스템

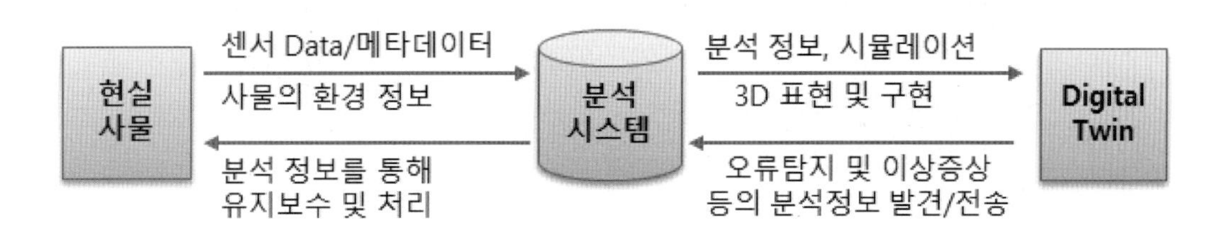

[그림 3-75] 디지털트윈의 구성

4.3.3 디지털 스레드(Digital Thread)

디지털트윈은 물리적 대상의 설계, 구매, 제작, 운영, 판매, 폐기에 이르기까지의 전 주기에 걸쳐 트윈이 생성된다. 따라서 제품 수명주기 동안 지속되는 데이터의 원활한 흐름과 통합된 관점을 볼 수 있는 통신 프레임워크를 디지털 스레드라고 부른다. 디지털 스레드를 잘 연결하고 활용한다면 생성된 데이터를 활용하여 올바른 정보를 적시에 적절한 장소에 전달할 수 있는 기준을 제시한다.

4.3.4 디지털트윈의 응용 사례

GE의 계열사인 GE항공의 항공기 엔진 관리 시스템은 제트 엔진 하나에 무려 200개가 넘는 센서를 장착해 항공기 이착륙과 운항 중 발생하는 각종 데이터를 수집한다. 이 데이터는 엔지니어에게 실시간으로 전송되며 엔지니어는 이를 모니터링해 엔진 고장 여부와 교체 시기

등을 예측한다. 이로써 엔지 고장 검출 정확도는 10% 개선되었으며 정비 불량으로 인한 결항 건수도 1,000건 이상 감소하는 효과를 거두었다.[25)]

[그림 3-76] GE의 항공 엔진 가상화 데모
출처: GE디지털

GE디지털은 2016년 디지털트윈 시연 영상에서 특수 안경을 착용하고 증강현실 환경에서 원거리에서 공장 관리 프로그램을 제어하며, 문제가 발생한 지점에 대해 직관적인 시각화 모델을 제공받아 이를 통해 문제 지점을 정확하게 파악하고 문제를 해결하기 위한 추가 데이터 확인 후 즉각적인 문제 해결에 응용할 수 있다.

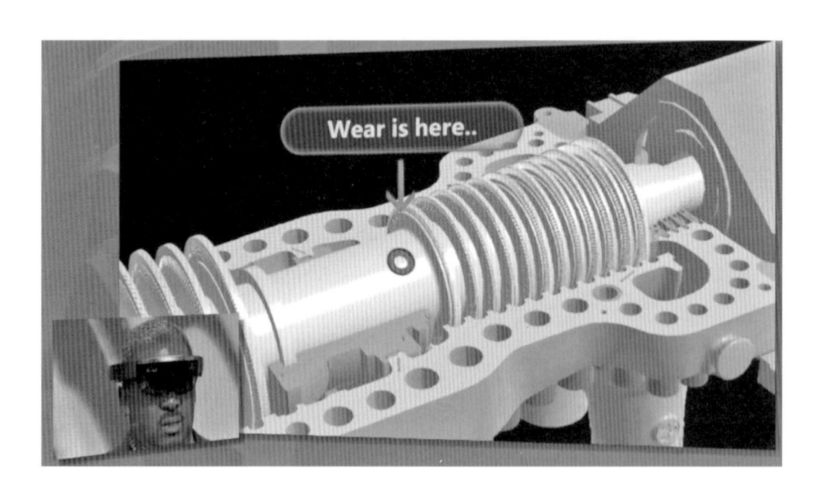

[그림 3-77] GE의 디지털트윈 공장 시연
출처: GE 디지털 유튜브 채널

25) techworld, https://www.epnc.co.kr/news/articleView.html?idxno=90787

이탈리아의 마세라티와 지멘스는 디지털트윈을 차량 생산에 접목해 보았다. 2013년에 공개한 '기블리'이다. 개발 초기 단계부터 실제 모델과 가상의 디지털 모델 데이터를 동시에 생산해 전체 공정을 최적화했으며, 시제품으로 도로 주행 자료를 수집한 뒤 디지털 모델에서 다양한 상황을 가정한 테스트를 거쳐 제품 개발의 정확도를 개선하고 30개월이 넘을 것으로 예상되던 개발 기간은 16개월로 감소했다. 개발 비용이 줄어든 만큼 기블리의 가격도 훨씬 저렴해졌다. 그뿐만 아니라, 소비자의 다양한 요구 사항을 가상공간에서 시험 볼 수 있게 되어 기블리는 7가지 버전과 13가지에 이르는 색상, 205개의 구성 옵션을 적용할 수 있는 마세라티만의 팔색조 모델로 새롭게 태어났다.

[그림 3-78] 마세라티 기블리
출처: 마세라티, ICN(2021.01.18)

4.4 메타버스(Metaverse)

메타버스는 가상현실[26]보다 더 진화한 개념으로, 가상세계의 아바타를 통해 게임이나 가상현실을 즐기는 데 그치지 않고 실제 현실과 같은 사회·문화적 활동을 할 수 있다는 특징이 있다. 메타버스는 3차원 가상세계에서 현실을 구현할 수 있는 '현실과 가상이 융합된 디지털 세계'이다.

---

26) 가상현실(VR, Virtual Reality) : 컴퓨터로 만들어 놓은 가상의 세계에서 사람이 실제와 같은 체험을 할 수 있도록 하는 최첨단 기술

[그림 3-79] MBC 다큐멘터리 '너를 만났다'에서 가족의 살아생전 모습을 VR을 통한 재회 구현
출처: BBC코리아, 2020.02.14

4.4.1 메타버스의 개념과 정의

메타버스(Metaverse)는 '가상', '초월'을 의미하는 '메타'(Meta)와 세계, 우주를 뜻하는 '유니버스'(Universe)의 합성어로서 현실을 초월한 가상의 세계를 의미한다.

메타버스의 모습은 지금 이 순간에도 끊임없이 진화하고 있어 다양한 정의가 있으며 고정된 개념으로 판정 짓기는 어려운 상태이지만, 2007년 미국미래학협회(ASF, Acceleration Studies Foundation)에서 '가상으로 증강된 현실과 실제 현실이 연동되는 가상의 융합'으로 구체적으로 정립하였다.

메타버스는 1992년 미국의 닐 스티븐슨(Neal Stephenson)이 소설 《스노 크래시(Snow Crash)》에서 처음 등장한 개념으로, 이 소설에서 메타버스는 아바타를 통해서만 들어갈 수 있는 가상의 세계를 가리킨다. 그러다 2003년 린든 랩(Linden Lab)이 출시한 3차원 가상현실 기반의 '세컨드 라이프(Second Life)' 게임이 인기를 끌면서 메타버스가 널리 알려지게 되었다.[27]

27) [네이버 지식백과] 메타버스 [Metaverse] (손에 잡히는 방송통신융합 시사용어, 2008.12.25)

특히 메타버스는 초고속·초연결·초저지연의 5G 상용화와 2020년 전 세계를 강타한 코로나19 팬데믹 상황에서 확산되기 시작했다. 즉 5G 상용화와 함께 가상현실(VR)·증강현실(AR)·혼합현실(MR) 등을 구현할 수 있는 기술이 발전했고, 코로나19 사태로 비대면·온라인 추세가 확산되면서 메타버스가 주목받고 있는 것이다.[28)]

4.4.2 메타버스의 유형

2017년 ASF는 '증강(Augmentation)과 시뮬레이션(Simulation)', '내재성(Intimate)과 외재성(External)'이라는 두 개의 축을 기준으로 '가상세계(Virtual Worlds)', '거울 세계(Mirror Worlds)', '증강현실(Augmented Reality)', '라이프로깅(Lifelogging)' 네 가지로 구분하였다.

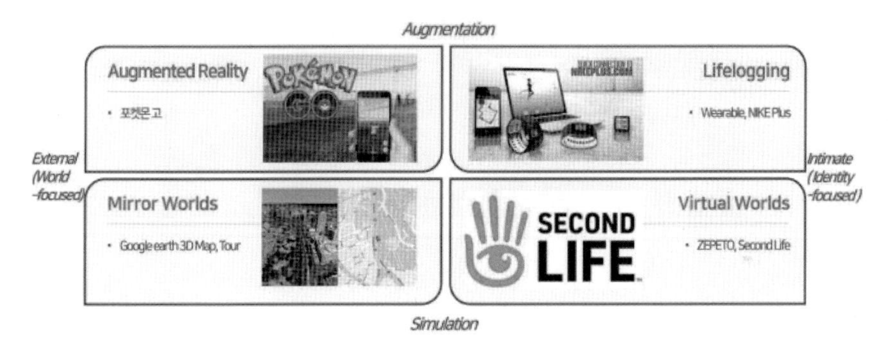

[그림 3-80] 메타버스의 4가지 유형

출처 : Acceleration Studies Foundation(2006), "Metaverse Roadmap, Pathway to the 3D Web" SPRi 재구성

'가상세계'는 시간적, 문화적으로 현실에 존재하지 않는 세계를 가상의 세계로 구현한 기술로서, 가상세계에서의 활동은 아바타를 이용한다. 리니지와 같은 온라인 롤플레잉 게임에서부터 조 바이든 대통령이 선거 운동에 활용해 화제가 된 닌텐도 게임 '모여봐요 동물의 숲' 등이 대표적 예이다. 이와 달리 현실 속 자신의 모습과 정보 등을 복사하듯 사실에 가깝게 재현하고, 추가 정보를 확장하여 적용하는 메타버스는 '거울 세계'라고 부른다. 구글어스(Google

28) [네이버 지식백과] 메타버스 (시사상식사전, pmg 지식엔진연구소)

Earth)와 같은 지도 서비스가 대표적인 예이며 가상세계를 열람함으로써 현실세계에 대한 정보를 얻을 수 있게 된다.

그리고 '증강현실'은 현실에 가상의 디지털 층을 씌우는 기술로 물리적 환경에 기반을 두고 가상의 사물(이미지)이나 컴퓨터 인터페이스를 중첩시켜 보여주는 기술로, 모바일 게임 포켓몬고(Pokemon Go)가 대표적인 예이다. '라이프로깅'은 사용자의 현실에서의 삶을 기록하고 저장하며 공유하는 활동으로 일종의 '일상의 디지털화'를 말한다. 이를테면 인스타그램, 페이스북, 트위터 등은 '라이프로깅' 메타버스라고 할 수 있다.

[그림 3-81] 가상세계 속 바이든 후보의 선거운동
출처: 닌텐도

[그림 3-82] 증강현실을 활용한 이케아 플레이스
출처: 이케아

메타버스의 4가지 유형은 독립적으로 발전하다 최근 상호작용하면서 새로운 형태의 융·복합 형태의 서비스로 진화 중이다.

4.4.3 메타버스의 특징

메타버스를 구현하는 기술과 활용 범위가 더욱 고도화되고 광범위해지고 있는 만큼, 메타버스의 특징 또한 다양한 정의를 내리고 있다. 각 산업 분야에서 공통적으로 포함되는 메타버스의 핵심 특징을 2021년 김상균은 SPICE 모델로 제시하였다.

구분	내용
연속성 (Seamlessness)	• 메타버스에서 발생하는 경험이 단절되지 않고 연결된다. 예컨대, 하나의 아바타로 게임을 즐기다가 다시 로그인하거나 플랫폼을 갈아타지 않고 바로 쇼핑을 하고, 동료들과 업무를 논의하기도 한다.
실재감 (Presence)	• 물리적 접촉이 없는 환경이지만 사용자가 사회적, 공간적 실재감 등을 느끼는 상황을 의미한다. 가상현실은 실재감을 높이는 대표적 매체이다.
상호운용성 (Interoperability)	• 현실 세계와 여러 메타버스의 데이터 및 정보가 서로 연동돼 사용자가 메타버스에서 경험하고 실행한 결과가 현실 세계로 연결되고, 현실 세계에서의 라이프로깅 정보를 바탕으로 메타버스 속 경험이 더 풍성하고 편리해지는 상황을 의미한다.
동시성 (Concurrence)	• 여러 명의 사용자가 하나의 메타버스에서 동시에 활동하며, 동시간대에 서로 다른 다양한 경험을 할 수 있는 환경을 의미한다. 혼자 접속해서 사전에 정의된 시나리오에 따라 즐기는 가상현실 게임은 메타버스의 이런 속성과는 거리가 멀다.
경제흐름 (Economy)	• 메타버스에는 경제의 흐름이 존재해야 한다. 메타버스 플랫폼 제공자가 판매자의 역할을 하고, 사용자들은 소비자의 역할만 하는 상황은 온전한 메타버스 경제가 아니다. 플랫폼에서 제공하는 화폐와 거래 방식에 따라 수많은 사용자가 재화와 서비스를 자유롭게 거래하는 경제 흐름이 존재해야 한다. 또한 진화한 메타버스는 서로 다른 메타버스 및 실물 세상과도 경제 흐름이 연동돼야 한다.

[그림 3-83] 메타버스 SPICE 모델

출처: 김상균, 인터넷·스마트폰보다 강력한 폭풍, 메타버스, 놓치면 후회할 디지털 빅뱅에 올라타라. 2021.

4.4.4. 메타버스의 플랫폼

ICT 시장에서 콘텐츠, 플랫폼, 네트워크, 디바이스가 연계되면서 새로운 가치를 만들어낸다고 보는 생태계적 관점의 CPND(Contents, Platform, Network, Device) 가치 사슬로 보면 콘텐츠는 디바이스를 통해 네트워크로 연결된 플랫폼에서 구현된다.

메타버스를 구현하는 플랫폼은 크게 서비스 플랫폼과 개발 플랫폼으로 나눌 수 있다.[29)]

게임, SNS 등 서비스 플랫폼은 기존의 게임이 미션 해결, 소비 중심이었다면, 메타버스 플랫폼에서는 유저가 자신의 아이디어로 가상자산(Virtual Asset)을 만들어 수익을 창출하고 다른 유저들과 공연 등 다양한 사회, 문화적 교류가 이루어진다.[30)]

최근 인기를 끌고 있는 로블록스, 포트나이트, 제페토 등이 그 예다.

구분		내용
로블록스 (게임)		- 전 세계 이용자 : 1억 6400만 명('20.8월 기준) - 가상 세계를 스스로 창조하고 실시간으로 게임을 즐길 수 있는 플랫폼 - 게임개발, 아이템 판매로 연 10만 달러(약 1억1,200만원)가 넘는 수익을 올리는 유저도 존재 - 가상화폐 'Robux'가 통용돼 경제 생태계까지 완성된 '제2의 현실 세계'
마인드 크래프트 (게임)		- 전 세계 이용자 : 1억 1200만 명('19 기준) - 레고 같은 블록을 이용자가 마음대로 쌓아서 새로운 가상세상을 만드는 게임 - 2011년 서비스 시작 후 2014년 MS가 3조 원에 인수
포트나이트 (게임)		- 전 세계 이용자 수 : 3억 5000만 명('20년 5월 기준) - 2017년에 출시, 배틀로얄 방식의 게임과 함께 파티로얄이라는 공간에서 사용자들이 함께 어울리며 즐겁고 편한 시간을 보낼 수 있도록 지원 - 미국 힙합가스 트래비스 스콧은 포트나이트 가상 콘서트로 오프라인 대비 매출 10배를 달성(216억 규모)
제페토 (SNS)		- 전 세계 이용자 수 : 2억 명(2020말 기준) - 3D 아바타 기반 Social 네트워크 서비스 - 이용자는 AR 패션 아이템 제작 등 수익창출이 가능 - 제페토에서 개최된 블랙핑크 버추얼 팬 사인회는 3천만, 아바타 공연은 4천만 view를 돌파
샌드박스 (게임)		- 블록체인 기반의 가상게임, 생활 플랫폼 - 플랫폼 내에서 유통되는 코인 SAND는 가상화폐 거래소 업비트와 빗썸에서 거래 가능
디센트럴랜드 (생활)		- 블록체인 기반 가상세계 플랫폼 - 유저가 이름과 아바타를 직접 설정한 뒤 가상 세계를 탐험 - 유저들은 업데이트, 토지 경매 등 커뮤니티와 연관된 모든 의결사항을 투표할 수 있고 게임 개발사마저도 유저 동의 없이 게임 세계관 변경이 불가

[그림 3-84] 메타버스 게임, SNS 플랫폼

출처: 관련 주요 언론 보도 및 홈페이지 자료 기반 SPRi Analysis

29) 대학신문, 메타버스가 진정으로 우리 삶의 지평을 넓히려면, 2021.09.12

30) 소프트웨어정책연구소, 로그인(Log In) 메타버스: 인간x공간x시간의 혁명

[그림 3-85] 3D 아바타 커뮤니티 서비스 '제페토'
출처: 제페토 공식 인스타그램(@zepeto.official)

[그림 3-86] 메타버스 게임 '로블록스'.
출처: '로블록스' 구글 플레이스토어 앱 소개

개발 플랫폼은 메타버스를 제작·구현하게 해 주는 툴킷(toolkit)으로, 유니티(Unity), 언리얼(Unreal) 플랫폼이 주로 게임의 가상세계 제작에 활용되다가 최근 다양한 산업에 확대 적용 중이며, "Unity는 건설, Engineering, 자동차 설계, 자율주행차 등의 영역으로 사업을 확장 추진 중이며 개별 산업 영역들이 가진 게임 산업을 넘어설 것"이라고 리치텔로 Unity CEO는 말했다.

언리얼은 에픽 게임즈가 개발한 게임엔진으로 엔씨소프트의 리니지2M, 넥슨의 V4, 카트라이더 드리프트 등을 제작하였다. BMW, 페라리 등 자동차 시각화와 맞춤 판매 등 자동차 분야, 평창동계올림픽 개회식 '증강현실(AR) 효과' 등의 방송 분야 이외에도 타 산업에서도 다양하게 활용되고 있다.

[그림 3-87] SM엔터테인먼트 걸그룹 '에스파'
출처: 에스파 공식 트위터(@asepa_official)

4.4.5 메타버스와 기업과의 협업

최근 메타버스 서비스는 외부 지식재산권(Intellectual Property, IP) 사업자들과 연계해 '사용자 창작 콘텐츠' 활성화와 가상화폐 등 '거래 시스템 구축'을 통해 양면시장형 생태계 구축 플랫폼 비즈니스로 발전하고 있다.[31]

구분	내용
구찌(패션)	• SNS기반 메타버스 플랫폼, '제페토'와 제휴하여 구찌 IP를 활용한 아바타 패션 아이템 출시 및 브랜드 홍보 전용공간을 구축
YG, JYP 외 (엔터테인먼트)	• '제페토'에 소속 연예인에 특화된 전용 가상공간을 만들고 소속 연예인 아바타들을 배치하여 사인회, 공연 등 이벤트 개최
LG전자 (제조)	• '동물의 숲' 게임 공간에 LG 올레드 TV소개, 게임 이벤트 등을 개최하는 올레드 섬(OLED ISLAND) 마련
다이아 TB (방송)	• '제페토'와 CJ ENM의 1인 창작자 지원 사업 다이아TV (DIA TV)가 제휴를 맺고 상호 인플루언서(Influencer)진출 협력 추진
순천향대 (교육)	• SKT의 '점프VR'내 순천향대 본교 대운동장을 구현한 뒤에 대학총장과 신입생들이 아바타로 입학식 진행
한국관광공사 (공공)	• '제페토'에 약선도, 한강공원 등 서울의 관광지를 모사한 가상공간을 만들고, '제페토' 해외 이용자를 대상으로 한국여행 홍보 이벤트 진행

[표 3-3] 메타버스 플랫폼과 IP사업자 제휴 · 협력 사례
출처: 이승환·한상열, 메타버스 비긴즈(BEGINS): 5대 이슈와 전망, SPRi 이슈리포트 일부 수정, 2021.04.20.

31) 한상열, 소프트웨어정책연구소 선임연구원, 메타버스 플랫폼 현황과 전망, 미래연구 포커스,01·02호_Vol49

엔비디아(NVIDIA)의 '옴니버스(Omniverse)'는 3D 디자인 협업 플랫폼으로 다수의 개발자 협업이 가능한 가상세계 메타버스로 디지털트윈(Digital Twin)을 통한 다양한 산업 분야의 시뮬레이션도 가능하다.

[그림 3-88] 엔비디아의 옴니버스

출처: NVIDIA 2020 개발자회의 발표 자료 SPRi 재구성

에픽 게임즈는 누구나 쉽게 가상인간 'Meta human'을 제작할 수 있는 'Meta Human Creator'를 2021년 2월에 출시하였다.

[그림 3-89] Meta Human Creator

출처: Unreal Engine KR, https://www.youtube.com/watch?v=q1j1keF3wQ0

마이크로소프트는 Azure를 기반으로 구축된 'Mesh'로 시공간을 초월하여 느끼도록 지원하는 혼합현실 플랫폼을 출시하였으며, 교육 · 설계 · 디자인 · 의료 등 다양한 분야에서 활용되고 있다.

[그림 3-90] 마이크로소프트의 혼합현실(Mixed Reality) 플랫폼 Mesh
출처: https://www.microsoft.com/en-us/mesh

제페토는 Gucci와 협력하여, Gucci IP 활용한 의상, 액서서리, '구찌 빌라' 3D 월드맵 등을 출시하는 등의 소비자 행동과 이에 대한 차별화 전략을 수립하고 Z세대와의 소통과 Marketing Mix의 변화에 전략적으로 시대에 맞추어 진화하고 있다.

[그림 3-91] 제페토와 Gucci의 협력
출처: https://www.gucci.com

메타버스는 최신 트렌드로 각광받고 있다. AR, VR 등 가상-현실 간 융합을 촉진하는 XR(eXtended Reality) 기술의 발전과 더불어 메타버스 4가지 형태 간 상호작용과 융복합은 더욱 가속화될 것으로 전망된다.

5. IoT 디바이스 게이트웨이(Gateway) 기술 사례

IoT 디바이스 게이트웨이란 현장의 다양한 IoT 디바이스에 부착된 센서와 IoT 인프라들을 연결해 주는 게이트웨이를 말하는 것으로, IoT 디바이스를 클라우드에 연결하는 데 사용할 수 있는 IoT 기술의 일부이다.

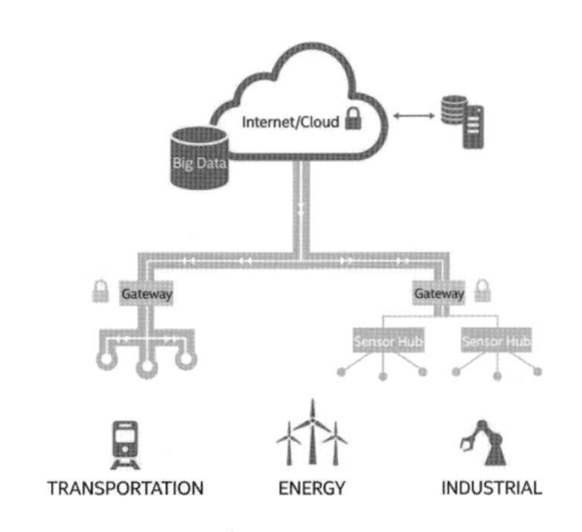

[그림 3-92] 인텔의 IoT 구성도
출처: 인텔 홈페이지

모든 IoT 디바이스에 게이트웨이가 필요하지는 않지만, 게이트웨이를 사용하여 디바이스 간 통신을 설정하거나 IP 기반이 아니고 클라우드에 직접 연결할 수 없는 디바이스를 연결할 수 있다. IoT 디바이스에서 수집된 데이터는 게이트웨이를 통해 이동하고 에지에서 전 처리된 후 클라우드로 전송된다.

IoT 디바이스로부터 데이터를 수집하고, 데이터를 네트워크 서버로 전달하며, 디바이스의 소형·저전력 특성으로 인한 낮은 성능과 메모리 한계를 보충하는 역할을 한다.

디바이스와는 유·무선, 근거리, 장거리 등 다양한 방식으로 통신한다.

기능	내용
사물간 연결 및 메시지 교환 지원 기능	• 다양한 사물 및 서버 플랫폼간의 통신을 위한 상호 연결지원 및 메시지 라우팅 기능
수집데이터 처리·전송 기능	• 응용에 따라 여러 사물로부터 수신한 정보를 합병(merge) 및 가공하여 외부로 전송하는 기능
다양한 네트워크 프로토콜 간 변환기능	• 지그비 등 저전력 센서 네트워크, CoAP, HTTP, 인터넷 등 다양한 프로토콜을 사용하는 사물간 통신을 위한 프로토콜 변환기능
사물 디바이스 관리 기능	• 사물 디바이스와의 연결을 위한 사무 연결 소프트웨어 내부의 정보를 관리하는 기능
리소스 관리 기능	• 사물 디바이스의 프로파일 및 수집된 정보와 게이트웨이 내부의 정보를 관리하는 기능
서버플랫폼 연동 기능	• 사물인터넷 서버 플랫폼과 연동을 통해 정보수집 및 제어서비스를 제공하는 기능
보안 기능	• 사물인터넷 게이트웨이, 사물 디바이스, 사물네트워크에 대한 사이버 공격에 대응하기 위한 보안 기능

[표 3-4] 사물인터넷 게이트웨이 주요 기능
출처: 행정안전부, 한국정보화진흥원, 정부사물인터넷 도입 가이드라인, 2019.07

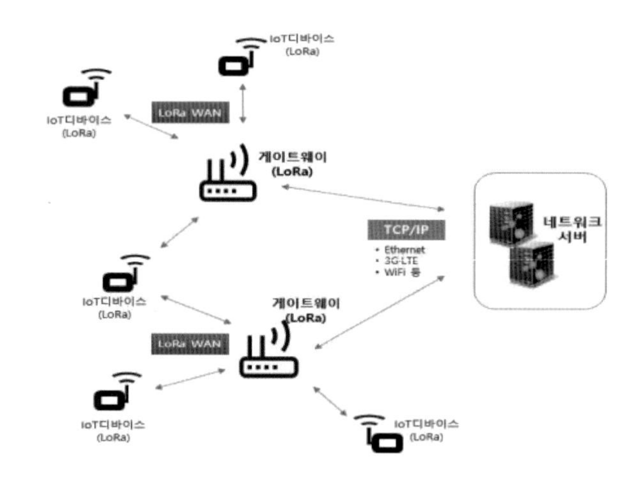

[그림 3-93] 디바이스(센서) 게이트웨이 데이터 전달 개념도(LoRa 예시)
출처: 행정안전부, 한국정보화진흥원, 정부사물인터넷 도입 가이드라인, 2019.07

IoT 게이트웨이를 사용하면 대기 시간이 짧아지고 전송 크기를 줄일 수 있다. 또한 IoT 프로토콜의 일부로 게이트웨이를 사용하면 직접 인터넷에 액세스하지 않고 디바이스를 연결할 수 있으며 양방향으로 이동하는 데이터를 보호하여 추가 보안 계층을 제공할 수 있다.

일반적으로 컴퓨터와 단말기를 공중 통신망을 경유하여 접속할 경우에는 게이트웨이로서는 대규모 장치를 필요로 하지 않는다. 그러나 네트워크 간 통신을 행할 때에는 통신 속도의 제어, 트래픽 제어, 컴퓨터 어드레스의 변환 등 복잡한 처리를 행하기 때문에 게이트웨이는 미니 컴퓨터 정도의 능력을 갖는 장치가 필요하다.

국내의 경우 ISP 사업자를 중심으로 홈 오토메이션(Home Automation), 보안(Security) 등의 IoT 서비스가 주류를 이루고 있다. 집 안의 전자제품들과 연결되어 집 밖에서 원격 서비스를 제공하기 위해서는 게이트웨이가 필수적이다.

LG유플러스와 한국에머슨이 산업용 근거리 무선통신 기술(WirelessHART)을 활용한 산업용 무선통신 게이트웨이 W-Box를 출시한다. 그동안 플랜트 내 배수관의 부식이나 침식 상태를 점검하기 위해서는 센서 정보를 수집하는 게이트웨이 장비 간, 게이트웨이와 관제실 간 별도의 유선망이 필요했던 것을 업계 표준(WirelessHART) 통신 규격으로 센서와 연동할 수 있고, 별도의 유선망 설치 비용이 없어 위험지역 등 선로 구성이 어려운 환경에 적용 할 수 있다.[32)]

의료용 IoT 게이트웨이는 높은 휴대성, 실시간 데이터 수집과 같은 다양한 형태의 센서 디바이스를 통합하여 관리할 수 있는 형태로 구현되어 있다.

프리스케일은 저전력 웨어러블 기술을 기반으로 환자 상태의 조기 알람과 질병 예방이 가능한 IoT 플랫폼을 개발, 게이트웨이는 센서 데이터를 수집하고 분석하여 유효한 데이터를 WAN으로 전달, 원격 모니터링을 위한 원격 접속 디바이스를 구성할 수 있다.

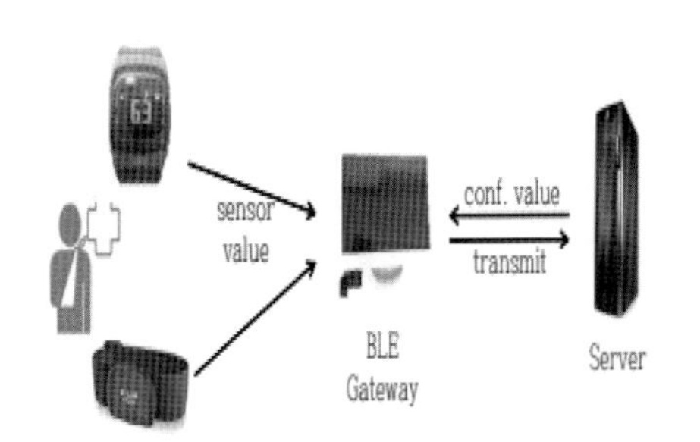

[그림 3-94] e-Health IoT System Architecture

출처: Journal of Digital Convergence 2016 Nov

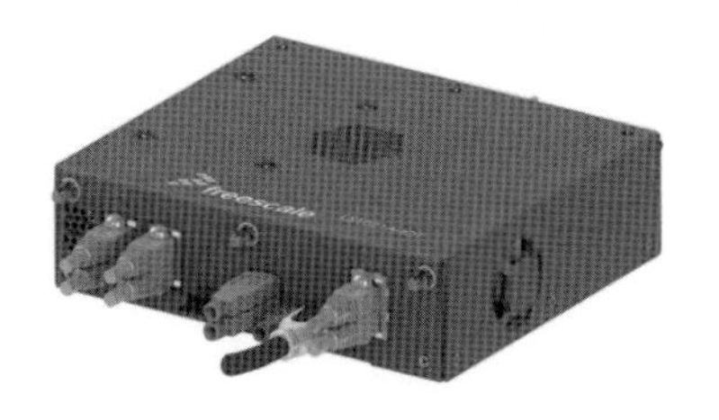

[그림 3-95] 프리스케일, 원박스 개념의 하드웨어 플랫폼

출처: 프리스케일

32) ITBizNews, https://www.itbiznews.com/news/articleView.html?idxno=19889, 020.09.17

제4부
사물인터넷(IoT)의 표준화 동향

1. 사물인터넷의 표준화(standardization) 기구

표준의 정의는 한국표준과학연구원에 따르면 "어떤 양을 재는 기준으로 쓰기 위하여 어떤 단위나 어떤 양의 한 값 이상을 정의하거나 현시하거나 보존하거나 또는 재현하기 위한 물적 척도, 측정 기기, 기준 물질이나 측정 시스템을 말함"이라고 한다. 근래에는 표준화가 초기 시장 장악을 통한 국제 시장 선점이라는 관점에서 주요 사업자들이 전략적으로 접근하고 있다.

표준화 기구는 참여의 정도와 개발 표준의 효력 범위에 따라 다음과 같이 구분한다.

구분	공식표준화기구(De-jure)	사실표준화기구(De-facto)
주체	• 사회적으로 공인된 표준화기구	• 기업간 연합체(기업 또는 개인이 회원) • 유사 기술분야에 다수 연합체가 표준화 경쟁
방법	• 공정·투명한 표준화 절차 마련 • 모든 이해관계인 의견 수렴	• 비교적 공정하고 투명한 절차 마련 • 일부는 비공개
참여자	• 국가대표, 기업 등 • 참여가 개발(Open)	• 개인, 기업 등 회원자격 제한
분야	• 비교적 광범위한 대상을 표준화	• 특정 기술분야
기간	• 3 ~ 6년 소요	• 신속한 절차(2 ~ 3년 이내)
결과물	• 표준(Standard)	• 규격(Specification)
대표기구	• 국제표준화기구 : ITU, ISO, IEC • 지역표준화기구 : ETSI(유럽), APT(아태) • 국가표준화기구 : ANSI, ATIS, TIA(미), ISACC(캐), TTC, ARIB(일), CCSA(중), TSDSI(인), TTA(한) 등	• 통신·전파 분야 : 3GPP, IEEE, IETF, Bluetooth SIG, Wi-Fi 얼라이언스, Zigbee 얼라이언스, GSMA 등 • SW 분야 : Linux, OASIS, OMG, W3C 등 • 블록체인·융합 : oneM2M, OCF 등 • 디바이스 분야 : SAE, 5GAA 등 • 방송 분야 : ATSC, DVB 등 • 차세대보안 분야 : FIDO 얼라이언스 등

[표 4-1] 공식 및 사실 표준화 기구 현황
출처: TTA, ICT 표준화전략맵 Ver.2021

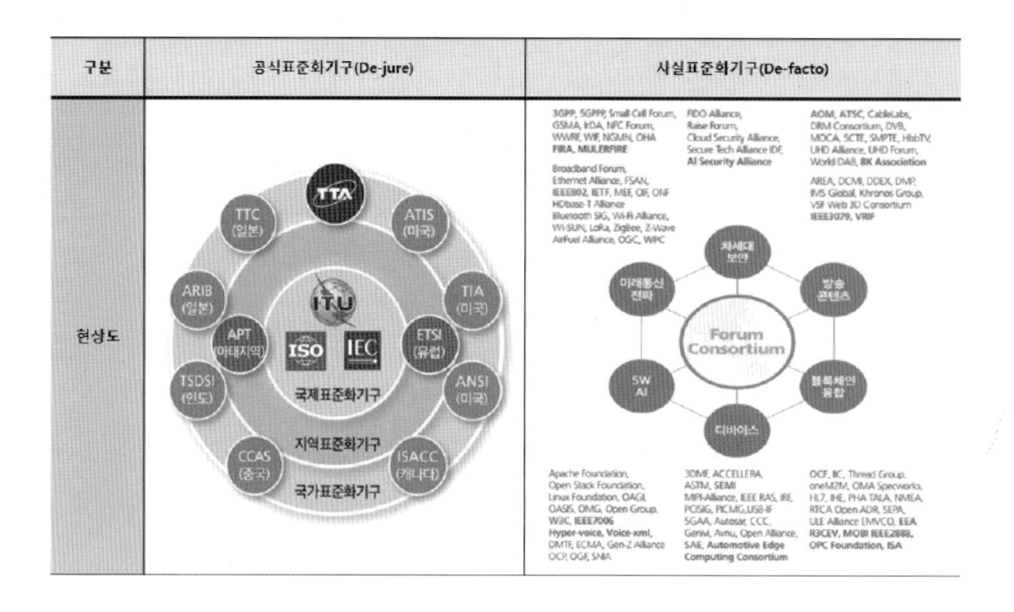

구분	공식표준화기구(De-jure)	사실표준화기구(De-facto)
현상도	TTA, ATIS(미국), TIA(미국), ETSI(유럽), ANSI(미국), ISACC(캐나다), CCAS(중국), TSDSI(인도), ARIB(일본), TTC(일본), APT(아태지역), ITU, ISO, IEC, 국제표준화기구, 지역표준화기구, 국가표준화기구	3GPP, 5GPPP, Small Cell Forum, GSMA, IrDA, NFC Forum, WWRF, WIF, NGMN, OHA **FIRA, MULERFIRE** / Broadband Forum, Ethernet Alliance, FSAN, IEEE802, IETF, MEF, OIF, ONF HDbase-T Alliance Bluetooth SIG, Wi-Fi Alliance, WI-SUN, LoRa, ZigBee, Z-Wave AirFuel Alliance, OGC, WPC / FIDO Alliance, Raise Forum, Cloud Security Alliance, Secure Tech Alliance IDF, **AI Security Alliance** / AOM, ATSC, CableLabs, DRM Consortium, DVB, MOCA, SCTE, SMPTE, HbbTV, UHD Alliance, UHD Forum, World DAB, **8K Association** / AREA, DCMI, DDEX, DMP, IMS Global, Khronos Group, VSF Web 3D Consortium **IEEE3079, VRIF** / 차세대 보안, 방송 콘텐츠, 블록체인 융합, 디바이스, SW AI, 미래통신 전파, Forum Consortium / Apache Foundation, Open Stack Foundation, Linux Foundation, OAGI, OASIS, OMG, Open Group, W3C, **IEEE7006 Hyper-voice, Voice-xml,** DMTF, ECMA, Gen-Z Alliance OCP, OGF, SNIA / 3DMF, ACCELLERA, **ASTM, SEMI** MIPI-Alliance, IEEE RAS, IRE, PCISIG, PICMG, USB-IF 5GAA, Autosar, CCC, GenIVI, Avnu, Open Alliance, SAE, **Automotive Edge Computing Consortium** / OCF, IIC, Thread Group, oneM2M, OMA Specworks, HL7, IHE, PHA TALA, NMEA, RTCA Open ADR, SEPA, ULE Alliance EMVCO, **EEA R3CEV, MOBI IEEE2888, OPC Foundation, ISA**

1.1 OneM2M

OneM2M(One Machine-to-Machine)은 2012년 7월 글로벌 사물인터넷 서비스 플랫폼 표준 개발을 위해 ETSI(유럽), TIA(미국), ATIS(북미), ARIB(일본), TTC(일본), CCSA(중국), TTA(한국) 등 7개의 세계 주요 표준화 단체가 공동으로 설립하였다. 오직 사물인터넷 한 분야에 특화되어 표준을 개발하는 단체이며 다양한 산업 직군 간 요구사항, 아키텍처, 프로토콜, 보안 기술, 단말 관리 및 시맨틱 추상화 표준 정의를 한다.

[그림 4-1] 사물인터넷 구성 및 oneM2M 서비스 계층
출처: TTA저널 제192호,(2020.11.)

OneM2M 표준화 조직은 예산과 홍보를 담당하고 있는 운영회의(Steering Committee)와 표준을 결정하는 기술총회(Technical Plenary), 실제 기술 개발을 담당하는 6개의 워킹그룹(Working Group)으로 이루어져 있다.

WG1은 요구사항을 다루는 Requirements, WG2는 식별 체계, 리소스 정의 등의 시스템 구조를 다루는 Architecture, WG3은 프로토콜과 관련된 Protocol, WG4는 보안과 관련한 Security, WG5는 장치 관리 및 추상화 시멘틱과 관련된 Management, Abstraction and Semantics , WG6은 테스킹 규격을 위한 Test로 구성되어 있다.

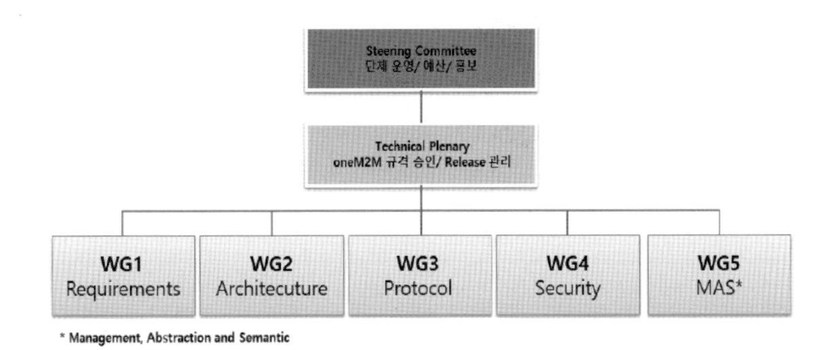

[그림 4-2] OneM2M의 워킹그룹
출처: https://ensxoddl.tistory.com/430

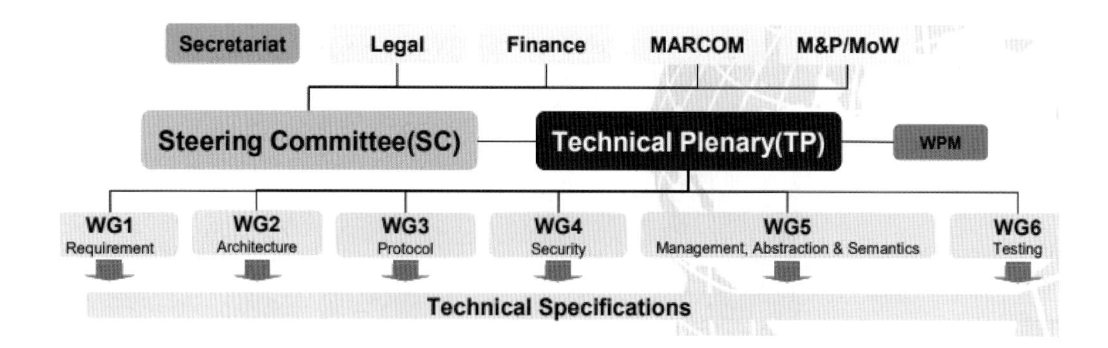

oneM2M은 2015년 1월 요구사항, 용어 정의, 아키텍처 등 10개의 표준 규격을 포함하는 1차 규격(Release 1)을 발표하고 표준 확산에 주력하고 있다.[1)]

- oneM2M Release 1

oneM2M 플랫폼이 제공하는 사물인터넷 서비스 애플리케이션에서 자주 사용되는 데이터 저장·공유, 장치 관리, 그룹 관리, 구독/통지(Subscription/Notification), 위치 정보, 과금 등의 기능과 보안 기능으로는 인증, 접근 제어 등을 제공하는 공통 서비스 기능(CSF, Common Services Function)을 정의하고 국제 표준을 준수하고 있는지 검증하는 프로그램이다.

KT의 IoT 플랫폼인 IoTMakes oneM2M이 국제 표준 인증 획득에 따라 국내 통신사 중 유일하게 서버 플랫폼·디바이스 플랫폼에 대해 모든 프로토콜(CoAP, HTTP, MQTT)과 메시지 형식(XML, JSON)을 지원하게 할 수 있는 기반을 마련하였다.

- oneM2M Release 2

다양한 산업 사물인터넷 플랫폼 및 네트워크 연동이 주목적이며, oneM2M 플랫폼을 이용하는 모든 애플리케이션이 표준에 정의된 가전 디바이스 데이터 모델을 사용함으로써 가전 제조사 및 애플리케이션 개발자 간에 별도의 데이터 모델을 정의하는 번거로움을 없애고 제품과 애플리케이션 간의 호환성을 보장한다.

1) IoT 오픈 플랫폼 기반 개발검증지원 인프라 구축, 미래창조과학부, 2017

1.2 OCF

OCF(Open Connectivity Foundation)는 사물인터넷을 위해 수십억 개의 다양한 디바이스의 연결 요구사항의 정의와 장치에 존재하는 자원들을 상호 제어할 수 있게 하는 표준 플랫폼 기술이다.

2014년 7월 OIC(Open Interconnect Consortium, 오픈 인터커넥트 컨소시엄)을 설립하여 2015년 12월 스마트홈 표준 단체 UPnP(Universal Plug and Play) 포럼을 통합 흡수, 2016년 3월에 마이크로소프트, 퀄컴, 일렉트로룩스가 합류되며 OCF로 변경되었다. 2016년 10월에 올신얼라이언스(AllSeen Alliance)의 AllJoyn을 합병하였다.

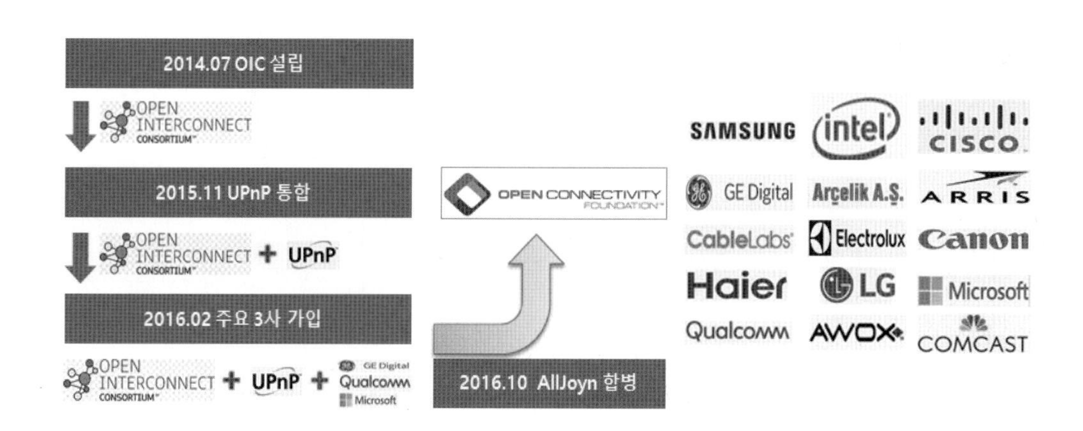

다양한 사물인터넷 유무선 연결 기술을 활용하여 논리적인 상호연동성을 보장하는 아키텍처를 구축하여 스마트홈, 자동차, 물류, 헬스케어 등 다양한 사물인터넷 서비스(Profiles)를 개발할 수 있도록 구성되었다.

1.3 IEEE

IEEE(Institute of Electrical & Electronics Engineers, 전기전자기술자협회)는 1980년에 대학과 기업이 함께 발족한 단체로 전기전자공학 전문가들의 세계적인 전문가 협회로 전기전자공학에 관한 연구와 표준을 규정하고 발표한다. 데이터 통신 부분에서 물리계층 및 링크계층 표준을 규정하는 표준화 기구이며, 사물인터넷 관련 표준화는 IEEE Standard Association(IEEE-SA)에서 이루어지고 있다.

2013년 사물인터넷 전문 그룹으로 IEEE IoT Community를 만들어 다양한 사물인터넷 표준을 개발하고 있고, 2014년 7월 IEEE P2413 프로젝트 그룹을 결성하여 IoT/M2M 전반적인 프로토콜, 아키텍처 구조 등에 대해 표준화와 기술 발전을 위해 다양한 활동을 하고 있다.

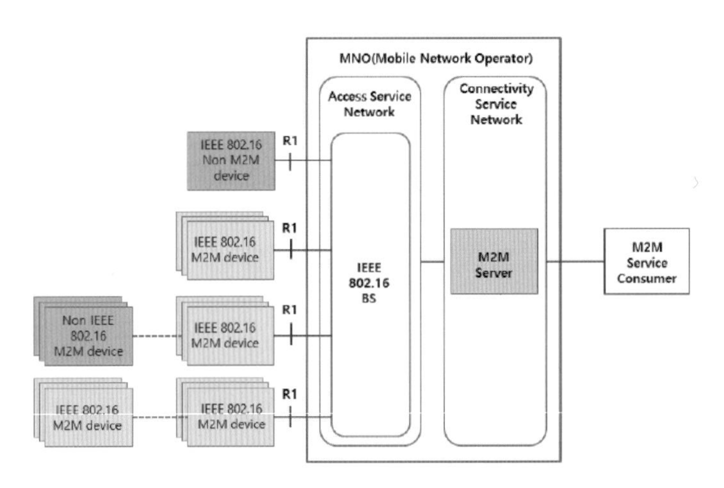

[그림 4-3] IEEE 802.16p 어드밴스드 M2M 서비스 시스템 구조도

출처: IEEE에서의 사물인터넷 기술 표준화 현황, 재구성

IEEE는 IEC(International Electronical Commission)와는 스마트 제조업 및 스마트 그리드와 관련된 분야를, 그리고 ISO(International Standards Organization)와는 지능형 교통 시스템, e-헬스 분야 등에서 협력을 강화해 나가고 있다.

IEEE P2413에는 IoT 관련 기업들이 가입할 수 있으며, 현재 STMicroelectronics, Qualcomm, Huawei, Cisco, Oracle, Siemens, Toshiba, GE Broadcom Corporation 등 22개 업체가 가입하여 활동 중이다.

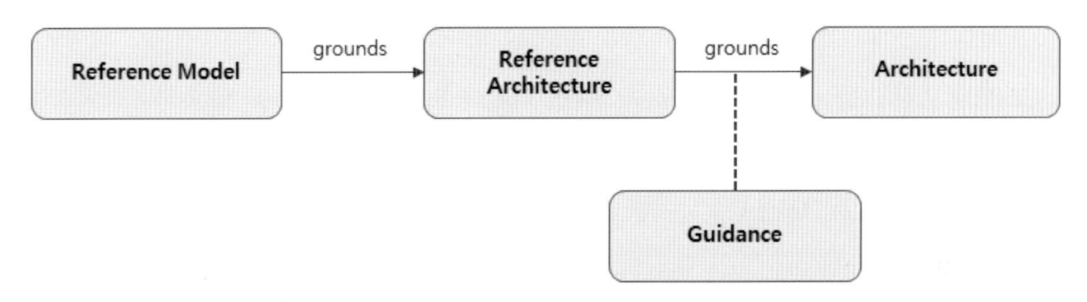

[그림 4-4] IEEE P2413 표준 구조

1.4 3GPP

3GPP(3rd Generation Partnership Project)는 전 세계 이동통신 사업자, 장비 제조사, 단말 제조사, 칩 제조사 및 세계 각국의 표준화 단체와 연구기관 등 약 500여 개 업체가 참여하는 최대 국제 이동통신 표준화 단체이다. 3세대 이동통신 표준인 WCDMA, HSPA, 4세대 이동통신 표준인 LTE, LTE-Advanced를 제정했고, 5세대 이동통신 5G는 현재 진행 중이다.

3GPP에서 완료된 표준이 각자에 위치에 SDO(Standards Development Organization , 표준개발 기구)를 통해 공식적으로 발표된다. 3GPP와 같은 국제 표준 단체가 국제통신연합(ITU)과 협력하여 표준을 개발하고, ITU의 공식 승인을 통해 국제 표준으로 공표된다.

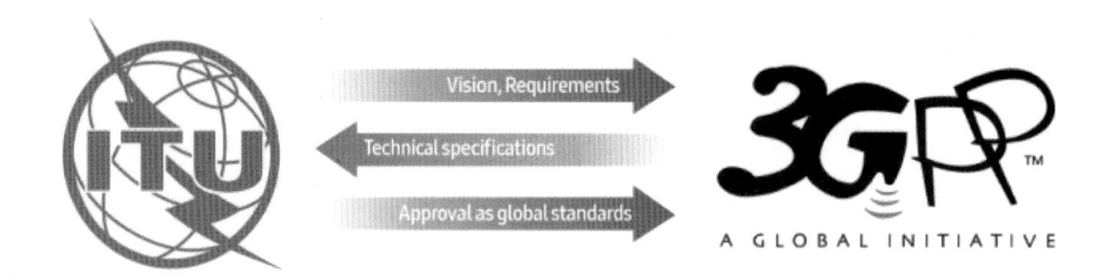

[그림 4-5] ITU와 3GPP 관계도
출처: 삼성, 5G 국제 표준의 이해, https://images.samsung.com

3GPP의 워킹 그룹 구성은 무선 접속 기술을 다루는 RAN(Radio Access Network), 서비스와 시스템 구조를 다루는 SA(Service & Systems Aspects), 코어 네트워크와 단말을 다루는 CT(Core Network & Terminals) 그룹으로 나눈다.

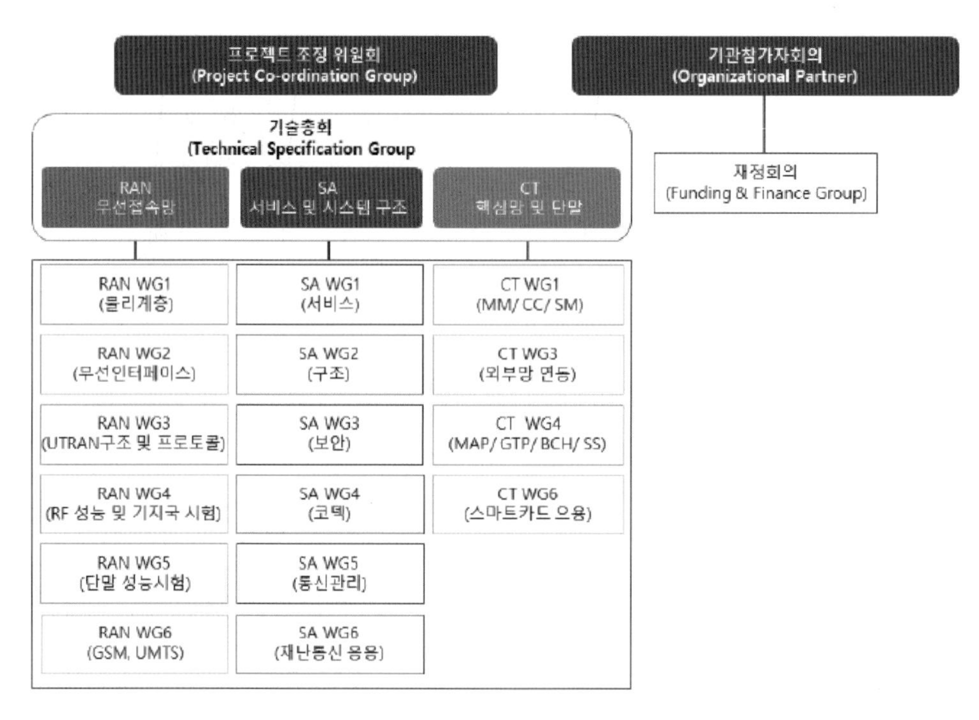

[그림 4-6] 3GPP의 조직도
출처: 한국정보통신기술협회

1.5 IETF

IETF(Internet Engineering Task Force, 국제인터넷표준화기구)는 인터넷아키텍처위원회(Internet Architecture Board, IAB)의 산하기구로서 인터넷의 운영, 관리, 개발에 대해 협의하고 프로토콜 표준을 개발하고 있으며, 망 설계자, 관리자, 연구자, 망 사업자 등으로 구성되어 사물인터넷의 다양한 인터넷 프로토콜들에 대한 표준을 개발하고 있다.

IETF는 컴퓨터 통신이 등장했던 당시 게시판, 이메일, 파일 전송 등 다양한 기능에 필요한 표준을 개발한 전문가들의 단체이다. TCP, FTP, IPv4 등 현재까지도 이용되는 기술들은 모두 IETF 표준에 근거하고 있다.

일반적으로 규칙을 준수하고 저작권을 존중한다면 제한 없이 누구나 참여할 수 있으며 메일을 통하여 의견 교환 및 수렴을 하므로 표준화 절차가 매우 빠르다는 장점을 가지고 있다.

6LoWPAN 워킹그룹에서는 Low-Rate WPAN, Bluetooth, Z-wave등과 같은 저전력 무선 네트워크에서 인터넷 프로토콜 전송에 대한 표준화를 담당하고 CoRE(Constrained RESTful Environment) 워킹그룹에서는 제한된 IP 네트워크에서 실행 가능한 리소스 지향 응용 프로그램을 위해 6LoWPAN의 상위 애플리케이션 계층으로 CoAP 기술 표준화를 담당하고 있다.

워킹그룹에 의해서 작성된 사양은 'RFC(Request for Comments)'라고 불리는 문서에 의해서 공개된다. 인터넷 개발에 있어서 필요한 기술, 연구 결과, 절차 등을 기술해 놓은 메모를 나타낸다.

1.6 ISO/IEC JTC 1

1987년 정보 처리 시스템 분야의 국제표준화위원회(ISO/TC 97)와 정보기기, 마이크로프로세스 시스템 분야에 대한 국제표준화위원회(IEC/TC 83)를 통합하여 ISO(International Organization for Standardization) 와 IEC(International Electrotechnical Commission)간 공동 기술위원회로 JTC 1(Joint Technical Commission 1)이 설립되었다.

JTC 1은 회원국과 이해관계자들이 전 세계에 통용되는 고품질 국제표준의 선두 주자가 되는 것을 목표로 하며, 임무는 내화 및 서비스의 국제적 교류를 실현하고, 지속 가능하고 공평한 경제 성장을 지원하며, 이노베이션을 촉진하고 건강·안전 및 환경을 보호할 수 있는 고품질의 국제표준을 개발하는 것이다.[2]

데이터 및 정보의 획득·저장·검색·처리·표현·현시·조직·관리·보안·전송·교환을 위한 모든 기술을 포함하는 IT 기술 분야의 공식 국제표준을 제정하고 있다.

JTC 1의 산하에는 21개의 전문위원회(Sub-committee, SC)와 1개의 특별작업반(Special Working Group, SWG)과 2개의 작업반(Working Group, WG), 1개의 연구반(Study Group, SG) 및 1개의 자문그룹(JTC 1 Advisory Group, JAG)이 있다.

ISO/IEC JTC 1은 사물인터넷 특별워킹그룹5(SWG5: Special Working Group on Internet of Things)를 2012년 설립하고 사물인터넷을 "사물, 사람, 시스템 및 정보 자원이 서로 지능형 서비스

2) TTA, ICT 표준화 추진체계분석서, 국제표준화기구편,2015.02

로 연결되어 실세계 및 가상세계의 정보를 처리하고 그에 따라 반응이 가능한 기반 구조"로 정의했다.

2014년 사물인터넷 표준화를 위한 워킹그룹10(WG on IoT)을 설립하고, SWG5에서 진행된 사물인터넷 참조 구조 표준 개발을 담당하고 있다.

Smart cities
(WG 11)

3D Printing and scanning
(WG 12)

Trustworthiness
(WG 13)

Quantum computing
(WG 14)

[그림 4-7] JTC 1 Working Groups
출처: https://jtc1info.org/technology/working-groups/

ISO/IEC JTC 1/WG 2
Instrumentation magnetic tape
Disbanded at the 1991 JTC 1 Plenary in Madrid

ISO/IEC JTC 1/WG 3
EDI (Open Data Interchange)
Created in 1991 in Madrid.
Converted into SC 30 at the 1994 Washington DC JTC 1 Plenary

ISO/IEC JTC 1/WG 4
Document Description Languages
Created from SC 18/WG 8 (SGML)
Converted into SC 34 at the 1998 Sendai JTC 1 Plenary

ISO/IEC JTC 1/WG 5
User Interfaces
Converted into SC 35 at the 1998 Sendai JTC 1 Plenary

ISO/IEC JTC 1/WG 6
Corporate Governance of IT
Created at the 2008 JTC 1 Plenary in Nara
Converted into JTC 1/WG 8 at the 2012 Jeju JTC 1 Plenary

ISO/IEC JTC 1/WG 7
Sensor Networks
Created at the 2009 JTC 1 Plenary in Tel Aviv
Converted into JTC 1/SC 41 at the 2016 Lillehammer JTC 1 Plenary

ISO/IEC JTC 1/WG 8
Governance of IT
Created at the 2012 JTC 1 Plenary in Jeju
Converted into SC 40 at the 2013 JTC 1 Plenary

ISO/IEC JTC 1/WG 9
Big Data
Created at the 2014 JTC 1 Plenary in Abu Dhabi
ongoing

ISO/IEC JTC 1/WG 10
Internet of Things
Created at the 2014 JTC 1 Plenary in Abu Dhabi
Converted into JTC 1/SC 41 at the 2016 Lillehammer JTC 1 Plenary

WG10(IoT)은 2016 노르웨이 릴레함메르 JTC 1 총회에서 JTC 1/SC41로 바뀌었으며 SC41은 '사물인터넷 및 디지털트윈'으로 이름과 범위를 확장했다.

최근 정보기술 제품과 서비스가 통신과 융·복합화가 가속화되면서, JTC 1의 표준화 분야가 넓어지고 있다.

[그림 4-8] ISO/IEC JTC 1 가상 총회(2021.05.10.)

출처 : https://jtc1info.org/outcomes-of-jtc-1-may-2021-plenary/

1.7 ITU-T

국제전기통신연합(ITU, International Telecommunication Union) 부문의 하나로 ITU-T(ITU-Telecommunication Standardization Sector)는 전기통신에 대한 기술·운용·요금에 관한 문제를 연구하고 이의 세계 표준화를 위한 권고를 채택하는 역할을 수행하고 있다. 세계전기통신표준화총회(WTSA, World Telecommunication Standardization Assembly), 전기통신표준화자문반(TSAG, Telecommunication Standardization Advisory Group), 전기통신표준화검토위원회(RC, Review Committee), 전기통신표준화연구반(SG, Study Group), 전기통신표준사무국(TSB, Telecommunication Standardization Bureau)으로 구성되어 표준 개발을 통한 새로운 광대역 통신 기반 설비 체계 선도 및 보다 나은 서비스 제공을 위해 연구하고 있다.

ITR-R 연구단 단장 : RRA 전파지원기획과장		ITU-T 연구단 단장 : TTA 표준화 본부장		ITU-D 연구단 단장 : KISDI 국제기구협력그룹장
SG1 (전파관리)	**WP5D** (IMT)	**SG2** (서비스 제공, 통신 운용 관리)	**SG13** (미래 네트워크)	**SG1** (전기통신/ICT 발전을 가능하게 하는 환경)
SG3 (전파전파)	**SG6** (방송업무)	**SG3** (과금, 회계원칙)	**SG15** (광 전송)	**SG2** (ICT 어플리케이션, 사이버보안, 위급상황통신과 기후변화 대응)
SG4 (위성업무)	**SG7** (과학업무)	**SG5** (환경, 기후변화)	**SG16** (멀티미디어)	
SG5 (지상업무)		**SG9** (광대역 케이블 망)	**SG17** (정보 보호)	
		SG11 (신호방식, 시험명세)	**SG20** (IoT 및 응용, 스마트시티)	
		SG12 (성능, 품질)		

사물인터넷을 ICT를 기반으로 한 물리적 및 가상의 사물들을 연결하는 글로벌 서비스 인프라로 정의하고, 응용/서비스 및 응용 지원/네트워크/디바이스의 4계층과 각 계층에 적용되는 관리 및 보안 기능으로 구성된 사물인터넷 참조 모델을 표준화했다.

1.8 Thread Group

Thread Group은 구글이 인수한 네스트랩스가 주도하고 실리콘랩스, 프리스케일, ARM, 예일 시큐리티, 삼성전자가 참여하여 사물인터넷을 위한 새로운 IP 기반의 무선 네트워킹 프로토콜인 'Thread'를 개발하기 위해 탄생하여 IP 기반의 가정용 생활 제품들을 보안성이 높고

저전력 무선 네트워크로 연결하는 상호 호환이 가능한 사물인터넷을 구현하기 위해 2014년 1월에 설립된 컨소시엄 표준화 단체이다.

스레드(thread)란 이름은 저전력 기반의 IEEE 802.15.4 메시지 네트워크를 위해 설계된 IPv6 네트워킹 프로토콜을 의미하며, 저전력 무선 프로토콜인 6LoWPAN 사용을 통해 저전력으로 가정용 디바이스 간 연결을 제공하고 있다.

[그림 4-9] 스레드 그룹

출처: http://www.automatedhome.co.uk

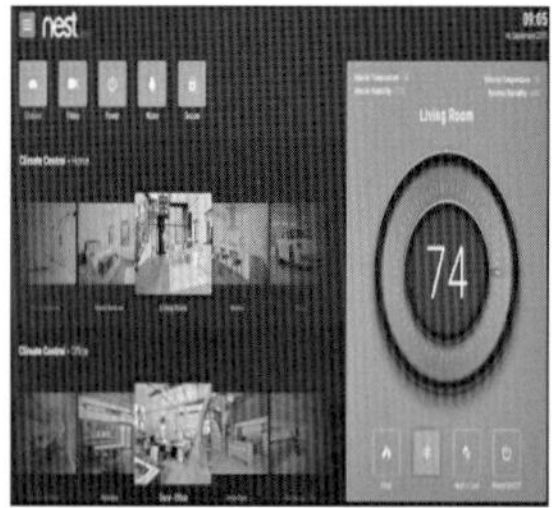

[그림 4-10] 구글 네스트의 자동 온도조절기

출처: Geek Starter의 블로그

2. 국내외 표준화 동향

사물인터넷 서비스에서 수많은 기기가 서로 연결되기 위해서는 통신 규격 등의 표준(standard) 확립이 매우 중요한 요소이며, 서로 다른 벤더에 의해 개발된 사물들 사이의 상호운용성(Interoperability), 호환성(Compatibility)을 위해서 표준화(standardization)는 필수이다.

2.1 국내 사물인터넷 표준화 동향

구분	분야	표준화 동향
국내	플랫폼	• **(사물인터넷융합포럼)** 표준분과위원회 내 IoT 표준전략 WG을 신설하여 사물인터넷 서비스 상호운용성 이슈를 포함하여 사물인터넷 표준화 및 산업 활성화 방안을 모색 중 * 사물인터넷 응용 분야에서 정의된 온톨로지에 대한 표준화 진행('16) • **(TTA 사물인터넷 융합서비스 SPG(SPG11)** 2015년부터 사물 간 관계 모델을 통한 사물협업 제공 관련 표준이 제정되었으며, 2017년도에는 온톨로지 기반 사물 검색 기술 표준화가 신규 진행 중 • **(TTA 사물인터넷 네트워크 SPG(SPG12)** 2015년에 사물인터넷에 사용되는 경량 네트워크 프로토콜인 CoAP와 LWM2M의 상호연동 시험절차서 표준개발이 완료되었으며, LWM2M 적합성 시험규격이 현재 개발 중 • **(TTA 스마트홈 PG(PG214)** 이종망 간의 홈 IoT 플랫폼간 통합 연동 프로토콜 표준개발이 완료되었으며, 지능형 수요반응 홈 네트워크 기기에 대한 홈가전 제어 및 관리 프로토콜 관련 표준 개발 중 • **(OCF-K)** 2018년 6월에 브릿징 기술그룹이 결성되어 OCF와 타 사물인터넷 기술 간의 요구사항 수렴 및 국제표준기술문서 검토 수행
	네트워크	• **(TTA 무선 PAN/ LAN/ MAN PG(PG907))** LPWA를 위한 차별적 매체접근관리 기술, 물리계층 기술 등의 요소 표준기술 개발이 진행 중 • **(TTA 사물인터넷 네트워킹 PG(SPG12)** LPWA IoT 통신 기술, 인터넷 기반 IoT 경량화 프로토콜 기술, 네트워크 적응계층 기술, IoT 에너지 전력 분야 등 표준화 진행 중 * ETRI 등을 중심으로 NFC 기반 저전력 무선 IPv6 통신 및 제어 표준기술 개발이 추진 중
	디바이스	• **(TTA ICT융합디바이스반도체 PG(PG417)** 스마트센서 및 센서 플랫폼 분야의 지능형반도체 및 지능형 배터리와 스마트더스트 분야의 표준화를 진행 • **(국가기술표준원 반도체 전문위원회)** IEA TC47의 국내전문위원회로 압전, 열전, EM 등 에너지하베스팅 기술과 저전력(50W급 이하) 무선전력전달 기술의 표준화 진행 중

[표 4-2] 국내 사물인터넷 표준화 동향

출처: ICT 표준화 전략맵 Ver.2019. TTA

2.1.1 TTA(Telecommunication Technology Association, 한국정보통신기술협회)

회원사 공동의 이익을 위해 제정하는 표준으로 우리나라의 ICT 단체 표준은 TTA에서 주로 제정한다. 미국은 ATIS/TIA, 일본은 ARIB/TTC, 중국은 CCSA가 있다.

2007년 10월, ITU는 우리나라가 세계 최초로 개발한 와이브로(WiBro) 휴대 인터넷을 3세대 이동통신 3G 기술의 6번째 국제표준으로 채택하였다. 국내 최초로 이동통신 기술이 국제표준으로 채택되었다.

TTA는 정보통신 산업과 기술 진흥, 국민경제 발전을 목표로 방송통신발전 기본법 제34조에 근거하여 1988년 설립된 비영리기관으로 ICT 표준화 및 시험인증 업무를 수행하며, 정보통신 표준화위원회에서는 통신망, 이동통신, 방송, 소프트웨어, 정보 보호 등의 분야에 대한 TTA 표준을 제정하고 있다.[3)]

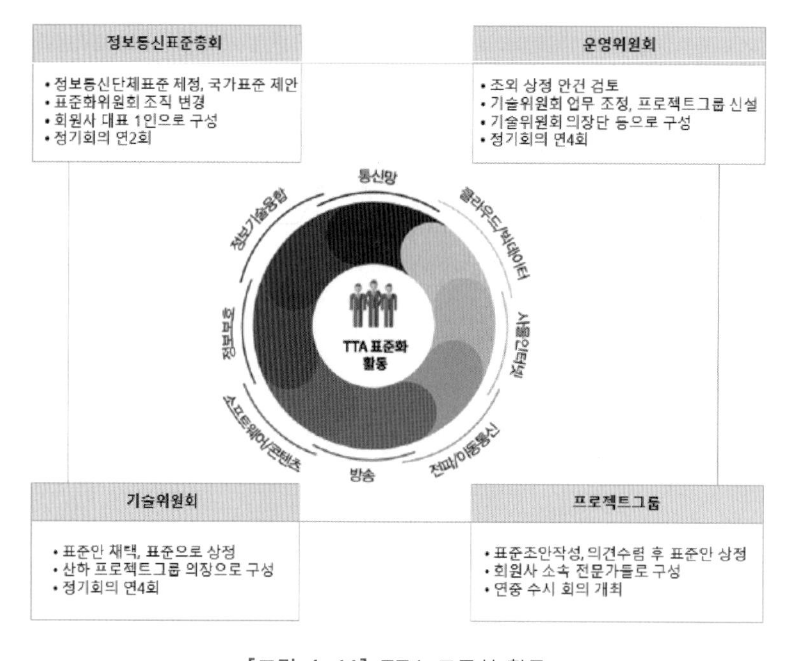

[그림 4-11] TTA 표준화 활동

출처: TTA, http://www.tta.or.kr/, 재구성

3) 정보통신기술협회, http://www.tta.or.kr/data/handbook_2018/sub-01.html

2.1.2 국내 기술의 국제 표준화 사례

표준명	채택기구/연도	설명	
차량 군집 주행	ITU-T X.1372 (2020.03)	• 공인(기기)인증서 기반 차량통신을 위한 규격 정의 (국내기술의 글로벌 시장 주도권 확보)	
분산원장기술 보안위협	ITU-T X.1401 (2019.11)	• 분산원장기술의 주요 구성요소를 제시하고, 이 주요 구성요소에 미칠 수 있는 위협을 대상, 공격자, 기법, 영향 등의 측면에서 식별하는 기술	
양자 키 분배 지원 통신망	ITU-T Y.3800 (2019.10)	• 양자 키 분배 기술을 계층별로 나뉘는 개방형 네트워크 구조에 기반한 표준화된 인터페이스로 비용 효율적 양자암호 통신망을 구현할 수 있는 기술	
차세대인증기술	ITU-T X.1094 (2019.03)	• 사람 심전도, 심박수 등 생체신호를 이용한 차세대 인증 기술 표준 (글로벌 생체인증기술 선도 및 시장 경쟁력 확보)	
클라우드 서비스	ITU-T Y.3506 (201.06)	• 클라우드 서비스 사용자를 위한 브로커리지 서비스 개념 및 시스템 정의 (국내기술의 글로벌 시장)	
C-ITS서비스와 자율주행을 위한 무선통신기술	ITU-R M.2084-1 (2019.12)	• 저지연 응답 특성(100msec 이내)을 갖는 차량간 직접 통신(V2V)과 차량과 인프라간 무선통신(V2I) 기술에 관한 표준	

[표 4-3] 국내 기술의 국제 표준화 사례

출처: ICT 표준화 전략맵 Ver.2019. TTA

2.2 국외 사물인터넷 표준화 동향

구분	분야	표준화 동향
국외	플랫폼	• **(OCF)** 2015년 11월 UPnP를 통합한 후 UPnP Working Group을 신설하여 OCF 표준 기기와 기존 UPnP 표준 기기 간의 연동 표준 개발 진행 중 * BLE Bridging PG가 2017년 11월에 설립이 되어 기존 BLE 디바이스를 OCF 생태계로 포함하기 위한 브릿징 표준기술이 개발 중 * 스마트 홈을 위한 Z-wave 및 ZigBee 디바이스와의 연동을 위한 새로운 PG가 2018년 5월 결성 * oneM2M과의 연동을 위한 JOOE PG에서는 현재 oneM2M 연동 표준기술 개발 중 • **(oneM2M)** oneM2M에서는 Rel-2 표준에서 이종 플랫폼 간 연동 표준 개발을 완료하고, Rel-3에 연동 대상을 확장하기 위한 표준 개발 진행 중 * Rel-1 표준부터 시맨틱 기술 표준화를 시작하여 도메인별 확장 가능한 베이스 온톨로지를 규격화하였으며, 현재 Rel-3에서는 시맨틱 지원 기능을 고도화하여 표준규격으로 작성하고 있으며 개발자를 위한 oneM2M 시맨틱 기능 구현 가이드 문서도 작성 중 • **(ISO TC184 SC4)** 디지털트윈 제조 개념, 참조구조, 물리적 제조 요소의 디지털 표현과 정보교환을 포함하는 디지털트윈 제조 프레임워크 표준 개발 시작 • **(JTC1 JAG JETI)** 정보통신 관점에서 JTC1의 디지털트윈 표준화 전략을 제시하기 위한 보고서를 작성하는 그룹 신설
	네트워크	• **(IETF LPWAN WG)** 2016년 10월 14일 결성되어, LPWAN 규격을 Informational Document로, CoAP compression과 IP/UDP compression/ fragmentation에 대해 Proposed Standard로 IESG에 2017년 제출 • **(IEEE)** 2018년 3월 회의부터 IEEE802.15.4w TG-LPWA의 LPWA 물리계층과 매체접근제거 기술에 대한 표준화를 시작 • **(3GPP RAN)** 2016년 6월 Cat-NB1(NB-IoT) 규격을 완성하였으며, 추가 규격의 개발을 진행 중 • **(ITU-T SG11)** ETRI에서는 IoT Edge 환경에서 인공지능 기술을 활용한 기술 표준(Q.IEC-REQ)을 2017년에 제안하여 개발 중에 있으며, 2018년 하반기에 완료할 예정 • **(oneM2M ARC WG)** oneM2M 시스템에서 Edge 컴퓨팅을 지원하는 방안 스터디 진행 중으로 기술 보고서(TR-0052)는 2019년 상반기에 완료하고 이후 아키텍처 규격(TS-0001)에 반영하여 릴리즈 4 신규 기술에 포함될 예정 • **(IETF T2TRG/DINRG)** ETRI 및 Huawei는 IEFT T2TRG 및 DINRG에서 IoT Edge/Fog Computing 관련 표준안을 개발 중 • **(ITU-T FG-ML5G)** ETRI 및 KT는 ITU-T FG-ML5G (Focus Group on Machine Learning for Future Networks including 5G)에서 네트워크 머신 러닝을 위한 use cases와 요구사항 문서를 개발 중

구분	분야	표준화 동향
국외	디바이스	• **(JTC1 SC31)** ISO/ IEC/ IEEE 21451 표준은 센서 혹은 액츄에이터 관련 표준이고, JEDEC에서는 딥러닝용 GPU를 위한 초고속 메모리 규격인 GDDR5X를 제정 완료 • **(IEC TC47)** 한국 주도로 에너지하베스팅 기술과 소출력 무선전력전달 기술을 표준화 진행 중 • **(IEC TC113)** 나노전자기반 에너지하베스팅 표준화 진행 중 • **(ISO TC 22 SC32)** 자동차의 전자부품 및 자동차용 지능형반도체의 기능안전성을 위한 표준화가 진행 중이며, WG8에서는 SOTIF(Safety of Intended Functionality)라는 주제로 자율주행 자동차에서의 기능안전성을 표준화하기 위한 작업을 진행 중 • **(JEDEC)** 멤리스터와 같은 차세대 메모리 및 이를 사용하는 메모리 내장형 프로세서에 대한 연구를 활발하게 진행하고 있으며, 딥러닝용 GPU를 위한 초고속 메모리 규격인 GDDR5X를 제정 완료

[표 4-4] 국외 사물인터넷 표준화 동향

출처: ICT 표준화 전략맵 Ver.2019. TTA

제5부
사물인터넷(IoT)과 스마트 기술의 보안

1. 사물인터넷 구성 요소별 보안 위협과 보안 요구사항
2. 사물인터넷 환경에서의 보안 침해 사고 사례

1. 사물인터넷 구성 요소별 보안 위협과 보안 요구사항[1)]

사물인터넷 디바이스 · 네트워크 · 플랫폼 · 서비스에 존재하는 취약점으로 인해 스마트홈, 스마트 의료, 스마트카, 스마트시티, 스마트팩토리 등 사물인터넷이 일상생활로 확산되면서 기존 사이버 세계의 위험이 현실 세계로 전이 · 확대되어 인간의 생명까지 위협할 수 있을 정도로 심각한 영향을 미치게 되었다.

사물인터넷은 각종 장치들과 유 · 무선 네트워크 기술, 플랫폼을 기반으로 제공되므로 설계부터 운영 · 폐기까지 모든 단계별 보안 취약점 및 요구사항을 점검하여 보안대책 내재화가 필요하다.

1.1 디바이스 관련 보안 및 보안 요구사항

보안위협	위협내용
간섭(Interference)/방해(Jamming)/ 충돌(Collision)	• 노이즈 발생, 동시 동일 주파수 접속, 주파수 위변조 등을 통해 실제 신호의 정상적인 송수신을 방해하는 공격
시빌(Sybil)	• 기존의 Wireless Ad-hoc이나 센서 네트워크에서 Multi-Identity가 허용되는 취약점을 이용한 공격으로 각 디바이스나 센서에 Unique ID를 부여하지 않을 경우 발생
교통분석(Traffic Analysis)	• 암호화되지 않은 NPDU(패킷), DLPDU(프레임) 페이로드를 분석하여 정보를 취하는 공격 (단, 암호화 할 경우 상대적으로 안전하지만, System Performance에 영향이 갈 수 있음)
도스(DoS)	• 주변 노드에 지속적인 광고 패킷을 송신, DSPDU 반복 수정, CRC 반복 체크로 시스템에 무리를 주거나 주파수 Jamming 등을 통해 신호 송수신을 방해하는 공격

1) 정부사물인터넷 도입 가이드라인, 행정안전부, NIA, 2019.07.

비동기화(De-synchronization)	• Device Pool에 잘못된 시간 정보를 송신하여 디바이스가 계속적으로 시간을 교정하는데 자원을 소모하도록 하는 공격
벌레구멍(Wormhole)	• 상호 통신이 허가되지 않은 두 디바이스의 무선 통신 모듈을 공격해 상호간 통신을 가능하게 만들고, 통신 라우팅을 고의로 변경하거나 악성코드 배포 경로로 이용하는 공격
탬퍼링(Tampering)	• 단말에 저장된 데이터 혹은 송수신 데이터를 임의로 위변조하는 공격
도청(Eavesdropping)	• 암호화되지 않은 디바이스(센서)와 게이트웨이 구간 정보를 도청하는 공격
선택적 전달 공격 (Selective Forwarding Attack)	• 선택적으로 특정 노드에 패킷을 포워딩하지 않게 하여 해당 노드를 블랙홀로 만들어 버리는 공격
스푸핑(Spoofing)	• 네트워크에 공유된 Network-Key를 취득하여 허가되진 않는 Fake 디바이스(센서)를 네트워크에 접속시켜 악의적인 행위를 하도록 하는 공격
전파 간섭을 이용한 오작동	• ISM(Industrial Scientific Medical band) 대역과 같은 비면허 대역에 과도한 출력 신호 및 과도한 트래픽 발생

[표 5-1] IoT 디바이스 관련 보안 위협

출처: 정부사물인터넷 도입 가이드라인, 행정안전부, NIA, 2019.07. 재구성

1) 디바이스의 통신에 대한 보안 위협

IoT 디바이스는 서비스를 위한 데이터가 생성되거나 서비스 요청에 대한 반응이 나타나는 영역이다. 디바이스 · 센서와 게이트웨이 간 통신 주파수에 노이즈를 발생시키거나, 동시에 동일한 주파수에 접속 또는 신호의 위 · 변조로 실제 정상 신호를 방해하는 방법 등으로 보안을 위협할 수 있다.

2) 디바이스 보안 요구사항

• 기밀성(Confidentiality) 관련 보안 요구사항

- 공격자가 데이터를 볼 수 없게 정보 유출 방지를 위해 개인 정보 및 암호키와 같은 중요 데이터를 암호화하여 안전하게 처리 및 저장 관리하여야 한다.
- 악성 코드 감염 및 외부 해킹으로 인한 운영 체제 위 · 변조 방지와 디바이스 정지 · 오작동을 방지하는 기술이 필요하다
- IoT 기기의 가로채기(Interception) · 도난 · 해킹 등을 통한 불법 복제 및 중요 데이터 유출을 방지하기 위한 하드웨어 보안 기술 필요하다.

• 무결성(Integrity) 관련 보안 요구사항

- 사물인터넷 기기는 데이터 위변조 방지를 위해 변경이 허가된 사람에게서 인가된 메카니즘을 통해서만 이루어져야 한다.

- 데이터 무결성을 위협하는 공격은 변경(Modification), 가장(Masquerading), 재연(Replaying), 부인(Repudiation)이 있다.

- 가용성(Availability) 관련 보안 요구사항
  - 정보가 사용 가능해야 한다.
  - 사물인터넷 기기는 소프트웨어 오류나 악성코드 감염에 의한 오동작 시에도 해당 모듈 분리 및 제거, 접근 권한 제한 등의 기능을 통해 소프트웨어 안전성을 보장해야 한다.
  - 가용성을 위협하는 공격은 아예 그 시스템을 마비시키는 서비스 거부 공격(Denial of Service)이 있다.

- 인증/허가(Authentication/Authorization) 관련 보안 요구사항
  - 비인가된 사용자의 접근을 차단하기 위해 사용자 인증 기능을 제공할 수 있어야 한다.
  - 사물인터넷 기기는 정보 유출 방지 및 프라이버시 보호를 위해 권한 제어 및 설정 기능을 제공해야 한다.
  - 안전하고 강력한 비밀번호를 설정하고, 주기적인 업데이트 기능을 제공할 수 있어야 한다.

1.2 게이트웨이 보안 및 보안 요구사항

1) 게이트웨이 보안 위협

사물인터넷 게이트웨이는 수많은 사물인터넷 기기와 다양한 외부 환경과의 연결점으로써 방대한 센싱 데이터가 송·수신되고, 사물인터넷 기기의 제어 및 관리가 이루어진다. 이에 따라 악의적인 공격자의 공격 대상이 될 요인이 충분하다.

보안위협	보안 취약점
사물봇(ThingBot)	• 광범위환 사물로 구성된 사물봇에 의한 트래픽 폭증 공격
프로토콜 변환 취약점 공격	• 사물인터넷 기기는 자원의 제약(저전력·소형화, 낮은 연산능력 등)으로 경량 프로토콜을 사용하고, 이를 게이트웨이가 고기능성 프로토콘로 전환하는 과정에서 데이터 기밀성 훼손, 악의적인 위·변도, 보안정책 훼손, 임의의 메시지 주입 등의 보안 위협이 존재
서비스 마비	• 게이트웨이 프론트홀(디바이스 방향)은 주로 무선을 통해 이루어지므로, 무선 프로토콜의 취약점과 Jamming 등으로 게이트웨이의 통신을 방해하거나 동작을 정지시키는 등 서비스가 불가능하게 하는 위협
악성코드 감염	• 악성코드 감염으로 사물인터넷 게이트웨이가 좀비호 되어 DDoS 등 공격에 악용될 수 있으며, 감염된 게이트웨이를 통해 사용자 데이터의 유출이 가능하고, 또한 사물인터넷 게이트웨이에 연결된 디바이스를 감염시킴으로써 2차 피해를 유발할 수 있음
데이터 유출	• 도청, 중간자 공격, 메시지 위·변조 등을 통해 공격자가 개인정보 등 사용자의 민감한 정보를 습득할 수 있음
메시지 불법 동작 제어	• 재전송 공격, 메시지 위·변조 등을 통해 특정한 동작을 수행하는 메시지를 주입하여 공격자가 게이트웨이의 동작을 악의적으로 제어할 수 있음
웹 인터페이스 취약점	• 게이트웨이 접근을 위한 웹 인터페이스의 취약점을 활용한 공격(사이트 간 요청위조 등)으로 관리자권한 탈취 등의 피해를 입을 수 있음
물리적 탈취	• 물리적인 접근을 통해 악의적인 공격자는 게이트웨이의 펌웨어를 임의로 교체하거나 하드웨어 인터페이스 또는 플래쉬 메모리의 물리적인 탈취를 통해 데이터를 획득할 수 있음

[표 5-2] 게이트웨이 네트워크 서버 보안 위협

출처: ICT 표준화 전략맵 Ver.2019. TTA

2) 게이트웨이 보안 요구사항

• 프로토콜 변환 과정에서 데이터 기밀성을 유지하고, 악의적인 위·변조를 방지할 수 있어야 한다.

• 송·수신 데이터는 불법적인 스니핑(sniffing) 또는 도청 방지를 위해 암호화된 형태로 전송되어야 한다.

• 방화벽, IPS와 같은 수단을 통해 네트워크 침입 탐지 및 네트워크 트래픽 제어 및 모니터링을 할 수 있어야 한다.

• 사물인터넷 서비스 제공 지원을 위한 보안 터널링(Secure Tunneling) 기능을 제공해야 한다.

• 네트워크서버에 등록되는 기기는 경량, 저전력 기기를 위한 암호설정 기능을 제공해야 한다.

1.3 사물인터넷 서비스 보안 및 보안 요구사항

1) 서비스 보안 위협

사물인터넷 서비스 플랫폼은 구성 요소인 기기, 사용자, 서비스 간의 상호 인증, 접근 제어 및 프라이버시 보호 기능을 제공하고 센터와 각 기기 간의 연결 기능을 제공한다. 사물인터넷 환경의 특성상 각 장치들은 사용자의 민감 정보를 수집할 가능성이 높으므로 이러한 데이터는 처리 과정에서의 보안이 필수적이다.

보안위협	위협내용
Worm 및 Virus	• 시스템을 파괴하거나 작업을 지연 또는 방해할 수 있음
비인가된 접근	• 비인가자가 불법적으로 시스템에 로그인(Login)하여 디스크 자료 불법 열람, 삭제 및 변조 등 시스템에 물리적인 피해를 유발할 수 있음
패치되지 않은 시스템 OS 보안 취약성	• 운영체제, 데이터베이스, 응용 프로그램, 시스템 프로그램 등 모든 정보 자산에 존재하는 허점(버그)에 의해 주로 발생되며, 사용자의 민감정보 유출, 바이러스, 악성코드에 의한 시스템의 비정상적인 동작 발생할 수 있음
설정 오류 및 실수	• 패스워드 공유, 데이터 백업의 부재 등 운영자의 부주의와 태만으로 시스템의 불법접근 및 데이터 손실 등의 문제 발생 가능
기밀성/ 무결성 공격	• 네트워크 도·감청을 통해 데이터 위·변조, 악성코드 삽입, 암호키 유출 등을 통한 보안 위협 발생 가능
개인정보 유출 및 프라이버시 침해	• 다양한 디바이스로부터 수집된 단편적인 정보의 조합으로 새로운 개인식별 정보 생성

[표 5-3] IoT 서비스 관련 보안 위협

출처: ICT 표준화 전략맵 Ver.2019. TTA

2) 서비스 보안 요구사항

• 플랫폼, 서비스-단말기, 플랫폼/서비스-게이트웨이 간 송·수신하는 메시지에 대해 메시지 인증 코드(MAC) 등을 이용하여 메시지에 대한 무결성을 검증하여야 한다.

• 서비스 플랫폼에서는 개인을 식별·유추할 수 있는 데이터 또는 다른 데이터와 연관하여

주요 정보가 될 수 있는 데이터 등은 전송하지 않아야 하며 서비스 기능에 부합하는 데이터만 전송해야 한다.

- 디바이스 설정 및 관리에 있어서는 운영체제, 펌웨어, 소프트웨어에 대해서 주기적으로 무결성 검증을 수행하고 최신 업데이트 및 보안 패치를 적용하여야 한다.

- 로그 유지 및 감시 경우 데이터에 대한 접근 기록과 단말기, 게이트웨이, 서버 등의 장비에 대한 접근 기록을 유지하고 비정상적인 접근을 주기적으로 모니터링하여야 한다.

- 디바이스, 게이트웨이, 서버에 대한 트래픽을 모니터링하여 악성코드 감염, 해킹 등의 비인가 접근, 오작동, 불능 등의 비정상 행위를 식별하고 차단할 수 있어야 한다.

2. 사물인터넷 환경에서의 보안 침해 사고 사례

우리의 일상에 IoT 기반의 제품이 보급될수록 누릴 수 있는 이용자의 편의성과 삶의 질 향상은 늘어갈 것이지만 그 이면에 IoT 보안 위협도 커지며 인간의 목숨까지도 위험할 수 있는 사례가 일어나고 있다. 다음은 사물인터넷 분야별 보안 위협 시나리오와 한국인터넷진흥원에서 발표한 '7대 사이버 공격 전망'이다.

분야	주요 내용
스마트TV	스마트TV에 탑재된 카메라 해킹 → 사생활 영상 유출
스마트가전	로봇청소기 원격조종 애플리케이션 취약점 해킹 → 로봇청소기 탑재 카메라로 실시간 모니터링
공유기	수십만대 규모 공유기 해킹 → 악성코드 넣어 DDoS 공격 창구 활용
스마트카	차량네트워크 침투 가능 조립 회로보드 → 브레이크 조작, 방향 설정, 경보장치 해제 등 가능
교통	도로차량 감지기술 내 광범위한 설계 및 보안 결함 발견 → 센서를 가장해 교통관리시스템에 위조 데이터 전송 가능
의료기기	인슐린 펌프 조작 → 치명적인 복용량 주입 가능

[표 5-4] IoT 분야별 보안 위협 시나리오
출처: 한국과학기술기획평가원(KISTEP)

[그림 5-1] 7대 사이버 공격 전망 2019

출처: 한국인터넷진흥원, NICE평가 정보, 재구성

2.1 스마트홈(가전)

스마트홈 서비스는 AI와 IoT, ICT 등 첨단 기술을 주택에 접목함으로써 삶의 질을 제고하고 편의성을 극대화하는 데 목적을 두고 있다. 스마트홈에서 수집되는 데이터는 사람과 사물 간의 데이터 교환을 기반으로 개인 정보(이름, 생년월일, 전화번호, 주소 등), 개인 영상 정보 등 사생활에 대한 정보가 포함하고 있어 유출 시 프라이버시 침해 위험성이 높다.

유형	주요 제품	주요 보안위협	주요 보안위협 원인
멀티미디어 제품	스마트TV, 스마트 냉장고등	• PC환경에서의 모든 악용 행위 • 카메라/마이크 내장 시 사생활 침해	• 인증 메커니즘 부재 • 강도가 약한 비밀번호 • 펌웨어 업데이트 취약점 • 물리적 보안 취약점
생활가전 제품	청소기, 인공지능 로봇 등	• 알려진 운영체제 취약점 및 인터넷 기반 해킹 위협 • 로봇청소기에 내장된 카메라를 통해 사용자 집 모니터링	• 인증 메커니즘 부재 • 펌웨어 업데이트 취약점 • 물리적 보안 취약점
네트워크 제품	홈캠, 네트워크 카메라 등	• 사진 및 동영상을 공격자의 서버 및 이메일로 전송 • 네트워크에 연결된 홈캠등을 원격으로 제어하여 임의 촬영 등 사생활 침해	• 접근통제 부재 • 전송데이터 보호 부재 • 물리적 보안 취약점
제어 제품	디지털 도어락, 가스밸브 등	• 제어기능 탈취로 도어락의 임의 개폐	• 인증 메커니즘 부재 • 강도가 약한 비밀번호 • 접근통제 부재 • 물리적 보안 취약점
	모바일 앱(웹) 등	• 앱 소스코드 노출로 IoT 제품 제어기능 탈취	• 인증정보 평문 저장 • 전송전송데이터 보호 부재
센서 제품	온/습도 센서 등	• 잘못된 또는 변조된 온·습도 정보 전송	• 전송데이터 보호 부재 • 데이터 무결성 부재 • 물리적 보안 취약점

1) 웹캠 해킹

전 세계 약 7만 3,000여 대의 IP 카메라가 해킹되어 '인세캠'이라는 사이트를 통해 생중계되었다. 한국에서는 약 6,000여 개의 IP 카메라가 해킹되었으며 '인세캠'이라는 사이트 운영자가 '보안 설정의 중요성'을 알리기 위해 해킹한 것으로 밝혀졌다. 공장 출고 당시 설정된 아이디와 비밀번호를 바꾸지 않은 IP 카메라를 해킹 대상으로 하였다. 공개된 장소는 가정집과 공연장, 사무실, 슈퍼마켓 등 다양하며 사이트에는 IP 카메라가 설치된 위도와 경도가 나와 있고 구글 지도를 이용해 해당 위치를 추적할 수 있어, 이를 악용할 경우 개인 프라이버시가 침해되고 더 나아가 금전적, 물리적 피해까지 발생할 수 있다.

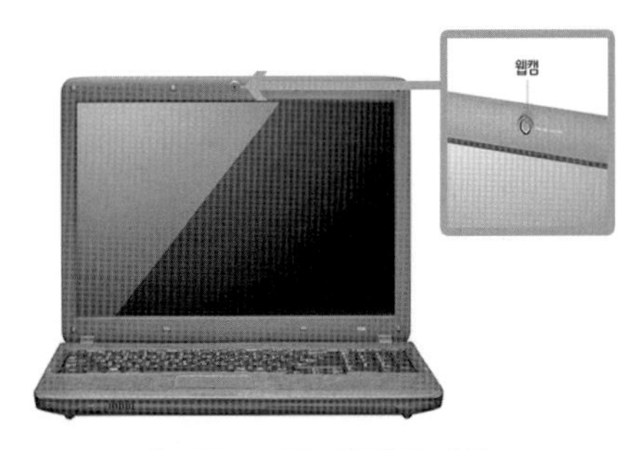

[그림 5-2] 웹캠의 위치

출처: SK브로드밴드

[그림 5-3] 웹캠 피해 대책 방법

출처: MBC뉴스(2020.04.18.)

2) DDoS 공격 악용

사물인터넷 디바이스 취약점의 해결 보안 업데이트가 지속적으로 이루어지지 않아 악성코드가 감염되면 DDoS(Distributed Denial of Service, 분산 서비스 거부) 공격에 활용되어 이용자 모르게 타인을 공격하게 된다.

2016년 10월 도메인 네임 서비스(Domain Name Service, DNS) 제공업체인 DYN(딘)을 대상으로 한 DDoS 공격이 발생하였다. 도메인 네임 서비스는 문자로 되어 있는 웹사이트 이름을 숫자 IP 주소로 변환해 주는 역할을 하는데, DDoS 공격으로 웹브라우저는 사용자가 보고자 하는 웹사이트를 찾을 수 없게 만들어 수백만 인터넷 사용자들이 불편을 겪었다.

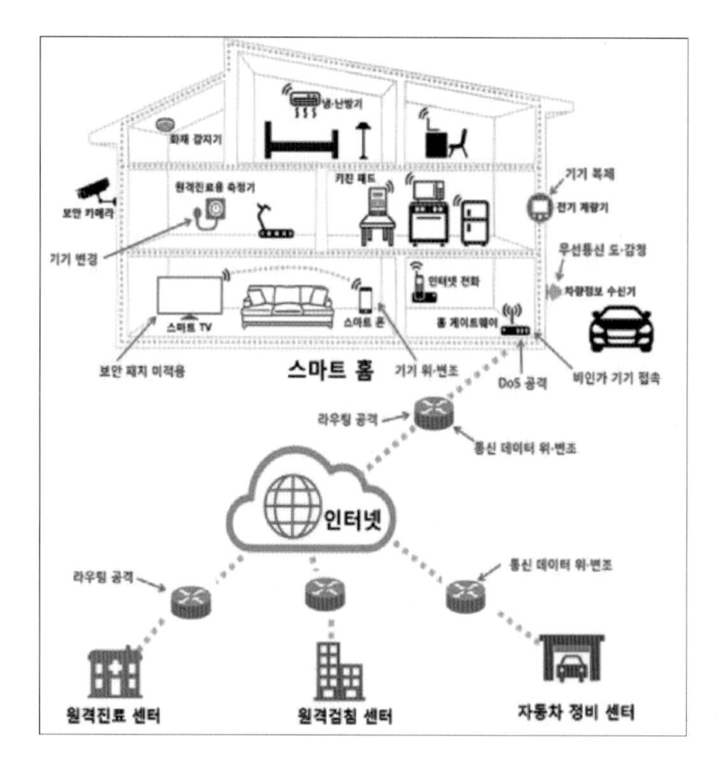

[그림 5-4] 스마트 기술의 보안 위협

출처: http://www.boannews.com/media/news_print.asp?idx=51902

미라이(Mirai) 악성코드는 공장 출하 시 설정된 기본 ID/PW를 그대로 방치한 IoT 기기를 대항으로 기본 계정을 삽입해 관리자 권한을 획득 후 감염시키는 방식이다. 실제 미라이를 이용한 대규모 DDoS 공격으로 1,200여 개 미국 주요 기관 사이트를 마비시키는 사건이 발생했다. 이때 약 12만 대의 IoT 기기가 공격에 악용됐다.

- 대응 방안
  - 영문자, 숫자, 특수 문자들을 혼합한 구성의 안전한 패스워드를 설정한다.
  - 다중 인증 기술 개발을 통한 다중 보안 시스템 개발 적용
  - 스마트홈 관리 시스템에 대한 내부 연결 네트워크 감시 체계 구축
  - 온도, 습도 센서 등 저용량 디바이스에 대한 경량 암호화 기술 적용
  - 보안 업데이트로 펌웨어를 최신 버전으로 유지

2.2 스마트카(교통)

기존 차량의 전자화 및 다양한 통신 기능이 내장됨에 따라 다양한 커넥티드 서비스에서의 정보 유출 및 데이터 위·변조 노출 위험이 있다.

나아가 정부의 교통 빅데이터 구축 시 프라이버시 침해와 해킹을 통한 도로 안전 정보의 위·변조에 따른 운전자의 생명까지 위협할 수 있다.

자율주행차 시대가 본격화되면 ECU(Electronic Control Unit, 전자제어장치) 비중이 더욱 높아지기 때문에 사이버 보안 위협이 더 커지게 된다.

매년 커넥티드 카(스마트카) 기술이 적용된 자동차에 불법 침입하는 사례가 늘고 있다.

2015년 12월에 일본 히로시마 시립대 연구진이 도요타 자동차를 해킹해 스마트폰으로 무선 조작하는 실험에 성공했다. 스마트폰으로 주차 상태인 차량의 속도 계기판은 시속 180km까지 치솟았고 엑셀러레이터가 통제되지 않았다.

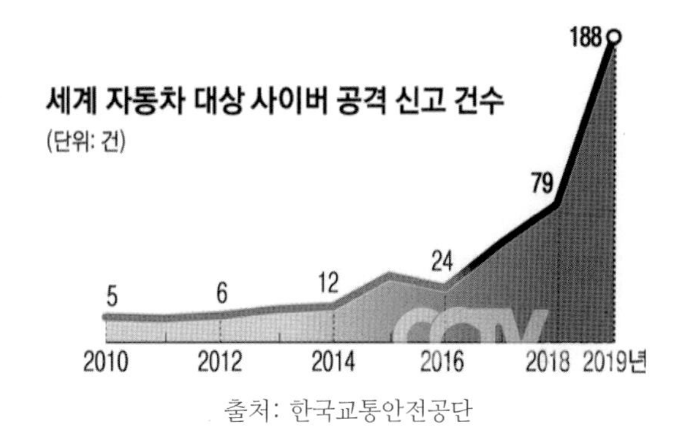

출처: 한국교통안전공단

2018년 9월 미국 테슬라의 모델S 차량을 스마트폰의 테슬라 자동차 앱을 이용하여 차 문을 열고 절도하였으며, 앱을 이용하여 GPS를 끄고 경찰의 추적을 피해 도주하기도 하였다.

자동차 업체들은 모바일 앱, 인포테인먼트 시스템, 와이파이 등 외부와 연결돼 있거나 해킹에 노출되기 쉬운 시스템과 자동차의 속도·조향 같은 제어 시스템을 철저히 분리하고 있다. 일부가 해킹되더라도 운전[2]자의 목숨을 위협할 수 있는 치명적인 위협은 막겠다는 뜻이다.

2) 조선일보, "해커들의 새로운 먹잇감, 당신의 자동차가 위험하다"(2021.03.25.)

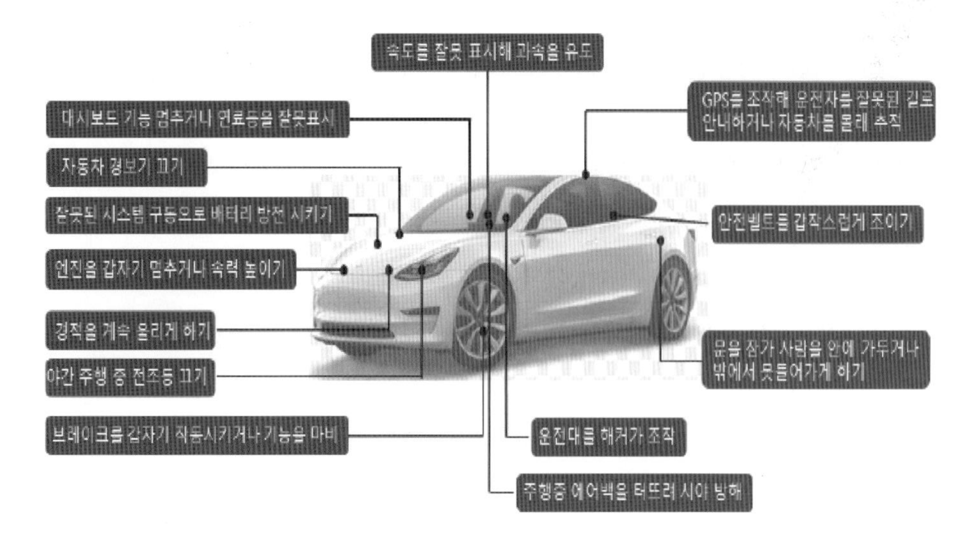

[그림 5-5] 해커가 할 수 있는 자동차 공격

• 대응 방안

- 통합된 보안 소프트웨어를 구축해 제조 단계에서부터 보안 프로세스 수립하여 무결성 확보
- 자동차에 적용되는 전자부품에 대한 자기인증제도 도입 및 운영
- 보안 침해 가능성이 발견되면 수시로 원격으로 업데이트를 실시하여 안정성 인증
- 보안 기술에 대한 업계 간 표준화 구축이 필요
- 전통적인 ICT 보안에서부터 V2X 등 자동차 보안 기술 전반 그리고 V2G 에너지 그리드에 대한 이해, PnC(Plug and Charge) 등 미래 차 특성에 대한 종합적 기술력 기반 필요

2.3 스마트 헬스케어(의료 건강)

스마트 헬스케어는 간단한 진료부터 원격 진료, 맞춤형 의료 기술에 이르기까지 언제 어디서나 질병을 예방·진단·치료·사후 관리를 하는 서비스를 의미한다.

병원에서 사용하는 의료 기기부터 개인이 사용하는 각종 스마트 헬스케어 기기까지 민감한 개인의 생체 및 의료 정보를 담고 이를 원격으로 주고받는 일이 일상화됐지만, 사이버 공격 위험성의 증가로 국민의 생명과 안전에 직접적이고 심각한 영향을 초래한다.

헬스케어 데이터의 개인 식별 정보(Personally Identifiable Information, PII)와 개인 건강 정보(personally Health Information, PHI)를 팔아 수익을 챙기려는 범죄와 고가치의 보건 분야 연구나 정보 수집 목적으로 대량의 기록들을 탈취하기 위해 침입하고 있다. 또한, 랜섬웨어와 같은 사이버 테러로 병원 네트워크를 공격해 중요한 의료 장비나 시스템에 영향을 미치게 하는 테러가 있다. 이 외에도 환자 이동 또는 협진을 위한 환자 개인 정보 및 의료 정보 공유 시 공유 범위, 열람 제한, 보안 감사, 생체 정보 노출 시 인증 방안 등에 대한 보안 대책의 부재로 인한 위협도 존재한다.

이와 같이 스마트 의료 시스템에서 무엇보다 중요한 것은 의료 사이버 보안 체계 마련이다. 환자 · 의료진 · 의료기기 제조업체 · 병의원 · 약국 · 의료보험 관련 기관, 정부 등을 망라한 이해 당사자들이 활용 가능한 의료 분야 분야의 보안 프레임이 시급하다.

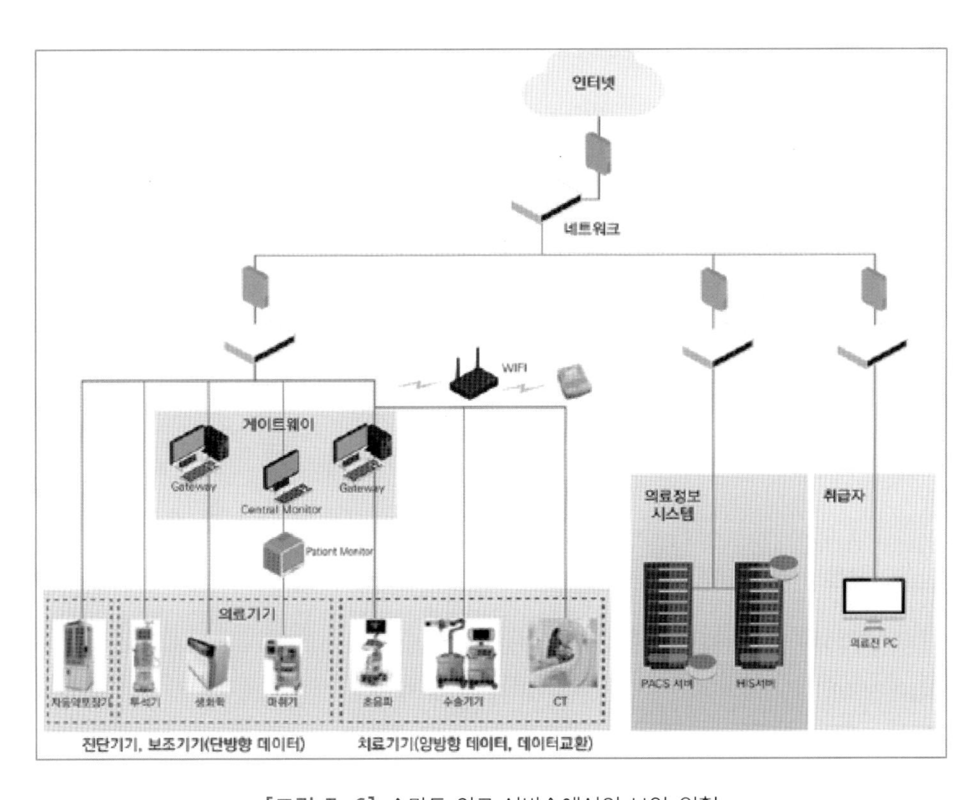

[그림 5-6] 스마트 의료 서비스에서의 보안 위협

출처: IoT보안얼라이언스, 스마트의료 사이버보안 가이드, 2018.05

2018년 미국의 한 병원에서 비트코인 랜섬웨어에 감염되어 전체 IT 시스템이 마비되자, 촌각을 다투는 상황에서 이를 다시 풀기 위해 약 5만 5,000달러(한화 약 6,700만 원) 상당의 금액을 지불할 수밖에 없었던 예도 있다.

2017년 8월, 식품의약품안전청은 세인트쥬드 메디컬사의 무선주파수 이식형 심박조정기의 보안 취약점을 확인한 후 465,000대를 리콜하였다. FDA는 해커가 이 장치에 접근하기 위해 상업 시장에 배포된 장비를 사용할 수 있다는 것을 발견했고, 해커는 기기의 프로그래밍을 변경하고 배터리를 소모하거나 위험한 페이싱을 명령하여 환자에게 해를 끼칠 수 있다는 이유에서였다. 다행히도 FDA의 펌웨어 업데이트 리콜 및 개발은 악성 액세스가 발생하기 전에 이루어졌다.

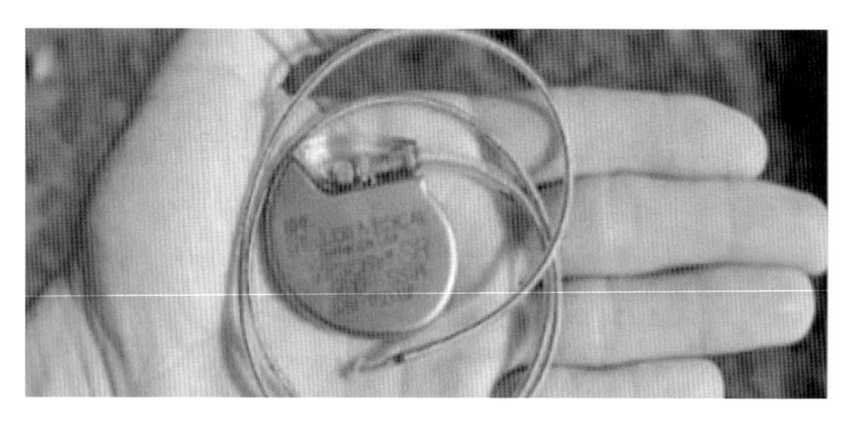

[그림 5-7] 세인트쥬드의 인공 심장 박동기
출처: IoT보안얼라이언스, 스마트의료 사이버보안 가이드, 2018.05

- 대응 방안
  - 스마트 헬스케어 기기 운영 및 관리 기능 접근 시 사용자 인증
  - 전자 의료기기 접속 인증 및 데이터베이스 암호화 프로토콜 개발 및 적용
  - 원격 진료에 대한 위험 평가 실시 및 의료기기 보안 시스템을 구축한 병원에 대한 지원 방안 마련
  - 의료 시스템 데이터베이스 접근 권한 통제 기술 개발
  - 환자 및 진료 데이터 암호화 및 폐기에 대한 지침 마련 및 배포
  - 지속적인 소프트웨어 업데이트

2.4 스마트 그리드, 미터기(국가기관 및 전력)

스마트 그리드(Smart Grid)는 기존의 전력망에 정보통신(ICT) 기술이 결합되어 전력 공급자와 소비자가 양방향으로 실시간으로 정보를 상호 교환함으로써 에너지 효율을 최적화할 수 있는 차세대 '지능형 전력망'을 의미한다.

지능형 수요 관리, 신재생 에너지 연계, 전기차 충전 등을 가능하게 하는 차세대 전력 인프라 시스템이다.

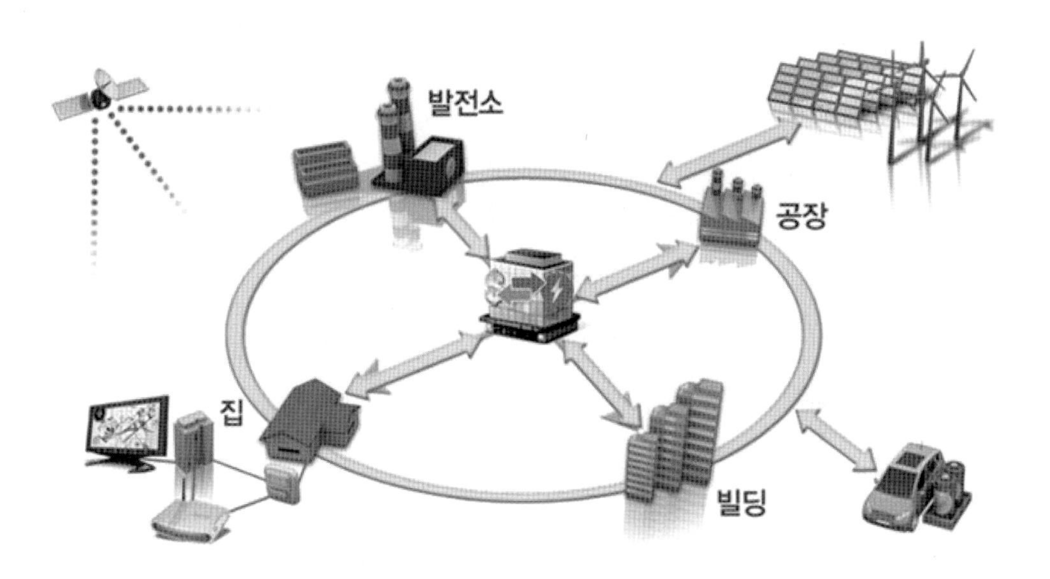

[그림 5-8] 그마트그리드 개념도
출처: (재)한국스마트그리드 사업단 홈페이지

스마트 계량기(AMI), 에너지 관리 시스템(EMS), 에너지 저장 시스템(ESS), 전기차 및 충전소, 분산 전원, 신재생 에너지, 양방향 정보통신 기술, 지능형 송·배전 시스템 등으로 구성된다.[3]

3) https://www.smartgrid.or.kr/,(재)한국스마트그리드사업단

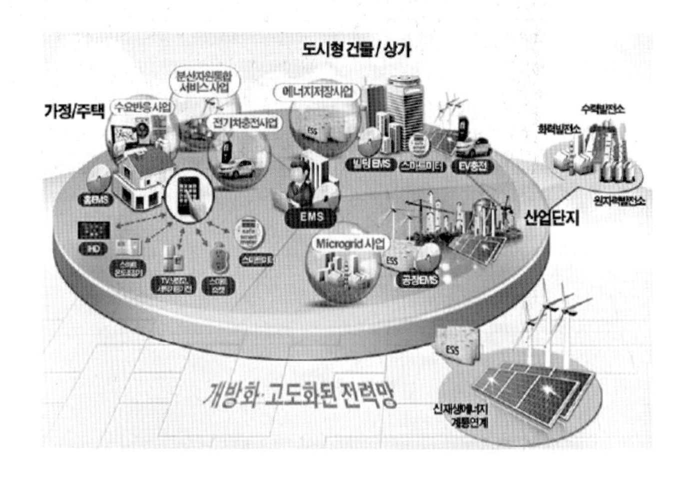

[그림 5-9] 스마트 그리드 구성도
출처: (재)한국스마트그리드 사업단 홈페이지

AMI(Advanced Metering Infrastructure, 지능형 원격 검침 장치)는 유무선 통신을 이용해 전력 소비자와 전력회사 사이를 연결해 주는 서비스 기반을 일컫는다. 스마트 그리드 실현에 있어서 핵심 역할을 하며, 지능형 전력망 운용을 위해 우선적으로 구축되어야 한다.

AMI의 주요 구성 요소로는 스마트 미터, 가정 내 디스플레이(IHD), 데이터 집중 장치(DCU) 등이 있다.

스마트 미터는 에너지 사용량을 실시간으로 계측하고 통신망을 통해 계량 정보를 제공함으로써 에너지 사용을 제어하는 디지털 전자식 계량기를 말한다.

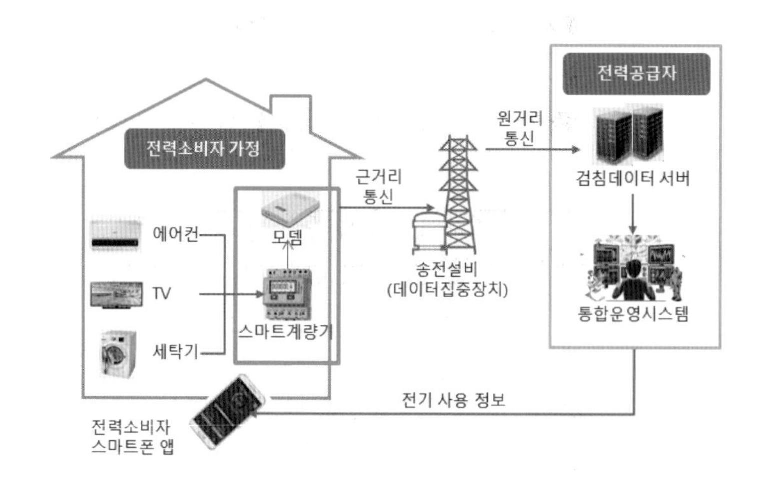

[그림 5-10] 스마트 미터 기술 개념도
출처: 한국일보, 재구성

스마트 그리드는 우리 생활 전반으로 빠르게 확대되고 있으며, 미국, 이탈리아, 스웨덴에서 전부 스마트 미터 설치로 교체하였다. 일본은 2011년 대지진을 겪은 후 스마트 그리드 보급에 박차를 가하고 있다. 나머지 유럽 국가들 및 아시아 지역 국가들 역시 조만간 스마트 미터를 설치할 움직임을 보이고 있다.

스마트 그리드가 폐쇄망인 기존 전력망과는 달리 개방형 구조를 기반으로 하기 때문에 사이버 공격에 대한 보안 문제가 높다.

스마트 미터를 통해 손쉽게 침투가 가능하고 침투한 후에 대규모의 스마트 미터 조작이 가능했다. 이 조작으로 전기 수요 증감을 통한 전력망 불안정을 유도하여 대도시 정전 사태 유발이 가능하다. 경제적 피해 사례뿐만 아니라 국가 안보적인 문제로까지 발전할 것으로 보인다. 스마트 그리드 전체 시스템의 보안을 위해서 스마트 미터의 보안은 반드시 갖춰져야 한다.

[그림 5-11] 스마트 그리드 미래도시
출처: 한국전력 홈페이지

분야	항목	설명
네트워크	암호화되지 않은 평문 통신	• 스마트 미터(Smart Meter) 측정된 데이터의 유무선 통신시 사용자의 측광데이터, 인증데이터의 plain-text 노출
	인가 받지 않은 단말기	• 분산된 인프라 구조에서 인가/ 인증 받지 않은 단말기의 접속 및 정보 스니핑(Sniffing) → Trapping 및 전자파 분석을 통한 재생공격 이용
	강건하지 않은 통신	• 통신시 전자파로부터 강건한(Robust)한 통신 → 전자파 발생을 통한 스마트 미터의 오작동유발 → 빌링(Billing)시스템 오류 유발 • 오류회복 및 회피 가능 하지 않는 프로토콜 사용
	적절치 못한 망분리	• 전력 망 시스템과 정보계시스템간의 적절하지 못한 망분리 → 용도 level 별(업무용, 시스템연계용 등) 망분리 미적용
	프로토콜 취약점	• 프로토콜 자체가 내부적으로 가지고 있는 취약사항
시스템	적절하지 못한 접근제어	• 적절하지 못한 인증/인가를 통한 시스템 접근 제어 → MDMS, DR, SCADA System 적절하지 못한 접근
	적절하지 못한 Virus 대응	• Anti-Virus, Secure OS, IDS, IPS, ESM 미적용 → 외부 바이러스/ 공격(Attack) 대응 실패 Ex) 외부 C&C 서버 탐지 및 내부 웜 바이러스 격리 실패
	늦은 OS & Firmware 패치	• SCADA 전력 망 시스템 패치 및 주요 정보계시스템 보안 패치 부적절 적용 → Zero Day Attack, Warm Virus 공격 대상
	적절하지 못한 모듈사용	• 보안 취약점 노출된 모듈의 스마트 그리드시스템 적용
	주요 구성 정보노출	• 주요 스마트그리드 시스템 구성정보, config(서버, 인프라) 노출
관리부분	SDLC 미적용	• Secure Development Life cycle 미적용 → 보안 아키텍처 미고려, 정적/ 동적 분석 미적용
	SW 품질	• SW 품질 저하(유지보수성, 생산성, 호환성 등)
	지속적이지 못한 관리적 보안	• 주요 정책, 가이드라인, 지침 미준수 및 비연속적인 관리로 인한 인적 보안 취약사항 노출 → Billing System 직접 접근을 통한 사용자의 과금 발생
	개인정보 노출	• 개인 사생활 정보 노출(인적 정보, 생활패턴, 위치정보 등) → 개인정보 비식별화 및 관련정보 암호화 미준수

[표 5-5] 스마트 그리드 시스템의 분야별 보안 위협 시나리오

출처: 한국데이터진흥원

2010년 스턱스넷(Stuxnet, 악성코드)을 이용해 이란의 우라늄 농축 시설을 공격하여 원심분리기 1,000여 기를 감염시켜 이란의 핵 프로그램을 연기시켰다. 또한, 중국의 600만 대 개인용 PC와 1,000개의 주요 산업 시설에 스턱스넷을 감염시킨 사건이 있다.[4)5)]

스턱스넷이란 전력 제어 시스템을 공격하는 웜 바이러스 프로그램으로서 마이크로소프트 윈도우를 통해 감염되며, 국가의 주요 기반 시설에 혼란을 주는 목적으로 개발되었다. 또한 최근 2015년에 우크라이나에서 사이버 공격으로 인하여 정전 사태가 발생하였다.[6)] 이는 해커들에 의해 대정전이 발생한 사례로서, 3개의 변전소에 대한 일시적인 기능 정지를 발생시켜 수십만 가정의 정전을 초래하였다.

4) http://news.chosun.com/site/data/html_dir/2011/01/17/2011011700132.html, 검색일: 2021.08
5) http://www.boannews.com/media/view.asp?idx=23041, 검색일: 2021.08
6) http://thehackernews.com/2016/01/Ukraine-power-system-hacked.html. (2021.08)

2009년 푸에르토리코에서는 스마트 미터 해킹으로 인한 경제적인 손실을 초래한 사례도 있다. 전력 계량 미터 제조업체 직원이 미터에 자석으로 바늘이 움직이지 않도록 하여 적외선 통신 포트를 사용해서 스마트 미터의 소프트웨어를 바꾸어, 전기요금이 통상의 50~75%가 되도록 설정을 변경하는 수법으로 전기의 도난이 일어났다. 이로 인해 미터기 한 대당 전기요금 피해는 약 300~1,000달러에 이른다.

[그림 5-12] 우크라이나 발전소 해킹

출처 : RIA Novosti/Virtally Belousov

[그림 5-13] 발전소 공격에 사용된 매크로 기능

출처: 안랩 보안이슈

• 대응 방안

- 기기와 시스템의 설계 및 개발 단계부터 정보 보호 대책 마련
- 개인 정보 보호를 위한 대책 마련
- 스마트 그리드의 안정적인 구축을 위한 가이드라인 마련
- 보안성 유지를 위한 보안 표준 마련 및 보안 인증제도 운영

2.5 스마트시티(공공복지)

스마트시티는 점점 더 다양한 위협의 공격을 받고 있다.

기존의 도시에서는 물리적 치안이 중요했지만, 스마트시티는 사이버 보안이 필수적이다. 도시의 모든 정보가 디지털로 수집·저장·처리되기 때문에 정보가 무단 유출되거나 조작될 경우 도시 전체가 마비되고 개인의 재산과 생명까지 위험해질 우려가 있기 때문이다. 공격 대상에는 중요 인프라에 대한 사이버 공격, 산업 제어 시스템(ICS), 랜섬웨어로 인한 시스템 잠금 위협, 센서 데이터 조작 등이 포함된다.[7]

출처: 셔터 스톡

2017년 미국 캘리포니아에서 지역 버스와 경전철을 운행하는 시스템이 랜섬웨어 공격을 당해 3,000만 개 파일이 삭제됐고, 2018년 싱가포르에서는 한 의료그룹 데이터베이스가 악성코드에 감염돼 총리장관을 포함한 약 1만 6,000명의 원외 처방전이 유출됐다.

2016년 독일 원자력 발전소가 악성코드에 의해 중단됐고, 2017년 미국 달라스에서 통신망 해킹으로 15시간 동안 비상 사이렌이 가동되는 등 피해 사례가 빈곤하게 일어나고 있다.

- 대응 방안
  - 설계에 따라 엔드 투 엔드 보안 구축
  - 하드웨어와 소프트웨어 모두 시스템 개발 수명 주기 전반에 걸친 보안 구축
  - 업계 공인 표준에 따른 암호화, 외부 침투 테스트, 자동화된 코드 분석 및 보안 테스트, 운영 체제 강화
  - 정기적인 보안 취약점 업데이트 적용
  - 보안 표준을 준수하여 CIA(Confidentiality 기밀성, Integrity 무결성, Availability 가용성) 3요소를 모두 만족 필수

7) http://www.smartcitytoday.co.kr

2.6 사물인터넷 보안 위협에 대한 공통적 방안

1) 패스워드 설정

출고 당시 패스워드를 그대로 사용하거나, 안전하지 않은 패스워드 설정 미흡으로 정보 유출이 일어나는 사례는 빈번하게 확인된다. 그러므로 패스워드를 주기적으로 변경하고 추측하기 어려운 비밀번호를 설정하여 비인가된 사용자의 접근을 막아야 한다.

2) 하드웨어 기반 데이터 암호화

다양한 기법의 네트워크 보안을 위협하는 제약들을 소프트웨어 기반에서는 완벽히 차단하기 어려움으로 하드웨어에서 송수신하는 데이터의 암호화가 필요하다. 안정성을 보장하는 보안 프로토콜 기반 보안 설정이 가능한 제품 이용과 IoT 기기를 통해 수집된 개인정보 전송 시 보안 프로토콜을 적용하여 전송하는지 확인하여야 한다.

3) 머신러닝 상용화

사물인터넷 서비스를 해킹 위험으로부터 보호하는 최상의 방법은 악성코드가 침입하기 전에 예방하는 것이다. 인공지능의 머신러닝 기술을 보안 분야에 접목시켜 보안에 특화된 알고리즘과 각종 공격의 침투 방식을 학습하여 해킹으로부터 미리 차단하여 보호하여야 한다.

4) 인증체계 강화

보안 위협을 방지하기 위하여 IoT 제품을 실행시킬 때 인증 관리를 강화하고 다양한 인식체계(홍채 인식, 지문 인식 등)를 수립하여 보안의 취약성에 대비하여야 하며, ID/패스워드 외에 IP나 MAC(Message Authentication Code) 주소 필터링 등의 다양한 인증 수단을 이용하는 IoT 디바이스인지 체크해야 한다.

5) 펌웨어 업데이트

제조사에서 악성코드 감염, 정보 유출 등의 알려진 취약점을 해결한 최신 버전으로 유지할 수 있도록 업데이트해야 한다.

6) 보안 3대 요소에 기반을 둔 대안

보안의 3대 요소인 기밀성 · 무결성 · 가용성에 기반을 두고, 첫 번째 기밀성 측면은 국제 데이터 암호화 알고리즘(International Data Encryption Algorithm, IDEA)을 통해 인가된 기기 및 신호에 대해서만 허용하는 원천적 방어가 필수이다.

두 번째 무결성 측면은 Secure Boot를 사용해 사전에 인가된 소프트웨어만 부팅한다. 사전에 신뢰할 수 있는 식별키 목록을 미리 만들어 놓음으로써 부팅될 때 ROM, UEFI(Unfied Extensible Firmware Interface, 통일 확장 펌웨어 인터페이스) drivers, UEFI apps 등을 조사하여 키 목록과 비교하여 유효하다고 판단될 때 부팅하여 잠재적인 위협을 차단할 수 있다.

마지막 가용성 측면에서는 디바이스 간 통신 방식을 다양하게 지원하고 Unique ID 기반 자산 관리를 강화해야 한다.[8)]

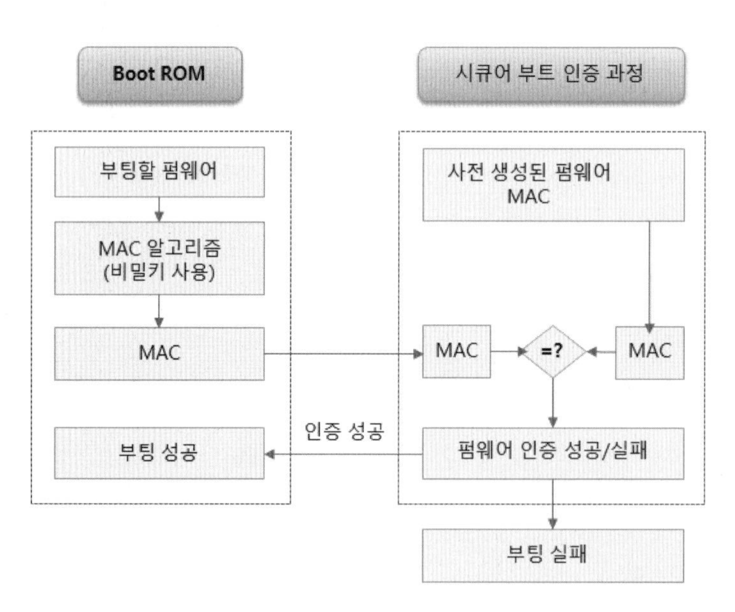

[그림 5-14] 시큐어 부트 사용 인증 과정

---

8) 사물인터넷 IP의 노출과 위협에 대한 연구, 김유진외 5, 2016. 11.(pp. 77-82)

참고문헌

(보고서 / 도서 / 단행본)

- 고분자 과학과 기술, "자동차 실내 공기질 가스 센서 소재 기술 연구 동향"(2018.12)
- 관계부처 합동, "혁신성장 실현을 위한 5G+전략"(2019.04)
- 관계부처 합동, "혁신성장 실현을 위한 5G+전략"(2019.04)
- 김대수, "처음 만나는 인공지능"(생능출판사,2020.)
- 김상균, 메타버스: 디지털 지구, 뜨는 것들의 세상, 2020.
- 김상균, 인터넷・스마트폰보다 강력한 폭풍, 메타버스, 놓치면 후회할 디지털 빅뱅에 올라타라. 2021.
- 김유진외 5,사물인터넷 IP의 노출과 위협에 대한 연구(2016. 11).(pp. 77-82)
- 대학신문, 메타버스가 진정으로 우리 삶의 지평을 넓히려면, 2021.09.12.
- 메타버스 플랫폼 현황과 전망, 한상열, 소프트웨어정책연구소 선임연구원, 미래연구 포커스,01・02호_Vol49
- 박영희, "사물인터넷의 빅데이터 개론"(광문각,2017)
- 산업연구원, "4차 산업혁명, 주요 개념과 사례"(2017.05)
- 서지영, "난생처음 인공지능 입문"(한빛아카데미), 재구성
- 소프트웨어정책연구소, 로그인(Log In) 메타버스: 인간×공간×시간의 혁명, SPRi 이슈리포트 IS-115
- 소프트웨어정책연구소, 메타버스 비긴즈(BEGINS): 5대 이슈와 전망, SPRi 이슈리포트 IS-116
- "스마트 드론 서비스 시장 현황분석 보고서"(2018.05)
- 정보통신기획평가원(IITP), "ICT R&D 기술로드맵 2023"(2018)
- 정보통신산업진흥원,"2020 GIP 품목별 보고서, 사물인터넷"(2020)
- 정보통신산업진흥원, "제4차 산업혁명의 전개와 센서산업"
- 주대영 김종기, "초연결시대 사물인터넷의 창조적 융합 활성화 방안"(산업연구원,2014, p.35)
- 지식경제부, "센서산업 고도화를 위한 첨단센서 육성사업 기획보고서"
- 지식경제부, "센서 산업 발전전략 보도자료", 재구성
- 통계청 국가통계포털, "사물인터넷산업실태조사"
- 포스코경영연구원, "4차 산업혁명을 이끄는 센서: 시장구조는 어떻게 바뀌나?"(2017)
- 한국수출입은행 해외경제연구소, "센서산업 현황 및 경쟁력-이미지센서와 자동차센서를 중심으로"(2019.01)
- 행정안전부, NIA, "정부사물인터넷 도입 가이드라인"(2019.07)
- 행정안전부, "주요 근거리 무선통신 기술방식 비교"(2017.07.)
- 행정안전부, 한국정보화진흥원, "정부사물인터넷 도입 가이드라인"(2019.07)
- 현대자동차, IITP 주간기술동향, "자율주행 기술 및 평가 동향"
- Acceleration Studies Foundation(2006), "Metaverse Road map, Pathway to the 3D Web", https://metaverseroadmap.org

- BBC코리아, 2020.02.14., MBC 다큐멘터리 '너를 만났다'
- Bendale, Abhijit and T. Boult. "Towards Open World Recognition." 2015 IEEE Conference on Computer Vision and Pattern Recognition (CVPR): 1893-1902. 2015
- CHO Alliance, "IoT 시대에 주목받는 스마트 센서 유망분야 시장전망과 개발동향" (2015), 재인용
- Daniel E. O'Leary, "GOOGLE'S Duplex: Pretending to be human", Intelligent Systems, v.26, pp. 46-53, 2019
- Eleni Triantafillou, Tyler Zhu, Vincent Dumoulin, Pascal Lamblin, Utku Evci ,Kelvin Xu, Ross Goroshin, Carles Gelada, Kevin Swersky, Pierre-Antoine Manzagol & Hugo Larochelle. "META-DATASET: A DATASET OF DATASETS FOR LEARNING TO LEARN FROM FEW EXAMPLES. In ICLR 2020"
- GE 리포트코리아, "당신이 산업사물인터넷에 대해 알아야할 모든 것" (2017.2.4)
- IITP, "ICT표준화전략맵, Ver.2020 종합보고서"
- IITP, 인공지능 기술청사진(2030)
- IITP ICT SPOT ISSUE, "The Next Big Thing, 서비스 로봇 동향과 시사점" (S17-06)
- INNOPOLIS 글로벌 시장동향 보고서, "IoT 센서 시장" (2021.06)
- IoT Analytics, "State of the IoT 2018" (2018.08)
- IoT보안얼라이언스, "스마트의료 사이버보안 가이드" (2018.05)
- KEIT, "2017년 산업기술 R&BD 전략(지능형 로봇 분야)" (2016)
- KEIT, "4차 산업혁명 초연결 기반을 만드는 기술, 스마트 나노센서 산업 동향" (MAY 2018 VOL 18-5)
- KIET, "2019년 중국 양회, 산업정책의 핵심 키워드는 4차 산업혁명" (2019.04.28.)
- Klaus Schwab, "The Fourth Industrial Revolution : what it means, how to resopnd" (World Economic Forum, 2016.01.14)
- Klaus Schwab,"The Fourth Industrial Revolution: what it means, how to resopnd", World Economic Forum(2016.1.14.)
- LG경제연구원, "일본의 4차 산업혁명 추진 동향과 Society 5.0" (2017.6.8)
- megazone cloud,"AWS IoT Core 및 AWS IoT Greengrass를 통한 산업 안전의 향상",(2019.09.02.)
- NIA, "AI・데이터가 만드는 도시 데이터 기반 스마트도시"
- NIPA, "GIP글로벌 ICT포털 품목별 보고서-사물인터넷" (2020.12)
- NIPA 이슈리포트, "5G 초연결 사회 구현을 위한Massive IoT 서비스 전망" (2019-29호)
- Ovidiu Vermesan, &Joel Bacquet, "Distributed Intelligence at the Edge and Human Machine-to-machine Cooperation" (2018)
- TTA, "ICT 표준화 전략맵 Ver.2019"
- TTA, "ICT 표준화 전략맵 Ver.2021"
- TTA, "저널 제192호" (2020.11.)
- Zeus Kerravala, "Understanding the CRITICALITY OF DDI to Internet of Things Success" (2017.08)

(웹사이트/언론보도)

- 과학기술정보통신부, "2020 4차산업혁명 지표" (2020.09.25.)
- 권대현 외 2인, "스마트공장을 위한 산업 네트워크 동향" (2016)
- 로봇신문, "알파 비타" (2020.10.13)
- 로봇신문사, "소사이어티 5.0" (2021.07.15.)
- 모닝경제, "전방충돌방지보조(FCA) 작동 모습" (2020.11.21)
- 미래창조과학부, 한국과학기술기획평가원, "이슈 분석: 4차 산업혁명과 일자리의 미래" (2016.1), 재편집
- 삼성디스플레이 뉴스룸, "탑승자의 얼굴을 자동으로 인식하는 '디지털 콕핏'" (2020.01.14.)
- 스타벅스커피 코리아, "사이렌오더"
- 시스템 반도체, "자동차에 적용되고 있는 이미지 센서", GBSA Review, 경기정책연구실(2020)
- 와탭, "클라우드 서비스 이해하기" (2018.11.2.)
- 정보통신신문, "엣지컴퓨팅, 클라우드 한계 극복하는 대안 주목" (2019.04.25.)
- 테크월드, "ST·파나소닉·애로우가 함께 개발한 '엣지 IoT 모듈'" 2020)
- 테크월드, "차세대 산업용 네트워크 통합 표준, TSN" (2020)
- 테크월드 "농업 분야의 IoT 기술" (2021.05.25)
- 특허뉴스, 한국특허전략개발원(2019.04.27)
- Autonomous Vehicle Sensors Conference(2019.06.12.)
- Geek Starter의 블로그, "생각으로 조종하는 유드론(Udrone)" (2019.03.14.)
- Hellot.net, "스마트센서-미래지능형산업을 견인하는 최첨단 소자"
- Hilscher, "TSN Technology" (2019)
- HiT NEWS, "휴이노의 MEMO Watch" (2020.05.20)
- http://artcoon.wordpress.com, "스마트폰에 적용된 센서"
- http://b2b.tworld.co.kr/files/images/solution/conference/T1_S2.pdf, "ALL Things Data Conference 2018"
- http://b2b.tworld.co.kr/files/images/solution/conference/T1_S2.pdf, "ALL Things Data Conference 2018"
- http://bizion.mk.co.kr/bbs/board.php?bo_table=trend&wr_id=114, "메이크봇의 FDM 방식의 3D프린터 제품"
- http://digital.ces.tech/
- http://digital.ces.tech/, "CES 2021 디지털 전시장"
- http://digitalchosun.dizzo.com/site/data/html_dir/2021/08/12/2021081280137.html, "GE 헬스케어, AI 디지털 솔루션으로 미래 혁신을 외치다", 디지털조선일보(2021.08.12)
- http://economy.chosun.com/client/news/view.php?boardName=C01&page=14&t_num=12082, "덴마크 풍력 발전설비 회사 '베스타스윈드 시스템'", 이코노미조선(2017.07.31)
- http://edu.chosun.com/site/data/html_dir/2020/10/13/2020101302171.html, "물 내뿜으며 자유자재 헤엄… 수중 탐사용 '오징어 로봇' 개발", 조선에듀(202.10.13)
- http://eutoppos.com/portfolio-items/aluminum-foam/
- http://home.mi.com/shop/detail?gid=233, "스마폰에서 자이로센서와 자이로센서의 사용 예"
- http://it.chosun.com/site/data/html_dir/2019/05/17/2019051702263.html, "위치 정보에 꽂힌 IT 스타트업 업계..이용

자도 잡고 수입원도 확보하고"(2019.05.19.)

- http://koreasw.org/wp-content/uploads/2016/09/12강지그비28Zigbee28 사용하기.pdf, "지그비 사용하기"(20.12.04)
- http://m.sommeliertimes.com/news/articleView.html?idxno=16911, "3D 프린터로 만든 식물성 스테이크", 소믈리에타임즈(2020.07.27)
- http://news.kmib.co.kr/article/view.asp?arcid=0014531020&code=61131111&sid1=al, "국민일보,글로벌타임스 캡처"(2020.04.29.)
- http://news.unist.ac.kr/kor/20180704-1/,"'디스플레이 지문인식' 위한 '투명 센서' 개발"(2018.07.04)
- http://nogoora.com/m/2268, "아두이노 교육 교구, 컵드론(CupDrone)"
- http://terms.naver.com/entry.nhn?docId=2851199&cid=56756&categoryId=56756(2016.12.6.)
- http://thehackernews.com/2016/01/Ukraine-power-system-hacked.html.(2021.08)
- http://wiki.hash.kr/index.php/스마트센서, 해시넷(2020,07.19)
- http://www.aitimes.kr/news/articleView.html?idxno=17751, "어린이 친구, 어르신 말벗…KT, AI반 려로봇 선보인다", 인공지능신문(2020.09.17)
- http://www.automatedhome.co.uk, "스레드 그룹"
- http://www.boannews.com/media/news_print.asp?idx=51902, "스마트기술의 보안 위협"
- http://www.epnc.co.kr, 테크월드뉴스
- http://www.epnc.co.kr/news/articleView.html?idxno=103568, "엘모스, 차량용 제스처 인식 3D ToF 센서 공개"(2020.09.08)
- http://www.epnc.co.kr/news/articleView.html?idxno=105157, "고성능 IMU 3축 가속도계 무라타의 SCA3300"
- http://www.gnnews.co.kr/news
- http://www.gnnews.co.kr/news/articleView.html?idxno=242724, "김홍길 교수의 경제이야기"
- http://www.hellot.net/_UPLOAD_FILES/magazine/source_file/source_1481774801.pdf, "사물인터넷망 각광… sigfox 및 LoRa의 등장"(20.12.06)
- http://www.hitnews.co.kr/news/articleView.html?idxno=16992, "국내 기업도 '심전도' 웨어러블 시장 도전장", HiT News
- http://www.iiconsortium.org
- http://www.irobotnews.com/news/articleView.html?idxno=12825, "일본 가정용 동반자 로봇 '유니보' 출시", 로봇신문(2018.01.12)
- http://www.irobotnews.com/news/articleView.html?idxno=14922, "다빈치 핵심 특허 만료로 수술 로봇 본격 경쟁시대", 로봇신문(2018.09.05)
- http://www.irobotnews.com/news/articleView.html?idxno=25647, 로봇신문, 2021.07.15
- http://www.nanosensors.co.kr/v2/doc/ATEC.html, "나노 센서의 종류"(2020.11.24)
- http://www.newdaily.co.kr/site/data/html/2018/01/05/2018010500067.html
- http://www.newstap.co.kr/news/articleView.html?idxno=73794, "STMircoelectonics, MEMS 6축 모션 제어"(2018.07.25)
- http://www.nfc-forum.org, "NFC Forum", 재구성
- http://www.sbiztoday.kr/news/articleView.html?idxno=10819, "광고업계, '간판은 가라'… 디지털사이니지 바람",

중소기업투데이(2021.03.01)

- http://www.sensoriafitness.com, "센시리아의 스마트 양말"
- http://www.techdaily.co.kr/news/articleView.html?idxno=9431, "2021 국내 스마트폰 시장, 다시 상승...11% 성장",테크데일리,(2021.01.14.)
- http://www.thelec.kr, 전자부품 전문 미디어 디일렉
- http://www.thelec.kr/news/articleView.html?idxno=2351,THEELEC, "삼성 갤럭시 광학식 지문센서 모듈, 파트론이 과반"(2019.07.26)
- http://www.thelec.kr/news/articleView.html?idxno=2351, "삼성갤럭시 광학식 지문센서 모듈, 파트론이 과반" (2020.11.19)
- http://www.timesoft.co.kr/navigator.do?method=selectContentView&dept1=5&dept2=9, "빅데이터 처리 과정"
- http://www.tta.or.kr/introduction/global_activity/3gpp.jsp, 한국정보통신기술협회
- https://3dimensions.kr/index.php/2018/01/17/marvel-black-panther-costume-designer-ruth-expalns-how-they-use-3d-printer-to-design-movie-props/, "2018년 마블의 최신 영화 "블랙팬서"에 3D프린팅 소품이 사용되었다고?", 3dtalk(2018.01.17)
- https://androidappsapk.co/, "모션인식 VR들론 관광"
- https://biz.chosun.com/site/data/html_dir/2019/01/16/2019011603439.html, "우주에 뜬 증기선, 점핑하는 탐사로봇", 조선일보(2019.01.17)
- https://biz.chosun.com/site/data/html_dir/2020/11/13/2020111303087.html,UNIST, "진화하는 전자 혀, 이제 식감도 느낀다", 조선비즈(2020.11.24)
- https://blog.daum.net/tmddn1708/19112, "비대면 시대 온라인 강점 살려 진행된 포켓몬 고 페스트 2020" (2020.07.31.)
- https://blog.naver.com/saltluxmarketing/222442484707, "메타버스의 중심! 솔트룩스의 메타휴먼을 만나보세요", saltlux블로그(2021.07.23)
- https://blog.uplus.co.kr/1860, "스마트폰 센서 종류, 어떤 것들이 있을까"(2020.11.18)
- https://bon-systems.com/newsletter&num=10, "Polyjet 출력물"
- https://codingcoding.tistory.com/140
- https://developer.android.com/, "회전 벡터 센서에서 사용하는 좌표계"
- https://docs.microsoft.com/ko-kr/azure/iot-edge/about-iot-edge, "Microsoft사의 Azure IoT Edge시스템" (2019.10.28)
- https://ensxoddl.tistory.com/430, "OneM2M 워킹그룹"
- https://fpost.co.kr/board/bbs/board.php?bo_table=special&wr_id=538, "독일도 놀란 '중국판 인더스트리4.0' 핵심은 데이터"(2020.11.18)
- https://fusiontech.co.kr/slm3dprinter/?idx=5508951&bmode=view, "SLM 3D 프린터 활용사례, 3D 프린팅 기술을 이용한 레이스 사이클링에서의 혁신적인 솔루션", FusionTech(2020.12.16)
- https://icnweb.kr/2021/45934/,ICN, "스마트팩토리를 가능하게 하는 기술들(4) -디지털 트윈",(2021.01.18)
- https://images.samsung.com, "5G 국제 표준의 이해", 삼성
- https://images.samsung.com/, "Network Slicing 기술 개념도"
- https://imgur.com/gallery/3Lm6Co6https://post.naver.com/viewer/postView.nhn?volumeNo=9202348&m

emberNo=38802350, "Aerogel can what??" imgur naver포스트

- https://imnews.imbc.com/replay/2020/nwtoday/article/5736399_32531.html, "해킹 피해 막으려면 '웹캠' 안 쓸 때 가려 두세요", mbc뉴스(2020.04.18)
- https://jmagazine.joins.com/economist/view/331824, 중앙시사매거진, "김국현의 IT 사회학, '카메라 시대의 종말' 을 부른다"(2020.11.09)
- https://jtc1info.org/outcomes-of-jtc-1-may-2021-plenary/ ,"ISO/IEC JTC 1가상 총회"(2021.05.10)
- https://jtc1info.org/technology/working-groups/, "JTC 1 Working Groups"
- https://ko.sunriserfid.com/flexible-fpc-tag-with-nfc-chip-for-smart-bracelet-6x15_p115.html, "NFC기반 응용 제품"
- https://ko.wikipedia.org/wiki/%ED%8F%AC%EB%93%9C_%EB%AA%A8%EB%8D%B8_T, '포드모델T' (2021.06.01)
- https://live.lge.co.kr/ces2021-homelife/, "CES 2021에서 LG전자가 제시하는 편안한 홈라이프를 만나다", LiVE LG(2021.01.12)
- https://live.lge.co.kr/sxsw_review02/, "LG전자 at SXSW#2, 감성로봇, 'LG 클로이'", LIVE LG(2019.03.17)
- https://live.lge.co.kr/vehicle_cid/, "LG전자가 만드는 미래차의 핵심 #5 CID",LiVE LG,(2020.07.31)
- https://m.blog.naver.com/parkpilsoon/222138568732, "농업도 스마트하고 똑똑하게! 스마트 팜기술", 삼성뉴스룸 펌(2020.11.08)
- https://m.blog.naver.com/PostView.naver?isHttpsRedirect=true&blogId=futuremain&logNo=221427458241, "피부에 붙히는 웨어러블 센서", 퓨처메인 주식회사(2018.12.26)
- https://m.blog.naver.com/PostView.nhn?blogId=ktec21&logNo=220985245703&proxyReferer=https:%2F%2Fwww.google.com%2F, "LTE-M과 NB-IoT"(2020.12.06)
- https://m.blog.naver.com/라온피플
- https://m.etnews.com/20210625000150, "질병 진단하고 식품 신선도 판별하는 전자 코의 세계",전자신문(2021.06.28)
- https://m.hellot.net/news/article.html?no=59601,HelloT(2021.07.08)
- https://m.post.naver.com/viewer/postView.naver?volumeNo=9798530&memberNo=38802350, "4차 산업혁명 시대의 신소재 무엇?", 스탠다드그래핀(2017.09.27)
- https://m.post.naver.com/viewer/postView.nhn?volumeNo=26911910&memberNo=35750107, 네이버 포스트, 스마트공간(2019.11.20)
- https://m.post.naver.com/viewer/postView.nhn?volumeNo=30703538&memberNo=44916823&searchKeyword=%EC%86%8C%EC%95%84&searchRank=5, "소아암 환자를 위한 특별한 오리 '애플랙'… 브랜드의 캐릭터 활용법, 브랜드브리프(2021.02.13)
- https://m.yna.co.kr/view/IPT20180111000100365?page=4, "춤추는 로봇부터 주인 따라가는 가방까지…CES에 등장한 신기한 제품들", 연합뉴스(2018.01.11)
- https://medium.com/schaffen-softwares/part-4-iot-platforms-b8f2c4e4639b(2020.5.16.)
- https://medium.com/schaffen-softwares/part-4-iot-platforms-b8f2c4e4639b, "Part 4:IoT Platforms"(2020.5.16.)
- https://netmanias.com/ko/post/operator_news/11481, "네트워크 슬라이스 연동 기술 도입 전후"
- https://news.lgdisplay.com/kr/2019/10/lg디스플레이x해롯백화점-투명-oled-디스플레이로-유럽/, "LG디스플레이x해롯백화점, 투명 OLED 디스플레이로 유럽에 혁신을 전하다",LG Display Newsroom(2019.10.22)

- https://news.lgdisplay.com/kr/2021/01/ces-2021-투명-oled 언택트-시대의-일상을-혁신으로-채워-나가/,LG Display Newsroom(2021.01.12)
- https://news.mt.co.kr/mtview.php?no=2018091316133143700, "꺼내기 힘든 얘기 로봇에겐 털어놓더라", 머니투데이(2018.09.13)
- https://news.nate.com/view/20171227n26561?mid=n0105&isq=9806, "서큘러스, 바르셀로나 'NWC2017' 에서 반려로봇 '파이보' 선봬",nate 뉴스(2017.12.28)
- https://news.samsungdisplay.com/21945, "다양해지는 생체 인식 센서, 어떤 것들이? 영화에서 일상이 된 '생체 인식 기술'"(2020.01.14)
- https://news.samsungdisplay.com/21945/, "다양해지는 생체 인식 센서, 어떤 것들이? 영화에서 일상이 된 '생체 인식 기술'", 삼성디스플레이 뉴스룸(2020.01.14)
- https://news.samsungdisplay.com/22430/, "웨어러블 기기 혁신을 불러온다! 피부처럼 늘었다 줄었다 가능한 '전자피부'", 삼성디스플레이 뉴스룸(2020.03.04)
- https://news.samsungdisplay.com/27077/, 삼성디스플레이 뉴스룸(2020.03.25)
- https://nownews.seoul.co.kr/news/newsView.php?id=20210126601006, "인류 파멸시킬 것" 말한 AI 로봇 소피아, 대량 판매 눈앞", now news(2021.01.26)
- https://smarthome.samsungsds.com/solution/smarthome?locale=ko, "방문객 영상통화"
- https://spri.kr/posts/view/22557?code=industry_trend, "사물인터넷 시장 및 주요 기업 동향", 소프트웨어정책연구소(2020.12.06)
- https://sputnik.kr/news/view/4367,SPUTNIK, "손가락에 붙이면 전기가…신기한 웨어러블 발전기"(2021.07.18)
- https://techrecipe.co.kr/posts/27670, "1인티 이미지 센서폰…쏟아낸 샤오미", Tech Recipe(2021.03.30.)
- https://treasure01.tistory.com/55?category=732587, "Z-Wave 활용 제품"(2020.07.24.)
- https://www.chosun.com/economy/tech_it/2021/03/25/KVIZYG43TBHUZNYMAJOKL5CJSI/, "해커들의 새로운 먹잇감, 당신의 자동차가 위험하다", 조선일보(2021.03.25.)
- https://www.dailyvet.co.kr/news/industry/13953, "RFID/IoT World Congress 2013" "KT부스에서 NFC기반 반려동물 인식표 출시"(2013.10.25)
- https://www.digitaltoday.co.kr/news/articleView.html?idxno=263941, "온톨로지"(2021.02.16)
- https://www.donga.com/news/It/article/all/20180720/91137699/1,dongA.com, "휘는 디스플레이에 군용 방탄복까지…. '꿈의 그래핀' 실용화 임박"(2018.07.20)
- https://www.elec4.co.kr/article/articleView.asp?idx=19891, "지멘스 개방형 IoT 운영 시스템 '마인드스피어', 디지털 기업화에 앞장"(2018.03.06)
- https://www.epnc.co.kr/news/articleView.html?idxno=205133, "[스마트팩토리 특집] 제조기업, 스마트를 입다", 테크월드(2021.04.07)
- https://www.epnc.co.kr/news/articleView.html?idxno=208772, "농업 분야의 IoT 기술",테크월드(2021.05.25)
- https://www.epnc.co.kr/news/articleView.html?idxno=83005, "IoT를 위한 미래의 센서, 스마트센서",테크월드(2019.04.01)
- https://www.etnews.com/20181206000130, "KT, IoTMakers 개념도"
- https://www.ge.com/digital/documentation/predix-platforms/predix-overview.html
- https://www.ge.com/digital/iIoT-platform/predix-edge, "GE사의 프리딕스 엣지 기능 및 연동 구조"

- https://www.gucci.com, 제페토와 Gucci의 협력
- https://www.hellot.net/news/article.html?no=45575
- https://www.hellot.net/news/article.html?no=53906, "LG디스플레이, 중국 주요 지하철에 '윈도우용 투명 OLED 공급'", HelloT(2020.08.21)
- https://www.hyundai.com/kr/ko/brand/factory-tour/introduction/ulsan.html(2021.06.01)
- https://www.industrynews.co.kr/news/articleView.html?idxno=39068, "소재와 기술의 발전, 특허 만료로 가능성 무궁무진…숨겨진 솔루션 찾기 게임 시작", 인더스트리 뉴스 (2020.08.30)
- https://www.intel.com/content/www/us/en/artificial-intelligence/posts/difference-between-ai-machine-learning-deep-learning.html
- https://www.itfind.or.kr/WZIN/jugidong/1057/105701.htm, "UWB 무선기술의 동향"(2020.11.29)
- https://www.itfind.or.kr/WZIN/jugidong/1164/116402.htm, "RFID의 과제와 전망"(2020.11.29)
- https://www.itfind.or.kr/WZIN/jugidong/1164/116402.htm, "기술 및 정보보호 관련 과제들"
- https://www.jtproto.com/ko/what-is-3d-printing/, "3D프린팅 후 처리"
- https://www.jtproto.com/ko/what-is-3d-printing/ay.com/21945/, "3D 프린팅이란 무엇이며 어떻게 작동합니까?"
- https://www.khan.co.kr/science/science-general/article/202107042130015, "걸어 다니는 무기 '전쟁 로봇'…더 이상 만화 속 얘기 아니다", 경향신문(2021.07.04)
- https://www.koreascience.kr/article/JAKO200644947972568.pdf, "Guide to Sensor"
- https://www.manzlab.com/news/articleView.html?idxno=1377,환경부, "영국의 방직 공장"
- https://www.materic.or.kr/community/board/content.asp?idx=170615&page=6&s_kinds=&s_word=&board_idx=1034
- https://www.microsoft.com/en-us/mesh
- https://www.mk.co.kr/news/business/view/2020/09/946917/, "삼성전자, 디지털미디어 콘텐츠 제작사 '디스트릭트'와 파트너십 체결", 매일경제(2020.09.14)
- https://www.mobiindide.co.kr/2019/08/28/it-ar, "[진용진의 IT 트렌드] 구글 AR 도보 내비게이션을 위한 기술은 무엇일까?", 모비인사이드(20.12.14.)
- https://www.newsquest.co.kr/news/articleView.html?idxno=80858, "'CES 2021'에서 맞붙는 삼성과 LG…스마트가전 주목", NewsQuest(2021.01.11)
- https://www.samsungsdi.co.kr/column/all/detail/54229.html, "전기차 배터리 구성, 셀? 모듈? 팩? 바로 알자!", 삼성SDI
- https://www.samsungsdi.co.kr/column/technology/detail/56461.html?listType=gallery, "전고체 배터리란 무엇일까?", 삼성SDI
- https://www.samsungsds.com/global/ko/solutions/bns/IoT/IoT.html, "삼성 SDS사 Brightics IoT"
- https://www.samsungsds.com/kr/iot-platform/brightics-iot.html
- https://www.science.go.kr, 국립중앙과학관
- https://www.selvasai.com/news/?q=YToxOntzOjEyOiJrZXl3b3JkX3R5cGUiO3M6MzoiYWxsIjt9&bmode=view&idx=5608342&t=board, "셀바스 AI, 일본 KDDI와 함께 '셀비 체크업' API 공개", selvas(2018.01.30)
- https://www.seoul.co.kr/news/newsView.php?id=20210319500205, "고난의 행군 중국 드론업체들", 서울신문(2021.03.19.)

- https://www.smartgeoexpo.kr/fairBbs.do?selAction=view&FAIRMENU_IDX=6160&BOARD_IDX=34583&hl=KOR
- https://www.smartgrid.or.kr/bbs/content.php?co_id=sub5_1, 한국스마트그리드 홈페이지
- https://www.venturesquare.net/733722, "리니어블-SK텔레콤, 미아방지 밴드"
- https://www.whatap.io/ko/blog/9/, "클라우드 서비스 이해하기 IaaS, PaaS, SaaS",와탭모니터링(2018.11.02)
- https://zdnet.co.kr/view/?no=20190520085722, "우리는 왜 초시대를 말하는가?"(2019.05.23)
- https://zdnet.co.kr/view/?no=20200913105706, "차세대 소부장 핵심 소재, 플레이크 그래핀의 전기적 특성 평가법", ZDNet Korea(2020.09.13)
- https://zdnet.co.kr/view/?no=20210901103458,ZDNet Korea, "지문인식 없는 아이폰13 싫다",씨넷닷컴(2021.09.01)
- IITP 주간기술동향, "자율주행 기술 및 평가 동향"(2021.09.15)
- KISTEP 기술동향브리프, "제조용 IoT"(2020.10)
- logitech.com, "로지텍의 PC용 블루투스 제품들",로지텍
- Marketsandmarkets, "IoT Sensors Market"(2021)
- medicaltimes.com, "퓨처로봇, 환자 케어와 원격진료가 가능한 협진로봇 퓨로-M'",(2018.06.22.)
- megazone cloud, "AWS IoT Core 및 AWS IoT Greengrass를 통한 산업 안전의 향상"(2019.09.02.)
- motioncontrol.co.kr, "ABB의 협동 로봇"(2018.12)
- news.kotra.or.kr/
- Polymer Science and Technology,"자동차 실내 공기질 가스 센서 소재 기술 연구 동향"(2018.12)
- Postscape, "IoT 센서의 종류"
- TTA, "ICT융합-사물인터넷"(2019)
- TTA저널 제192호, "사물인터넷 국제 표준 oneM2M 최신 Rel-4 & 5 동향", 송재승(2020.11.)
- Unreal Engine KR, https://www.youtube.com/watch?v=q1j1keF3wQ0, Meta Human Creator
- velodynelidar.com/, "LiDAR"(2021)
- www.e4ds.com/sub_view.asp?ch=1&t=1&idx=3537, "센서리온의 가스와 압력 센서를 통합한 초소형 센서"
- www.flickr.com/(CC BY-ND), "LoRAWAN 아키텍처"
- www.frotoma.com, "시맨틱웹"
- www.lanars.com, "Z-Wave의 활용 예"

4차 산업혁명 기술의 핵심
IoT와 스마트 기술

2021년 8월 17일 1판 1쇄 인 쇄
2021년 8월 25일 1판 1쇄 발 행

지 은 이 : 박 영 희
펴 낸 이 : 박 정 태

펴 낸 곳 : **광 문 각**

10881
경기도 파주시 파주출판문화도시 광인사길 161
광문각 B/D 4층
등 록 : 1991. 5. 31 제12 - 484호
전 화(代) : 031-955-8787
팩 스 : 031-955-3730
E - mail : kwangmk7@hanmail.net
홈페이지 : www.kwangmoonkag.co.kr

ISBN : 978-89-7093-583-6 93560

값 : 23,000원